工程质量安全手册实施细则系列丛书

工程实体质量控制实施细则与质量管理资料

(建筑电气工程、智能建筑工程)

中国工程建设标准化协会建筑施工专业委员会
北京土木建筑学会　组织编写
北京万方建知教育科技有限公司
吴松勤　高新京　主编

中国建筑工业出版社

图书在版编目（CIP）数据

工程实体质量控制实施细则与质量管理资料．建筑电气工程、智能建筑工程/吴松勤，高新京主编．—北京：中国建筑工业出版社，2019.3
（工程质量安全手册实施细则系列丛书）
ISBN 978-7-112-23234-5

Ⅰ．①工…　Ⅱ．①吴…②高…　Ⅲ．①房屋建筑设备-电气设备-建筑安装-质量控制-细则-中国②房屋建筑设备-电气设备-建筑安装-质量管理-资料-中国③智能化建筑-工程施工-质量控制-细则-中国④智能化建筑-工程施工-质量管理-资料-中国　Ⅳ．①TU712.3

中国版本图书馆CIP数据核字（2019）第019670号

本书共分6章，主要内容包括：建筑电气工程质量控制、智能建筑工程质量控制、建筑材料进场检验资料、施工试验检测资料、施工记录、质量验收记录等内容。

本书严格遵照《工程质量安全手册》的具体规定，依据国家现行标准，从控制目标、保障措施等方面制定简洁明了、要求明确的实施细则，内容实用，指导性强，方便工程建设单位、监理单位、施工单位及质量安全监督机构的技术人员和管理人员学习参考。

责任编辑：杨　杰　范业庶
责任校对：李欣慰

工程质量安全手册实施细则系列丛书
工程实体质量控制实施细则与质量管理资料
（建筑电气工程、智能建筑工程）
中国工程建设标准化协会建筑施工专业委员会
北京土木建筑学会　组织编写
北京万方建知教育科技有限公司
吴松勤　高新京　主编
*
中国建筑工业出版社出版、发行（北京海淀三里河路9号）
各地新华书店、建筑书店经销
霸州市顺浩图文科技发展有限公司制版
天津安泰印刷有限公司印刷
*
开本：787×1092毫米　1/16　印张：13¼　字数：328千字
2019年3月第一版　2019年3月第一次印刷
定价：**46.00**元
ISBN 978-7-112-23234-5
（33513）
版权所有　翻印必究
如有印装质量问题，可寄本社退换
（邮政编码100037）

本书编写委员会

组织编写： 中国工程建设标准化协会建筑施工专业委员会

北京土木建筑学会

北京万方建知教育科技有限公司

主　　编： 吴松勤　高新京

副 主 编： 王海松　许增军

参编人员： 刘文君　吴　洁　桂双云　赵　键　刘兴宇

温丽丹　刘　朋　杜　健　江龙亮　米玉朋

出版说明

为深入开展工程质量安全提升行动，保证工程质量安全，提高人民群众满意度，推动建筑业高质量发展，2018 年 9 月 21 日住房城乡建设部发出了《住房城乡建设部关于印发〈工程质量安全手册（试行）〉的通知》（建质〔2018〕95 号），文件要求："各地住房城乡建设主管部门可在工程质量安全手册的基础上，结合本地实际，细化有关要求，制定简洁明了、要求明确的实施细则。要督促工程建设各方主体认真执行工程质量安全手册，将工程质量安全要求落实到每个项目、每个员工，落实到工程建设全过程。要以执行工程质量安全手册为切入点，开展质量安全'双随机、一公开'检查，对执行情况良好的企业和项目给予评优评先等政策支持，对不执行或执行不力的企业和个人依法依规严肃查处并曝光。"

为宣传贯彻落实《工程质量安全手册》（以下简称《手册》），2018 年 10 月 25 日住房城乡建设部在湖北省武汉市召开工程质量监管工作座谈会，住房城乡建设部相关领导出席会议。北京、天津、上海、重庆、湖北、吉林、宁夏、江苏、福建、山东、广东等 11 个省（自治区、直辖市）住房城乡建设主管部门有关负责同志参加座谈会。

会议认为，质量安全工作永远在路上，需要大家共同努力、抓实抓好。一要统一思想、提高站位，充分认识推行《手册》制度的重要性、必要性。推行《手册》制度是贯彻落实党中央、国务院决策部署的重要举措，是建筑业高质量发展的重要内容，是提升工程质量安全管理水平的有效手段。二要凝聚共识、精准施策，积极推进《手册》落到实处。要坚持项目管理与政府监管并重、企业责任与个人责任并重、治理当前问题与夯实长远基础并重，提高项目管理水平，提升政府监管能力，强化责任追究。三要牢记使命、勇于担当，以执行《手册》为着力点，改革和完善工程质量安全保障体系。按照"不立不破、先立后破"的原则，坚持问题导向，强化主体责任、完善管理体系，创新市场机制、激发市场主体活力，完善管理制度、确保建材产品质量，改革标准体系、推进科技创新驱动，建立诚信平台、推进社会监督。

会议强调，各地要结合本地实际制定简洁明了、要求明确的实施细则，先行先试，样板引路。要狠下功夫，抓好建设单位和总承包单位两个主体责任落实。要解决老百姓关心的住宅品质问题，切实提升建筑品质，不断增强人民群众的获得感、幸福感、安全感。要严厉查处违法违规行为，加大对人员尤其是注册执业人员的处罚力度。要大力培育现代产业工人队伍，总承包单位要培养自有技术骨干工人。要加大建筑业改革闭环管理力度，重点抓好总承包前端和现代产业工人末端，促进建筑业高质量发展。要加大危大工程管理力度，采取强有力手段，确保"方案到位、投入到位、措施到位"，有效遏制较大及以上安全事故发生。

为配合《工程质量安全手册》的贯彻实施，我社委托中国工程建设标准化协会建筑施工专业委员会、北京土木建筑学会、北京万方建知教育科技有限公司组织有关专家编写了这套《工程质量安全手册实施细则系列丛书》，方便工程建设单位、监理单位、施工单位及质量安全监督机构的技术人员和管理人员学习参考。丛书共分为9个分册，分别是：《工程质量安全管理与控制细则》、《工程实体质量控制实施细则与质量管理资料（地基基础工程、防水工程）》、《工程实体质量控制实施细则与质量管理资料（混凝土工程）》、《工程实体质量控制实施细则与质量管理资料（钢结构工程、装配式混凝土工程）》、《工程实体质量控制实施细则与质量管理资料（砌体工程、装饰装修工程）》、《工程实体质量控制实施细则与质量管理资料（建筑电气工程、智能建筑工程）》、《工程实体质量控制实施细则与质量管理资料（给水排水及采暖工程、通风与空调工程）》、《工程实体质量控制实施细则与质量管理资料（市政工程）》、《建设工程安全生产现场控制实施细则与安全管理资料》。

本丛书严格按照《工程质量安全手册》的具体规定，依据国家现行标准，从控制目标、保障措施等方面制定简洁明了、要求明确的实施细则，内容实用，指导性强，方便工程建设单位、监理单位、施工单位及质量安全监督机构的技术人员和管理人员学习参考。

目　　录

上篇　工程实体质量控制实施细则

下篇　工程质量管理资料范例

工程实体质量控制实施细则

Chapter 01

建筑电气工程质量控制

1.1 接地装置材料细则

《工程质量安全手册》第 3.11.1 条：

除临时接地装置外，接地装置应采用热镀锌钢材。

实施细则：

1. 质量目标

接地装置的材料规格、型号应符合设计要求。可观察检查或查阅材料进场验收记录。

注：本内容参照《建筑电气工程施工质量验收规范》GB 50303—2015 第 22.1.3 条规定。

2. 质量保障措施

(1) 接地装置材料选择应符合下列规定：

1) 除临时接地装置外，接地装置采用钢材时均应热镀锌，水平敷设的应采用热镀锌的圆钢和扁钢，垂直敷设的应采用热镀锌的角钢、钢管或圆钢。

2) 当采用扁铜带、铜绞线、铜棒、铜覆钢（圆线、绞线）、锌覆钢等材料作为接地装置时，其选择应符合设计要求。

3) 不应采用铝导体作为接地极或接地线。

注：本内容参照《电气装置安装工程 接地装置施工及验收规范》GB 50169—2016 第 4.1.4 条规定。

(2) 接地体材料要求。

1) 接地体的材料、结构和最小尺寸应符合表 1-1 的规定。

接地体的材料、结构和最小尺寸 **表 1-1**

材料	结构	最小尺寸			备注
		垂直接地体直径(mm)	水平接地体(mm^2)	接地板(mm)	
铜、镀锡铜	铜绞线	—	50	—	每股直径 1.7mm
	单根圆铜	15	50	—	—

续表

材料	结构	最小尺寸			备注
		垂直接地体直径(mm)	水平接地体(mm^2)	接地板(mm)	
铜、镀锡铜	单根扁钢	—	50	—	厚度 2mm
	铜管	20	—	—	壁厚 2mm
	整块铜板	—	—	500×500	厚度 2mm
	网格铜板	—	—	600×600	各网格边截面 25mm×2mm,网格网边总长度不少于 4.8m
热镀锌钢	圆钢	14	78	—	
	钢管	25	—	—	壁厚 2mm
	扁钢	—	90	——	厚度 3mm
	钢板	—	—	500×500	厚度 3mm
	网格钢板	—	—	600×600	各网格边截面 30mm×3mm,网格网边总长度不少于 4.8m
	型钢	注 3	—	—	—
探钢	钢绞线		70	—	每股直径 1.7mm
	圆钢		78	—	—
	扁钢		75	—	厚度 3mm
外表面镀铜的钢	圆钢	14	50	—	镀铜厚度至少 250μm,铜纯度 99.9%
	扁钢		90(厚 3mm)	—	
不锈钢	圆形导体	15	78	—	—
	扁形导体		100	—	厚度 2mm

注:1. 热镀锌钢的镀锌层宜光滑连贯、无焊剂斑点,镀锌层圆钢至少 22.7g/m^2、扁钢至少 32.4g/m^2;
2. 热镀锌之前螺纹应先加工好;
3. 不同截面的型钢,其截面不小于 290mm^2,最小厚度 3mm,可采用 50mm×50mm×3mm 角钢;
4. 当完全埋在混凝土中时才可采用裸钢;
5. 外表面镀铜的钢,铜应与钢结合良好;
6. 不锈钢中,铬的含量等于或大于 16%,镍的含量等于或大于 5%,钼的含量等于或大于 2%,碳的含量等于或小于 0.08%;
7. 截面积允许误差为−3%。

注:本内容参照《建筑物防雷设计规范》GB 50057—2010 第 5.4.1 条规定。

2)在符合表 1-2 规定的条件下,埋于土壤中的人工垂直接地体宜采用热镀锌角钢、钢管或圆钢;埋于土壤中的人工水平接地体宜采用热镀锌扁钢或圆钢。接地线应与水平接地体的截面相同。

防雷装置的材料及使用条件 **表 1-2**

材料	使用于大气中	使用于地中	使用于混凝土中	耐腐蚀情况		
				在下列环境中能耐腐蚀	在下列环境中增加腐蚀	与下列材料接触形成直流电耦合可能受到严重腐蚀
铜	单根导体,绞线	单根导体,有镀层的绞线,铜管	单根导体,有镀层的绞线	在许多环境中良好	硫化物有机材料	

续表

材料	使用于大气中	使用于地中	使用于混凝土中	耐腐蚀情况		
				在下列环境中能耐腐蚀	在下列环境中增加腐蚀	与下列材料接触形成直流电耦合可能受到严重腐蚀
热镀锌钢	单根导体，绞线	单根导体，钢管	单根导体，绞线	敷设于大气、混凝土和无腐蚀性的一般土壤中受到的腐蚀是可接受的	高氯化物含量	铜
电镀铜钢	单根导体	单根导体	单根导体	在许多环境中良好	硫化物	—
不锈钢	单根导体，绞线	单根导体，绞线	单根导体，绞线	在许多环境中良好	高氯化物含量	—
铝	单根导体，绞线	不适合	不适合	在含有低浓度硫和氯化物的大气中良好	碱性溶液	铜
铅	有镀铅层的单根导体	禁止	不适合	在含有高浓度硫酸化合物的大气中良好	—	铜 不锈钢

注：1. 敷设于黏土或潮湿土壤中的镀锌钢可能受到腐蚀；
2. 在沿海地区，敷设于混凝土中的镀锌钢不宜延伸进入土壤中；
3. 不得在地中采用铅。

注：本内容参照《建筑物防雷设计规范》GB 50057—2010 第 5.4.2 条规定。

3）在敷设于土壤中的接地体连接到混凝土基础内起基础接地体作用的钢筋或钢材的情况下，土壤中的接地体宜采用铜质或镀铜钢或不锈钢导体。

注：本内容参照《建筑物防雷设计规范》GB 50057—2010 第 5.4.5 条规定。

（3）接地网材料要求。

1）民用建筑宜优先利用钢筋混凝土中的钢筋作为防雷接地网，当不具备条件时，宜采用圆钢、钢管、角钢或扁钢等金属体作人工接地极。

注：本内容参照《民用建筑电气设计规范》JGJ 16—2008 第 11.8.1 条规定。

2）垂直埋设的接地极，宜采用圆钢、钢管、角钢等。水平埋设的接地极宜采用扁钢、圆钢等。人工接地极的最小尺寸应符合表 1-3 的规定。

人工接地极最小尺寸（mm）　　**表 1-3**

材料及形状	最小尺寸			
	直径(mm)	截面积(mm^2)	厚度(mm)	镀层厚度(μm)
热镀锌扁钢	—	90	3	63
热浸锌角钢	—	90	3	63
热镀锌深埋钢棒接地极	16	—	—	63
热镀锌钢管	25	—	2	47
带状裸铜	—	50	2	—
裸铜管	20	—	2	—

注：本内容参照《民用建筑电气设计规范》JGJ 16—2008 第 11.8.2 条规定。

3）接地极及其连接导体应热镀锌，焊接处应涂防腐漆。在腐蚀性较强的土壤中，还应适当加大其截面或采取其他防腐措施。

注：本内容参照《民用建筑电气设计规范》JGJ 16—2008 第 11.8.3 条规定。

4）在地下禁止采用裸铝导体作接地极或接地导体。

注：本内容参照《民用建筑电气设计规范》JGJ 16—2008 第 12.5.2 条规定。

1.2 接地或接零支线设置细则

《工程质量安全手册》第 3.11.2 条：

接地（PE）或接零（PEN）支线应单独与接地（PE）或接零（PEN）干线相连接。

实施细则：

1. 质量目标

电气设备的外露可导电部分应单独与保护导体相连接，不得串联连接，连接导体的材质、截面积应符合设计要求。

注：本内容参照《建筑电气工程施工质量验收规范》GB 50303—2015 第 3.1.7 条规定。

2. 质量保障措施

（1）电气设备的外露可导电部分应与保护导体单独连接，也就是要求与保护导体直接连接，电气设备的外露可导电部分单独与保护导体相连接是确保电气设备安全运行的条件，需要强调的是，单独连接也就是要求不得串联连接，而是要求与保护导体干线连接。

施工时应首先确认与电气设备连接的保护导体应为保护导体干线，在建筑物设备层等电气设备集中的场所，有可能选用断面为矩形的钢或铜母线做接地干线，可在其上钻孔后，将每个电气设备的接地线与钢或铜母线接地干线直接连接，电气设备移位或维修拆卸都不会使钢或铜母线接地干线中断电气连通。连接导体的材质、截面积设计是根据电气设备的技术参数、所处的不同环境和条件进行计算和选择的，施工时应严格按设计要求执行。

注：本内容参照《建筑电气工程施工质量验收规范》GB 50303—2015 条文说明第 3.1.7 条规定。

（2）接地装置在地面以上的部分，应按设计要求设置测试点，测试点不应被外墙饰面遮蔽，且应有明显标识。

（3）接地装置的接地电阻值应符合设计要求。

（4）接地装置的材料规格、型号应符合设计要求。

（5）当接地电阻达不到设计要求需采取措施降低接地电阻时，应符合下列规定：

1）采用降阻剂时，降阻剂应为同一品牌的产品，调制降阻剂的水应无污染和杂物；降阻剂应均匀灌注于垂直接地体周围。

2）采取换土或将人工接地体外延至土壤电阻率较低处时，应掌握有关的地质结构资料和地下土壤电阻率的分布，并应做好记录。

3）采用接地模块时，接地模块的顶面埋深不应小于 0.6m，接地模块间距不应小于模块长度的 3～5 倍。接地模块埋设基坑宜为模块外形尺寸的 1.2～1.4 倍，且应详细记录开挖深度内的地层情况；接地模块应垂直或水平就位，并应保持与原土层接触良好。

注：本内容参照《建筑电气工程施工质量验收规范》GB 50303—2015 第 22.1 节的规定。

（6）当设计无要求时，接地装置顶面埋设深度不应小于 0.6m，且应在冻土层以下。圆钢、角钢、钢管、铜棒、铜管等接地极应垂直埋入地下。间距不应小于 5m；人工接地体与建筑物的外墙或基础之间的水平距离不宜小于 1m。

（7）接地装置的焊接应采用搭接焊，除埋设在混凝土中的焊接接头外，应采取防腐措施，焊接搭接长度应符合下列规定：

1）扁钢与扁钢搭接不应小于扁钢宽度的 2 倍，且应至少三面施焊；

2）圆钢与圆钢搭接不应小于圆钢直径的 6 倍，且应双面施焊；

3）圆钢与扁钢搭接不应小于圆钢直径的 6 倍，且应双面施焊；

4）扁钢与钢管，扁钢与角钢焊接，应紧贴角钢外侧两面，或紧贴 3/4 钢管表面，上下两侧施焊。

（8）当接地极为铜材和钢材组成，且铜与铜或铜与钢材连接采用热剂焊时，接头应无贯穿性的气孔且表面平滑。

（9）采取降阻措施的接地装置应符合下列规定：

1）接地装置应被降阻剂或低电阻率土壤所包覆；

2）接地模块应集中引线，并应采用干线将接地模块并联焊接成一个环路，干线的材质应与接地模块焊接点的材质相同，钢制的采用热浸镀锌材料的引出线不应少于 2 处。

注：本内容参照《建筑电气工程施工质量验收规范》GB 50303—2015 第 22.2 节的规定。

（10）固定式电气装置的接地导体与保护导体应符合下列规定：

1）交流接地网的接地导体与保护导体的截面应符合热稳定要求。当保护导体按表 1-4选择截面时，可不对其进行热稳定校核。在任何情况下埋入土壤中的接地导体的最小截面均不得小于表 1-5 的规定。

保护导体的最小截面（mm^2）　　　　**表 1-4**

相导体的截面 S	相应保护导体的最小截面 S
$S \leqslant 16$	S
$16 < S \leqslant 35$	16
$S > 35$	$S/2$

埋入土壤中的接地导体最小截面（mm^2）　　　　**表 1-5**

有无防腐蚀保护		有防机械损伤保护	无防机械损伤保护
有防腐蚀保护	铜	2.5	16
	钢	10	16
无防腐蚀保护	铜	25	
	钢	50	

2）保护导体宜采用与相导体相同的材料，也可采用电缆金属外皮、配线用的钢导管

或金属线槽等金属导体。

当采用电缆金属外皮、配线用的钢导管及金属线槽作保护导体时，其电气特性应保证不受机械的、化学的或电化学的损害和侵蚀，其导电性能应满足表 1-4 的规定。

3）不得使用可挠金属电线套管、保温管的金属外皮或金属网作接地导体和保护导体。在电气装置需要接地的房间内，可导电的金属部分应通过保护导体进行接地。

注：本内容参照《民用建筑电气设计规范》JGJ 16—2008 第 12.5.3 条规定。

（11）包括配线用的钢导管及金属线槽在内的外界可导电部分，严禁用作 PEN 导体。PEN 导体必须与相导体具有相同的绝缘水平。

注：本内容参照《民用建筑电气设计规范》JGJ 16—2008 第 12.5.4 条规定。

（12）接地网的连接与敷设应符合下列规定：

1）对于需进行保护接地的用电设备，应采用单独的保护导体与保护干线相连或用单独的接地导体与接地极相连；

2）当利用电梯轨道作接地干线时，应将其连成封闭的回路；

3）变压器直接接地或经过消弧线圈接地、柴油发电机的中性点与接地极或接地干线连接时，应采用单独接地导体。

注：本内容参照《民用建筑电气设计规范》JGJ 16—2008 第 12.5.5 条规定。

1.3 接闪器、防雷引下线连接细则

《工程质量安全手册》第 3.11.3 条：

接闪器与防雷引下线、防雷引下线与接地装置应可靠连接。

实施细则：

1.3.1 接闪器安装

1. 质量目标

主控项目

（1）接闪器的布置、规格及数量应符合设计要求。通过现场观察检查并用尺量检查，核对设计文件。

（2）接闪器与防雷引下线必须采用焊接或卡接器连接，防雷引下线与接地装置必须采用焊接或螺栓连接。通过现场观察检查，并采用专用工具拧紧检查。

（3）当利用建筑物金属屋面或屋顶上旗杆、栏杆、装饰物、铁塔、女儿墙上的盖板等永久性金属物做接闪器时，其材质及截面应符合设计要求，建筑物金属屋面板间的连接、永久性金属物各部件之间的连接应可靠、持久。通过现场观察检查，核查材质产品质量证明文件和材料进场验收记录，并核对设计文件。

注：本内容参照《建筑电气工程施工质量验收规范》GB 50303—2015 第 24.1.2、24.1.3、24.1.4 条的规定。

一般项目

(4) 接闪杆、接闪线或接闪带安装位置应正确，安装方式应符合设计要求，焊接固定的焊缝应饱满无遗漏，螺栓固定的应防松零件齐全，焊接连接处应防腐完好。通过现场观察检查。

(5) 防雷引下线、接闪线、接闪网和接闪带的焊接连接搭接长度及要求应符合以下规定，并通过现场观察检查并用尺量检查。

1) 扁钢与扁钢搭接不应小于扁钢宽度的 2 倍，且应至少三面施焊；

2) 圆钢与圆钢搭接不应小于圆钢直径的 6 倍，且应双面施焊；

3) 圆钢与扁钢搭接不应小于圆钢直径的 6 倍，且应双面施焊；

4) 扁钢与钢管，扁钢与角钢焊接，应紧贴角钢外侧两面，或紧贴 3/4 钢管表面，上下两侧施焊。

(6) 接闪线和接闪带安装应符合下列规定，并通过现场观察检查并用尺量、用测力计测量支架的垂直受力值：

1) 安装应平正顺直、无急弯，其固定支架应间距均匀、固定牢固；

2) 当设计无要求时，固定支架高度不宜小于 150mm，间距应符合表 1-6 的规定；

3) 每个固定支架应能承受 49N 的垂直拉力。

明敷引下线及接闪导体固定支架的间距 (mm) **表 1-6**

布置方式	扁形导体固定支架间距	圆形导体固定支架间距
安装于水平面上的水平导体	500	1000
安装于垂直面上的水平导体		
安装于高于 20m 以上垂直面上的垂直导体		
安装于地面至 20m 以下垂直面上的垂直导体	1000	1000

(7) 接闪带或接闪网在过建筑物变形缝处的跨接应有补偿措施。通过现场观察检查。

注：本内容参照《建筑电气工程施工质量验收规范》GB 50303—2015 第 24.2.3～24.2.6 条规定。

2. 质量保证措施

(1) 接闪器安装的一般规定

1) 避雷带（网）的材料选用应符合规定。

2) 当采用镀锌钢管制作避雷针针尖时，其管壁厚度不应小于 3mm，针尖刷锡长度 200mm。

3) 接闪器采用焊接连接，其焊缝应饱满，焊接处药皮应清除干净。搭接长度及焊接应符合下列规定。避雷针垂直偏差不宜大于最小针杆直径。

① 扁钢与扁钢搭接不应小于扁钢宽度的 2 倍，且应至少三面施焊；

② 圆钢与圆钢搭接不应小于圆钢直径的 6 倍，且应双面施焊；

③ 圆钢与扁钢搭接不应小于圆钢直径的 6 倍，且应双面施焊；

④ 扁钢与钢管，扁钢与角钢焊接，应紧贴角钢外侧两面，或紧贴 3/4 钢管表面，上下两侧施焊。

4) 明设避雷带（网）的敷设应平直、牢固，支持点间距均匀，且水平直线段部分不宜大于 3m，垂直部分不宜大于 3m，转弯处不宜大于 500mm。平直度每 2m 允许偏差 3‰，全长不应超过 10mm。

5）避雷带（网）转弯处应平滑过渡，不得出现死弯或棱角。

6）利用屋面金属栏杆作避雷带时，金属栏杆转弯半径应大于 1 倍金属栏杆直径。

7）避雷带（网）通过伸缩缝或沉降缝时，应有补偿装置。

8）明装避雷带（网）焊接处做二度沥青防腐，通长刷银粉漆。

9）独立避雷针（线）应设置独立的集中接地装置，且与主接地网的地中间距不应小于 3m。

（2）明装避雷带（网）安装

1）支持件的制作安装

① 屋面支座安装

避雷带（网）沿屋面安装时，应沿混凝土支座固定。混凝土支座应按图 1-1 所示进行预制。

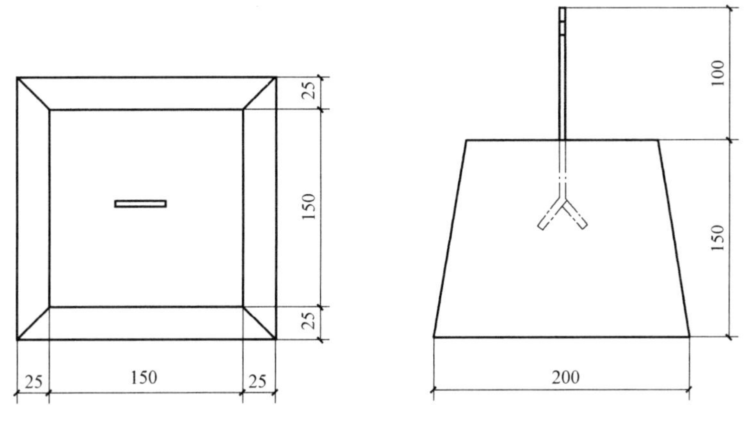

图 1-1 混凝土支墩预制图

a. 支座的摆放

当屋面防水工程结束后，将混凝土支座分档摆好，在直线段两端支座间拉通线，确定好中间支座位置。支座摆放应符合规定。同时，在避雷带（网）的转角中心严禁设置避雷带（网）支座。

b. 支座的固定

当支座位置确定后，在支座位置上烫好沥青，将支座与屋面固定牢靠，待安装避雷带（网）。

② 女儿墙支架安装

a. 支架的选用

避雷带（网）沿女儿墙安装时，应使用支架固定。避雷带（网）为圆钢时，采用 Φ10 圆钢支架；避雷带（网）为扁钢时，采用 5mm×4mm 扁钢支架。

b. 支架的安装

支架应尽量随结构施工预埋，当条件受到限制时，应在墙体施工时预留不小于 100mm×100mm×100mm 的孔洞。埋设支架时，应首先埋设直线段上两端的支架，然后拉通线埋设中间支架。支架间距应符合规定，支架应与墙顶面垂直。在预留孔洞埋设支架前，应先用素水泥浆湿润，放置好支架后，用水泥砂浆灌注牢靠，支架的支起高度不应小于 150mm。

③ 屋脊上支座、支架安装

避雷带在建筑物屋脊上安装，可使用混凝土支座或支架固定。如使用支座固定避雷带时，应配合土建施工，现场浇制支座时，先将脊瓦敲去一角，使支座与脊瓦内的砂楽连成一体。如使用支架固定避雷带时，可先用电钻将脊瓦钻孔，然后将支架插入孔内，用水泥砂浆填塞牢固。

2）避雷带（网）的调直

避雷带（网）必须调直后方可进行敷设。避雷带（网）如为扁钢，则可放在平板上用手锤调直；避雷带（网）如为圆钢，则可用钢筋校直机校直，或用手动葫芦拉直。

3）避雷带（网）安装

支座或支架调正、校平后，可进行避雷带（网）安装。将校直后的避雷带（网）逐段安装于支座或支架上。避雷带（网）在支座或支架上的固定方式有焊接固定和螺栓固定两种形式。避雷带（网）的连接应采用焊接。如避雷带沿女儿墙及电梯机房或水池顶部四周敷设时，不同平面的避雷带（网）应至少有两处互相连接，连接时应采用焊接。

4）与屋面可露金属物体连接

建筑物屋顶上的突出金属物体，如旗杆、透气管、铁栏杆、爬梯、冷却水塔、电视天线杆等，这些部位的金属导体都必须与避雷带（网）焊接成一体。

5）与引下线焊接

引下线的上端与避雷带（网）的交接处，应弯成弧形再与避雷带（网）并齐进行搭接焊接。

6）防腐

避雷带（网）各部焊接处，应打磨光滑，无突起高度，焊接连接处应涂刷红丹防锈漆和银粉防腐。

（3）暗装避雷带（网）安装

可上人屋面避雷带（网）可采用暗敷设，其埋设深度为屋面下或女儿墙下 50mm。避雷带（网）的间距应符合设计要求，引至屋面金属构件、设备的接地线位置正确，接地点外露。对于一类防雷建筑物 30m 以下部分每隔 3 层设均压环一圈。可利用水平梁内主钢筋焊接成电气通路作均压环，并从就近均压环引出接地线 25mm×4mm 或 40mm×4mm 扁钢至电气井、管道竖井，将竖向管道每隔三层接地一次。对于一类防雷建筑物 30m 以上部分向上每隔三层在结构圈梁内敷设一圈 25mm×4mm 避雷带，并与引下线焊接形成水平避雷带，以防止侧击雷。所有金属栏杆及金属门窗等较大的金属物体处，均预留一根 25mm×4mm 扁钢，供这些金属物体接地。

对于高度超过 45m 的二类防雷建筑物和高度超过 60m 的三类防雷建筑物也应规定采取防侧击和等电位的保护措施。

（4）避雷针安装

1）预埋地脚螺栓或钢板

① 根据设计图纸确定避雷针的安装位置。

② 配合土建浇筑避雷针基础，同时预埋避雷针安装底板或地脚螺栓。

2）避雷针制作安装

① 避雷针制作。避雷针宜采用圆钢或焊接钢管制成，其直径不应小于下列数值：

a. 针长在 1m 以下，圆钢为 12mm；钢管为 20mm。

b. 针长在 1～2m 时，圆钢为 16mm；钢管为 25mm。

c. 烟囱顶上的避雷针，圆钢为 20mm；钢管为 40mm。

② 避雷针安装。

土建工程基本结束，引下线接地网安装完毕后，可进行避雷针安装。将符合设计要求的避雷针焊上一块肋板，然后竖起点焊于预埋钢板上，用线坠检查避雷针垂直后将肋板点焊牢固，但不能通长焊接，否则肋板会变形，避雷针会倾斜。再将另外两个肋板分别点焊固定，最后对称施焊，将避雷针固定牢靠。屋面上若有避雷带（网）及顶部外露的其他金属物体，还要与其连成一个整体。

3）引下线焊接

在避雷针安装底板上焊接引下线，清除药皮，用水泥砂浆将肋板和底座一起隐蔽。

注：《建筑电气工程施工工艺规程》DB51/T 5047—2007 第 26 章的规定。

1.3.2 防雷引下线安装

1. 质量目标

主控项目

（1）防雷引下线的布置、安装数量和连接方式应符合设计要求。

检查方法：明敷的观察检查，暗敷的施工中观察检查并查阅隐蔽工程检查记录。

注：本内容参照《建筑电气工程施工质量验收规范》GB 50303—2015 第 24.1.1 条规定。

一般项目

（2）暗敷在建筑物抹灰层内的引下线应有卡钉分段固定；明敷的引下线应平直、无急弯，并应设置专用支架固定，引下线焊接处应刷油漆防腐且无遗漏。通过现场观察检查。

（3）设计要求接地的幕墙金属框架和建筑物的金属门窗，应就近与防雷引下线连接可靠，连接处不同金属间应采取防电化学腐蚀措施。通过现场施工中观察检查。

（4）防雷引下线、接闪线、接闪网和接闪带的焊接连接搭接长度及要求应符合以下规定，并通过现场观察检查和用尺量检查：

1）扁钢与扁钢搭接不应小于扁钢宽度的 2 倍，且应至少三面施焊；

2）圆钢与圆钢搭接不应小于圆钢直径的 6 倍，且应双面施焊；

3）圆钢与扁钢搭接不应小于圆钢直径的 6 倍，且应双面施焊；

4）扁钢与钢管，扁钢与角钢焊接，应紧贴角钢外侧两面，或紧贴 3/4 钢管表面，上下两侧施焊。

注：本内容参照《建筑电气工程施工质量验收规范》GB 50303—2015 第 24.2.1、24.2.2 和 24.2.4 条规定。

2. 质量保证措施

（1）一般规定

1）每栋建筑物引下线的数量及布置应符合规范要求。

2）圆钢或扁钢引下线宜设置断接卡，其高度由设计确定。当设计无规定时，明装一般为1.5～1.8m，暗装为0.3～0.5m。

3）明装引下线从－0.3～1.8m或从－0.3m至断接卡处应设保护管或保护角钢。

4）明装引下线转弯半径宜大于圆钢直径的10倍或扁钢宽度的4倍。

5）明装接地干线敷设应平直，水平度与垂直度允许偏差2‰，但全长不超过10mm。

6）暗设引下线隐蔽资料齐全，标识清楚、准确。

（2）引下线明敷设

1）支持卡子预埋

一般在距护坡约2m高处，预埋第一个支持卡子，随着建筑物主体施工，在距第一个卡子正上方1.5～3m处，用线坠吊直第一个卡子的中心点，预埋第二个卡子，依次逐个预埋，其间距应均匀，支持卡子应突出外墙装饰面15mm以上，露出长度应一致。

2）调直引下线

明敷引下线必须调直后方可进行敷设。引下线如为扁钢，则可放在平板上用手锤调直；引下线如为圆钢，则可用钢筋校直机校直，或用手动葫芦拉直。

3）引下线敷设

建筑物外墙装饰工程完成后，将调直后的引下线用绳子提拉到建筑物的最高点，由上而下逐点使其与支持卡子进行卡固或焊接固定，直至断接卡为止。

4）保护管安装

明敷引下线在断接卡下部，即从断接卡到－0.3m处一段应采取保护措施。可外套刚性绝缘导管、DN50开口钢管、L50×50×4角钢保护，并应在保护管外刷红白相间标志漆。

5）断接卡制作安装

为了检测接地电阻以及引下线、接地线的连接状况，应在室外距护坡1.8m处，设置断接卡。

（3）引下线暗敷设

引下线暗敷设分两种情况：一种是在抹灰层内敷设引下线，另一种是在砖混结构建筑物的外墙内敷设引下线。由于前者在安装和固定引下线时，应使其紧贴砌体表面，不能有大的起伏，否则会影响抹灰施工，也无法保证应有的抹灰层厚度，因此不宜提倡在抹灰层内敷设引下线。后者可在砌体墙内或构造柱内敷设引下线。

1）预埋断接卡箱

为了检测接地电阻以及引下线、接地线的连接状况，应在引下线与接地装置的交接处，在距地0.3～1.7m处设断接卡箱。

2）配合主体施工由下至上敷设引下线

先将作为引下线的圆钢或扁钢与接地装置的接地线或断接卡连接好，配合土建主体外墙或构造柱施工，由下至上展放作为引下线的一段圆钢或扁钢，敷设路径应尽量短而直。

引下线的连接采用焊接，焊接要求应符合规定，并将焊接处药皮清除掉后作防腐处理。当引下线敷设在砖墙或泥土内时，焊接处需刷沥青二度防腐；当引下线敷设于混凝土内时，可不作防腐处理。

3）连接接闪器

引下线可直接通过挑檐板或女儿墙与避雷带（网）搭接焊接。

（4）利用建筑物柱内钢筋作引下线

1）确定引下线柱筋位置

应配合土建施工，按照设计要求找出全部作为引下线钢筋的位置，并用油漆做好标记。

2）接地连接板的制作安装

当利用建筑物钢筋混凝土基础内钢筋作接地装置、其柱内主筋作引下线时，由于柱内主筋是由上而下贯通为一体的，无法设置断接卡测试接地电阻。因此应根据设计要求位置，设置若干个由角钢或扁钢制作的预埋连接板与作引下线的主钢筋进行焊接，再用引出连接板与预埋连接板相焊接，引至墙体的表面，以作为接地电阻测试点及供外接人工接地体和作等电位联结使用。

3）配合钢筋专业连接作引下线的钢筋

作为引下线的柱内主钢筋，应随着钢筋专业由下而上、逐层串联焊接至顶层，同时应保证每层钢筋上、下进行贯通性焊接。引下线焊接情况应每层做检查，并做好隐蔽验收记录。

4）顶端柱内钢筋焊接引出待连接接闪器

引下线至屋面时，应先将两根或以上引下线做电气连接，再同接闪器连接。

注：本内容参照《建筑电气工程施工工艺规程》DB51/T 5047—2007 第 25 章的规定。

1.4 电动机等外露导电部分与保护导体连接细则

《工程质量安全手册》第 3.11.4 条：

电动机等外露可导电部分应与保护导体可靠连接。

实施细则：

1. 质量目标

电动机、电加热器及电动执行机构的外露可导电部分必须与保护导体可靠连接。

建筑电气设备采用何种供电系统，是由设计决定的，但外露可导电部分是必须与保护导体可靠连接，可靠连接是指与保护导体与线直接连接且应采用锁紧装置紧固，以确保使用安全。可观察检查并用工具拧紧检查。

注：本内容参照《建筑电气工程施工质量验收规范》GB 50303—2015 第 6.1.1 条规定。

2. 质量保证措施

（1）电动机、电加热器及电动执行机构接线前，应与机械设备完成连接，且经手动操作检验符合工艺要求，绝缘电阻应测试合格。

注：本内容参照《建筑电气工程施工质量验收规范》GB 50303—2015 第 3.3.3 条规定。

(2) 电动机、电加热器及电动执行机构的可接近裸露导体必须做可靠的接地或接零保护。

注：本内容参照《建筑电气工程施工工艺规程》DB 51/T 5047—2007 第 7.1.2 条规定。

(3) 电气设备安装应牢固，螺栓及防松零件齐全，不松动。防水防潮电气设备的接线入口及接线盒盖等应做密封处理。

注：本内容参照《建筑电气工程施工质量验收规范》GB 50303—2015 第 6.2.1 条规定。

1.5 母线槽、分支母线槽连接细则

《工程质量安全手册》第 3.11.5 条：

母线槽与分支母线槽应与保护导体可靠连接。

实施细则：

1. 质量目标

母线槽的金属外壳等外露可导电部分应与保护导体可靠连接。通过现场观察检查并用尺量检查。

注：本内容参照《建筑电气工程施工质量验收规范》GB 50303—2015 第 10.1.1 条的规定。

2. 质量保障措施

(1) 母线槽与保护导体连接的基本规定

1) 每段母线槽的金属外壳间应连接可靠，且母线槽全长与保护导体可靠连接不应少于 2 处；

2) 分支母线槽的金属外壳末端应与保护导体可靠连接。

注：本内容参照《建筑电气工程施工质量验收规范》GB 50303—2015 第 10.1.1 条的规定。

(2) 中性导体和保护导体截面的选择

1) 具有下列情况时，中性导体应和相导体具有相同截面：

① 任何截面的单相两线制电路；

② 三相四线和单相三线电路中，相导体截面不大于 $16mm^2$（铜）或 $25mm^2$（铝）。

2) 三相四线制电路中，相导体截面大于 $16mm^2$（铜）或 $25mm^2$（铝）且满足下列全部条件时，中性导体截面可小于相导体截面：

① 在正常工作时，中性导体预期最大电流不大于减小了的中性导体截面的允许载流量。

② 对 TT 或 TN 系统，在中性导体截面小于相导体截面的地方，中性导体上需装设相应于该导体截面的过电流保护，该保护应使相导体断电但不必断开中性导体。当满足下列两个条件时，则中性导体上不需要装设过电流保护：

——回路相导体的保护装置已能保护中性导体；

——在正常工作时可能通过中性导体上的最大电流明显小于该导体的载流量。

③ 中性导体截面不小于 16mm^2（铜）或 25mm^2（铝）。

3）保护导体必须有足够的截面，其截面可用下列方法之一确定：

① 当切断时间在 0.1～5s 时，保护导体的截面应按下式确定：

$$S \geqslant \frac{\sqrt{I^2 t}}{K} \tag{1-1}$$

式中 S——截面积（mm^2）；

I——发生了阻抗可以忽略的故障时的故障电流（方均根值）(A)；

t——保护电器自动切断供电的时间（s）；

K——取决于保护导体、绝缘和其他部分的材料以及初始温度和最终温度的系数，对常用的不同导体材料和绝缘的保护导体的 K 值可按表 1-7 选取。

不同导体材料和绝缘的 *K* 值 **表 1-7**

绝缘 / 材料		导体绝缘					
		70℃PVC	90℃PVC	85℃橡胶	60℃橡胶	矿物质	
						带 PVC	裸的
初始温度(℃)		70	90	85	60	75	105
最终温度(℃)		160/140	160/140	220	200	160	250
导体材料	铜	115/103	100/86	134	141	115	135
	铝	76/68	66/57	89	93	—	—

当计算所得截面尺寸是非标准尺寸时，应采用较大标准截面的导体。

② 当保护导体与相导体使用相同材料时，保护导体截面不应小于表 1-4 的规定。

在任何情况下，供电电缆外护物或电缆组成部分以外的每根保护导体的截面均应符合下列规定：

——有防机械损伤保护时，铜导体不得小于 2.5mm^2；铝导体不得小于 16mm^2；

——无防机械损伤保护时，铜导体不得小于 4mm^2；铝导体不得小于 16mm^2。

注：本内容参照《民用建筑电气设计规范》JGJ 16—2008 第 7.4.5 条的规定。

(3) 插接母线槽的安装应符合下列要求：

1）悬挂式母线槽的吊钩应有调整螺栓，固定点间距离不得大于 3m；

2）母线槽的端头应装封闭罩，引出线孔的盖子应完整；

3）各段母线槽外壳的连接应可拆，外壳之间应有跨接线，并应接地可靠。

注：本内容参照《民用建筑电气设计规范》JGJ 16—2008 第 3.3.10 条的规定。

(4) 金属封闭母线的外壳及支持结构的金属部分应可靠接地，并应符合下列规定：

1）全连式离相封闭母线的外壳应采用一点或多点通过短路板接地；一点接地时，应在其中一处短路板上设置一个可靠的接地点；多点接地时，可在每处但至少在其中一处短路板上设置一个可靠的接地点；

2）不连式离相封闭母线的每一分段外壳应有一点接地，并应只允许有一点接地；

3）共箱封闭母线的外壳各段间应有可靠的电气连接，其中至少有一段外壳应可靠接地。

注：本内容参照《民用建筑电气设计规范》JGJ 16—2008 第 3.6.6 条的规定。

1.6　金属梯架、托盘或槽盒本体之间连接细则

《工程质量安全手册》第 3.11.6 条：

金属梯架、托盘或槽盒本体之间的连接符合设计要求。

实施细则：

1. 质量目标

金属梯架、托盘或槽盒本体之间的连接应牢固可靠，与保护导体的连接应符合规范规定。通过现场观察检查并用尺量检查。

注：本内容参照《建筑电气工程施工质量验收规范》GB 50303—2015 第 11.1.1 条的规定。

2. 质量保障措施

（1）基本规定

1）梯架、托盘和槽盒全长不大于 30m 时，不应少于 2 处与保护导体可靠连接；全长大于 30m 时，每隔 20～30m 应增加一个连接点。起始端和终点端均应可靠接地。

2）非镀锌梯架、托盘和槽盒本体之间连接板的两端应跨接保护联结导体，保护联结导体的截面积应符合设计要求。

3）镀锌梯架、托盘和槽盒本体之间不跨接保护联结导体时，连接板每端不应少于 2 个有防松螺帽或防松垫圈的连接固定螺栓。

注：本内容参照《建筑电气工程施工质量验收规范》GB 50303—2015 第 11.1.1 条的规定。

（2）电缆梯架、托盘和槽盒转弯、分支处宜采用专用连接配件，其弯曲半径不应小于梯架、托盘和槽盒内电缆最小允许弯曲半径，电缆最小允许弯曲半径应符合表 1-8 的规定。

电缆最小允许弯曲半径　　　　**表 1-8**

<table>
<tr><th colspan="2">电缆形式</th><th>电缆外径(mm)</th><th>多芯电缆</th><th>单芯电缆</th></tr>
<tr><td rowspan="2">塑料绝缘电缆</td><td>无铠装</td><td rowspan="6">—</td><td>15D</td><td>20D</td></tr>
<tr><td>有铠装</td><td>12D</td><td>15D</td></tr>
<tr><td colspan="2">橡皮绝缘电缆</td><td colspan="2">10D</td></tr>
<tr><td rowspan="3">控制电缆</td><td>非铠装型、屏蔽型软电缆</td><td>6D</td><td rowspan="3">—</td></tr>
<tr><td>铠装型、铜屏蔽型</td><td>12D</td></tr>
<tr><td>其他</td><td>10D</td></tr>
</table>

续表

电缆形式	电缆外径(mm)	多芯电缆	单芯电缆
铝合金导体电力电缆	—	7*D*	
氧化镁绝缘刚性矿物绝缘电缆	＜7	2*D*	
	≥7,且＜12	3*D*	
	≥12,且＜15	4*D*	
	≥15*D*	6*D*	
其他矿物绝缘电缆	—	15*D*	

注：*D* 为电缆外径。

注：本内容参照《建筑电气工程施工质量验收规范》GB 50303—2015 第 11.1.2 条的规定。

(3) 当直线段钢制或塑料梯架、托盘和槽盒长度超过 30m，铝合金或玻璃钢制梯架、托盘和槽盒度超过 15m 时，应设置伸缩节；当梯架、托盘和槽盒跨越建筑物变形缝处时，应设置补偿装置。

注：本内容参照《建筑电气工程施工质量验收规范》GB 50303—2015 第 11.2.1 条的规定。

(4) 梯架、托盘和槽盒与支架间及与连接板的固定螺栓应紧固无遗漏，螺母应位于梯架、托盘和槽盒外侧；当铝合金梯架、托盘和槽盒与钢支架固定时，应有相互间绝缘的防电化腐蚀措施。

注：本内容参照《建筑电气工程施工质量验收规范》GB 50303—2015 第 11.2.2 条的规定。

(5) 当设计无要求时，梯架、托盘、槽盒及支架安装应符合下列规定：

1) 电缆梯架、托盘和槽盒宜敷设在易燃易爆气体管道和热力管道的下方，与各类管道的最小净距应符合表 1-9 的规定。

母线槽及电缆梯架、托盘和槽盒与管道的最小净距（mm）　　表 1-9

管道类别		平行净距	交叉净距
一般工艺管道		400	300
可燃或易燃易爆气体管道		500	500
热力管道	有保温层	500	300
	无保温层	1000	500

2) 配线槽盒与水管同侧上下敷设时，宜安装在水管的上方；与热水管、蒸气管平行上下敷设时，应敷设在热水管、蒸气管的下方，当有困难时，可敷设在热水管、蒸气管的上方；相互间的最小距离宜符合表 1-10 的规定。

导管或配线槽盒与热水管、蒸汽管间的最小距离（mm）　　表 1-10

导管或配线槽盒的敷设位置	管道种类	
	热水	蒸汽
在热水、蒸汽管道上面平行敷设	300	1000
在热水、蒸汽管道下面或水平平行敷设	200	500
与热水、蒸汽管道交叉敷设	不小于其平行的净距	

注：1. 对有保温措施的热水管、蒸汽管，其最小距离不宜小于 200mm；
2. 导管或配线槽盒与不含可燃及易燃易爆气体的其他管道的距离，平行或交叉敷设不应小于 100mm；
3. 导管或配线槽盒与可燃及易燃易爆气体不宜平行敷设，交叉敷设处不应小于 100mm；
4. 达不到规定距离时应采取可靠有效的隔离保护措施。

3）敷设在电气竖井内穿楼板处和穿越不同防火区的梯架、托盘和槽盒，应设有防火隔堵措施。

4）敷设在电气竖井内的电缆梯架或托盘，其固定支架不应安装在固定电缆的横担上，且每隔3～5层应设置承重支架。

5）对于敷设在室外的梯架、托盘和槽盒，当进入室内或配电箱（柜）时应有防雨水措施，槽盒底部应有泄水孔。

6）承力建筑钢结构构件上不得熔焊支架，且不得热加工开孔。

7）水平安装的支架间距宜为1.5～3.0m，垂直安装的支架间距不应大于2m。

8）采用金属固定时，吊径不得小于8mm，并应有防晃支架，在分支0.3～0.5m处应有固定支架。

注：本内容参照《建筑电气工程施工质量验收规范》GB 50303—2015第11.2.3条的规定。

（6）线槽必须接地（PE）或接零（PEN）可靠，并符合下列规定：

1）金属线槽不得熔焊跨接接地线，以专用接地卡跨接的两卡间连线为铜芯软导线，截面积不小于$4mm^2$。

2）金属线槽不作设备的接地导体，当设计无要求时，金属线槽全长不小于2处与接（PE）或接零（PEN）干线连接。

3）非镀锌金属线槽间连接板的两端跨接铜芯接地线，镀锌线槽间连接板的两端不跨接接地线，但连接板两端应设有不少于2个防松螺帽或防松垫圈的连接固定螺栓。

注：本内容参照《建筑电气工程施工技术标准》ZJQ 08—SGJB 303—2005第14.7.1.1条的规定。

1.7 交流单芯电缆穿管或固定细则

《工程质量安全手册》第3.11.7条：

交流单芯电缆或分相后的每相电缆不得单根独穿于钢导管内，固定用的夹具和支架不应形成闭合磁路。

实施细则：

1. 质量目标

交流单芯电缆或分相后的每相电缆不得单根独穿于钢导管内，固定用的夹具和支架不应形成闭合磁路。通过核对设计图观察检查。

注：本内容参照《建筑电气工程施工质量验收规范》GB 50303—2015第13.1.5条的规定。

2. 质量保障措施

单根导线的周围存在交变磁场，磁场会和钢管发生电磁感应在钢管中产生涡流，导致钢管发热引起火灾，同一回路的电线电流方向相反，产生的磁场会互相抵消，对外不显磁性，不会引起涡流发热。因此，交流单芯电缆或分相后的每相电缆不得单根独穿于钢导管内，可选用绝缘的塑料管。

为了做到安全供电，采用预制电缆头作分支连接或单芯矿物绝缘电缆在进出配电柜、配电箱时，要防止分支处电缆芯线单根固定时，采用的夹具和支架形成闭合铁磁回路。

注：本内容参照《建筑电气工程施工质量验收规范》GB 50303—2015 第 13.1.5 条的规定。

1.8 灯具的安装细则

《工程质量安全手册》第 3.11.8 条：

灯具的安装符合设计要求。

实施细则：

1.8.1 普通灯具安装

1. 质量目标

主控项目

（1）灯具固定应符合下列规定：

1）灯具固定应牢固可靠，在砌体和混凝土结构上严禁使用木楔、尼龙塞或塑料塞固定；

2）质量大于 10kg 的灯具，固定装置及悬吊装置应按灯具重量的 5 倍恒定均布载荷做强度试验，且持续时间不得少于 15min。

在施工或强度试验时观察检查，查阅灯具固定装置及悬吊装置的载荷强度试验记录。

（2）悬吊式灯具安装应符合下列规定，并通过现场观察检查并用尺量检查。

1）带升降器的软线吊灯在吊线展开后，灯具下沿应高于工作台面 0.3m；

2）质量大于 0.5kg 的软线吊灯，灯具的电源线不应受力；

3）质量大于 3kg 的悬吊灯具，固定在螺栓或预埋吊钩上，螺栓或预埋吊钩的直径不应小于灯具挂销直径，且不应小于 6mm；

4）当采用钢管作灯具吊杆时，其内径不应小于 10mm，壁厚不应小于 1.5mm；

5）灯具与固定装置及灯具连接件之间采用螺纹连接的，螺纹啮合扣数不应少于 5 扣。

（3）吸顶或墙面上安装的灯具，其固定用的螺栓或螺钉不应少于 2 个，灯具应紧贴饰面。通过现场观察检查。

（4）由接线盒引至嵌入式灯具或槽灯的绝缘导线应符合下列规定，并通过现场观察检查：

1）绝缘导线应采用柔性导管保护，不得裸露，且不应在灯槽内明敷；

2）柔性导管与灯具壳体应采用专用接头连接。

（5）普通灯具的Ⅰ类灯具外露可导电部分必须采用铜芯软导线与保护导体可靠连接，连接处应设置接地标识，铜芯软导线的截面积应与进入灯具的电源线截面积相同。通过现场尺量检查、工具拧紧和测量检查。

（6）除采用安全电压以外，当设计无要求时，敞开式灯具的灯头对地面距离应大于2.5m。通过现场观察检查并用尺量检查。

（7）埋地灯安装应符合下列规定，并通过现场观察检查，查阅产品进场验收记录及产品质量合格证明文件：

1）埋地灯的防护等级应符合设计要求；

2）埋地灯的接线盒应采用防护等级为IP×7的防水接线盒，盒内绝缘导线接头应做防水绝缘处理。

（8）庭院灯、建筑物附属路灯安装应符合下列规定，并通过现场观察检查、工具拧紧及用手感检查，查阅产品进场验收记录及产品质量合格证明文件：

1）灯具与基础固定应可靠，地脚螺栓备帽应齐全；灯具接线盒应采用防护等级不小于IP×5的防水接线盒，盒盖防水密封垫应齐全、完整。

2）灯具的电器保护装置应齐全，规格应与灯具适配。

3）灯杆的检修门应采取防水措施，且闭锁防盗装置完好。

（9）安装在公共场所的大型灯具的玻璃罩，应采取防止玻璃罩向下溅落的措施。通过现场观察检查。

（10）LED灯具安装应符合下列规定，并通过现场观察检查，查阅产品进场验收记录及产品质量合格证明文件：

1）灯具安装应牢固可靠，饰面不应使用胶类粘贴。

2）灯具安装位置应有较好的散热条件，且不宜安装在潮湿场所。

3）灯具用的金属防水接头密封圈应齐全、完好。

4）灯具的驱动电源、电子控制装置室外安装时，应置于金属箱（盒）内；金属箱（盒）的IP防护等级和散热应符合设计要求，驱动电源的极性标记应清晰、完整；

5）室外灯具配线管路应按明配管敷设，且应具备防雨功能，IP防护等级应符合设计要求。

注：本内容参照《建筑电气工程施工质量验收规范》GB 50303—2015第18.1节的规定。

一般项目

（11）引向单个灯具的绝缘导线截面积应与灯具功率相匹配，绝缘铜芯导线的线芯截面积不应小于1mm^2。通过现场观察检查。

（12）灯具的外形、灯头及其接线应符合下列规定，并通过现场观察检查：

1）灯具及其配件应齐全，不应有机械损伤、变形、涂层剥落和灯罩破裂等缺陷；

2）软线吊灯的软线两端应做保护扣，两端线芯应搪锡；当装升降器时，应采用安全灯头；

3）除敞开式灯具外，其他各类容量在100W及以上的灯具，引入线应采用瓷管、矿棉等不燃材料作隔热保护；

4）连接灯具的软线应盘扣、搪锡压线，当采用螺口灯头时，相线应接于螺口灯头中间的端子上；

5）灯座的绝缘外壳不应破损和漏电；带有开关的灯座，开关手柄应无裸露的金属部分。

(13) 灯具表面及其附件的高温部位靠近可燃物时，应采取隔热、散热等防火保护措施。通过现场观察检查。

(14) 高低压配电设备、裸母线及电梯曳引机的正上方不应安装灯具。通过现场观察检查。

(15) 投光灯的底座及支架应牢固，枢轴应沿需要的光轴方向拧紧固定。通过现场观察检查和手感检查。

(16) 聚光灯和类似灯具出光口面与被照物体的最短距离应符合产品技术文件要求。通过现场尺量检查，并核对产品技术文件。

(17) 导轨灯的灯具功率和载荷应与导轨额定载流量和最大允许载荷相适配。通过现场观察检查并核对产品技术文件。

(18) 露天安装的灯具应有泄水孔，且泄水孔应设置在灯具腔体的底部。灯具及其附件、紧固件、底座和与其相连的导管、接线盒等应有防腐蚀和防水措施。通过现场观察检查。

(19) 安装于槽盒底部的荧光灯具应紧贴槽盒底部，并应固定牢固。通过现场观察检查和手感检查。

(20) 庭院灯、建筑物附属路灯安装应符合下列规定，并通过现场模拟试验、观察检查和手感检查：

1) 灯具的自动通、断电源控制装置应动作准确；

2) 灯具应固定可靠、灯位正确，紧固件应齐全、拧紧。

注：本内容参照《建筑电气工程施工质量验收规范》GB 50303—2015 第 18.2 节的规定。

2. 质量保障措施

(1) 一般规定

1) 照明灯具及附件开箱检查：

① 查验灯具及附件合格证及随带技术文件。

② 灯具的型号、规格、数量应符合工程设计要求，附件、备件应齐全。

③ 灯具外观完好，无损伤。

④ 灯具应有安全认证标志。

⑤ 对成套灯具的绝缘电阻、内部接线等性能进行现场抽样检测。灯具的绝缘电阻值不小于 2MΩ，内部接线为铜芯绝缘导线，芯线截面积不小于 0.5mm²，橡胶或聚氯乙烯 (PVC) 绝缘导线的绝缘层厚度不小于 0.6mm。

2) 灯具及附件的搬运存放：

① 在搬运存放过程中应注意防振、防潮、避免高温，不得倒置。

② 应存放在干燥通风、不受撞击的场所。

③ 灯具安装的工序交接确认：

a. 安装灯具的预埋螺栓、吊杆和吊顶上嵌入式灯具安装专用骨架等完成，大型花灯应按设计要求做过载试验合格，才能安装灯具。

b. 影响灯具安装的脚手架应拆除；室内装修和地面清理工作基本完成，导线绝缘测试合格后，才能安装灯具和灯具接线。

c. 高空安装的灯具，应在地面通、断电试验合格后，才能安装。

（2）吊顶花灯的组装

1）选择适宜的场地，将灯具的包装箱、保护薄膜拆开铺好；

2）戴上干净的纱线手套后，先将导线从各灯座口穿到灯具本身的接线盒内。导线一端盘卷、搪锡后接好灯头。理顺各灯头的相线与零线，另一端区分相线与零线后分别引出电源接线。后将电源结线从吊杆中穿出；

3）灯泡、灯罩宜在灯具整体安装后再装设。

（3）组合式吸顶花灯的组装

1）选择适宜的场地，将灯具的包装箱，保护薄膜拆开铺好；

2）戴上干净的纱线手套，参照灯具的安装说明将各组件连成一体；

3）应注意统一配线颜色以区分相线与零线，对于螺口灯座中心簧片应接相线，不得混淆；

4）灯内穿线长度应适宜，多股软线线头应搪锡；

5）理顺灯内线路，用线卡或尼龙扎带固定导线以避开灯泡发热区。

（4）普通座式灯头的安装

1）将电源线留足维修长度后剪除余线并剥出线头；

2）区分相线与零线，对于螺口灯座中心簧片应接相线；

3）用连接螺钉将灯座安装在接线盒上。

（5）吊线式灯头的安装

1）将电源线留足维修长度后剪除余线并剥出线头；

2）将导线穿过灯头底座，用连接螺钉将底座固定在接线盒上；

3）根据所需长度剪取一段灯线，在一端接上灯头，注意灯线在灯头内应系好保险扣，接线时区分相线与零线，对于螺口灯座中心簧片应接相线；

4）多股线芯接头应搪锡，连接时应注意接头均应按顺时针方向弯钩后压上垫片用灯具螺钉拧紧；

5）将灯线另一端穿人底座扣碗，并与底座上的电源线用压接帽连接，注意灯线在扣碗内应系好保险扣；

6）旋上扣碗。

（6）荧光灯的安装

1）吊链式荧光灯

① 根据图纸确定安装位置，确定吊链吊点；

② 钻出尼龙栓塞孔，装人栓塞，用螺钉将吊链挂钩固定牢靠；

③ 根据灯具的安装高度确定吊链及导线长度，其中导线长度应保证导线不受力；

④ 打开灯具底座盖板，将电源线与灯内导线可靠连接，装上启辉器等附件；

⑤ 盖上底座，装上荧光灯管，将灯具挂好；

⑥ 将导线与接线盒内的电源线连接，盖上接线盒盖板，并理顺垂下的导线。

2）吸顶式荧光灯的安装

① 打开灯具灯座盖板，根据图纸确定安装位置，将灯具底座贴紧建筑物表面，灯具

底座应完全遮盖住接线盒，对着接线盒的位置开好进线孔；

② 比照灯具底座安装孔用铅笔画好安装孔的位置，钻出尼龙栓塞孔，装入栓塞；如为吊顶，可在吊顶板上部木龙骨或轻钢龙骨用自攻螺钉固定；

③ 将电源线穿出后用螺钉将灯具固定并调整位置以满足要求；

④ 用压接帽将电源线与灯内导线可靠连接，装上启辉器等附件；

⑤ 盖上底座盖板，装上荧光灯管。

(7) 吸顶灯（壁灯）的安装

1) 比照灯具底座画好安装孔的位置，钻出尼龙栓塞孔，装入栓塞；如为吊顶，可在吊顶板上部木龙骨或轻钢龙骨用自攻螺钉固定；

2) 将接线盒内电源线穿出灯具底座，用螺钉固定好底座；

3) 将灯内导线与电源线用压接帽可靠连接；

4) 用线卡或尼龙扎带固定导线以避开灯泡发热区；

5) 上好灯泡，装上灯罩并上好紧固螺钉；

6) 安装在装饰材料上的灯具，灯具与装饰材料之间应有防火措施；

7) 安装在室外的壁灯应有泄水孔，绝缘台与墙面之间应有防水措施。

(8) 吊顶花灯的安装

1) 将组装好的灯具托起，用预埋好的吊钩挂住灯具内的吊钩；

2) 将灯内导线与电源线用压接帽进行可靠连接；

3) 把灯具上部的装饰扣碗向上推起并紧贴顶棚，拧紧固定螺钉；

4) 调整好各个灯口，装好灯泡，配上灯罩。

(9) 嵌入式灯具（光带）的安装

1) 根据灯具的安装位置及尺寸进行开孔；

2) 将吊顶内引出的电源线与灯具电源的接线端子可靠连接；

3) 将灯具推入安装孔固定；

4) 调整灯具边框。如灯具对称安装，其纵向中心轴线应在同一直线上，斜偏不应大于5mm。

注：《建筑电气工程施工工艺规程》DB51/T 5047—2007第19章的规定。

(10) 建筑物彩灯的安装

1) 建筑物顶部彩灯，其管路应按照具有防雨功能的明管敷设。管路之间、管路与灯头盒之间应采用螺纹连接；金属导管及彩灯的构架、钢索等可接近裸露导体的接地（PE）或接零（PEN）应可靠。

2) 墙上灯具的固定可采用膨胀螺栓的方式，不得采用木楔代替膨胀螺栓。

3) 利用悬挂钢丝绳固定彩灯时，可将整条彩灯螺旋缠绕在钢丝绳上，以减少因风吹而导致导线与钢丝绳的摩擦。

4) 垂直彩灯若为管线暗埋墙上，应根据情况利用脚手架或外墙悬挂吊篮的方式进行施工。

5) 灯具内应留有适宜长度的导线，多股软线线头应搪锡，接线端子压接牢固可靠。

6) 配线颜色应统一，区分相线与零线。对于螺口灯座，中心簧片应接相线，不得混淆。

7）彩灯灯泡颜色应符合设计要求。

（11）建筑物外墙射灯、泛光灯的安装

1）用镀锌螺栓将灯具固定在安装支架上。螺栓应加平垫圈和弹簧垫圈紧固；

2）从电源接线盒中引电源线至灯具接线盒。电源线应穿金属软管保护；

3）进行灯内接线。灯具内应留有适宜长度的导线，多股软线线头应搪锡，接线端子压接牢固可靠；

4）检查灯具防水情况；

5）灯泡、灯具变压器等发热部件应避开易燃物品。

（12）庭院灯的安装

1）落地式灯具底座应与基础相吻合，地脚螺栓的预埋位置应准确，螺纹完整无损伤；

2）落地式灯具的预埋导线盒，宜位于灯具底座基础内；

3）灯具地脚螺栓连接应牢固，平垫圈和弹簧垫圈齐全；

4）灯具内应留有适宜长度的导线，多股软线线头应搪锡，接线端子压接牢固可靠；

5）灯具接线盒盖防水密封垫完整，拧紧紧固螺钉时应对角拧紧，以保证盖板受力均匀；

6）灯具金属立柱及其他可接近裸露导体应可靠接地或接零。

注：《建筑电气工程施工工艺规程》DB51/T 5047—2007 第 21.3.3 条的规定。

1.8.2　专用灯具安装

1. 质量目标

主控项目

（1）专用灯具的Ⅰ类灯具外露可导电部分必须用铜芯软导线与保护导体可靠连接，连接处应设置接地标识，铜芯软导线的截面积应与进入灯具的电源线截面积相同。通过现场尺量检查、工具拧紧和测量检查。

（2）手术台无影灯安装应符合下列规定，并通过现场强度试验检查：

1）固定灯座的螺栓数量不应少于灯具法兰底座上的固定孔数，且螺栓直径应与底座孔径相适配；螺栓应采用双螺母锁固。

2）无影灯的固定装置应符合产品技术文件的要求。

（3）应急灯具安装应符合下列规定，并通过现场尺量检查：

1）消防应急照明回路的设置除应符合设计要求外，尚应符合防火分区设置的要求，穿越不同防火分区时应采取防火隔堵措施；

2）对于应急灯具、运行中温度大于 60℃的灯具，当靠近可燃物时，应采取隔热、散热等防火措施；

3）EPS 供电的应急灯具安装完毕后，应检验 EPS 供电运行的最少持续供电时间，并应符合设计要求；

4）安全出口指示标志灯设置应符合设计要求；

5）疏散指示标志灯安装高度及设置部位应符合设计要求；

6）疏散指示标志灯的设置不应影响正常通行，且不应在其周围设置容易混同疏散标志灯的其他标志牌等；

7）疏散指示标志灯工作应正常，并应符合设计要求；

8）消防应急照明线路在非燃烧体内穿钢导管暗敷时，暗敷钢导管保护层厚度不应小于 30mm。

（4）霓虹灯安装应符合下列规定，并通过现场观察检查并用尺量和手感检查：

1）霓虹灯管应完好、无破裂；

2）灯管应采用专用的绝缘支架固定，且牢固可靠；灯管固定后，与建（构）筑物表面的距离不宜小于 20mm；

3）霓虹灯专用变压器应为双绕组式，所供灯管长度不应大于允许负载长度，露天安装的应采取防雨措施；

4）霓虹灯专用变压器的二次侧和灯管间的连接线应采用额定电压大于 15kV 的高压绝缘导线，导线连接应牢固，防护措施应完好；高压绝缘导线与附着物表面的距离不应小于 20mm。

（5）高压钠灯、金属卤化物灯安装应符合下列规定，并通过现场观察检查并用尺量检查，核对产品技术文件：

1）光源及附件应与镇流器、触发器和限流器配套使用，触发器与灯具本体的距离应符合产品技术文件的要求；

2）电源线应经接线柱连接，不应使电源线靠近灯具表面。

（6）景观照明灯具安装应符合下列规定，并通过现场观察检查并用尺量检查：

1）在人行道等人员来往密集场所安装的落地式灯具，当无围栏防护时，灯具距地面高度应大于 2.5m；

2）金属构架及金属保护管应分别与保护导体采用焊接或螺栓连接，连接处应设置接地标识。

（7）航空障碍标志灯安装应符合下列规定，并通过现场观察检查：

1）灯具安装应牢固可靠，且应有维修和更换光源的措施；

2）当灯具在烟囱顶上装设时，应安装在低于烟囱口 1.5～3m 的部位且应呈正三角形水平排列；

3）对于安装在屋面接闪器保护范围以外的灯具，当需设置接闪器时，其接闪器应与屋面接闪器可靠连接。

（8）太阳能灯具安装应符合下列规定，并通过现场观察检查和手感检查：

1）太阳能灯具与基础固定应可靠，地脚螺栓有防松措施，灯具接线盒盖的防水密封垫应齐全、完整；

2）灯具表面应平整光洁、色泽均匀，不应有明显的裂纹、划痕、缺损、锈蚀及变形等缺陷。

（9）洁净场所灯具嵌入安装时，灯具与顶棚之间的间隙应用密封胶条和衬垫密封，密封胶条和衬垫应平整，不得扭曲、折叠。通过现场观察检查。

（10）游泳池和类似场所灯具（水下灯及防水灯具）安装应符合下列规定，并通过现场观察检查和手感检查：

1）当引入灯具的电源采用导管保护时，应采用塑料导管；

2）固定在水池构筑物上的所有金属部件应与保护联结导体可靠连接，并应设置标识。

注：本内容参照《建筑电气工程施工质量验收规范》GB 50303—2015 第 19.1 节的规定。

一般项目

（11）手术台无影灯安装应符合下列规定，并通过现场观察检查：

1）底座应紧贴顶板、四周无缝隙；

2）表面应保持整洁、无污染，灯具镀、涂层应完整无划伤。

（12）当应急电源或镇流器与灯具分离安装时，应固定可靠，应急电源或镇流器与灯具本体之间的连接绝缘导线应用金属柔性导管保护，导线不得外露。通过现场观察检查和手感检查。

（13）霓虹灯安装应符合下列规定，并通过现场观察检查并用尺量和手感检查：

1）明装的霓虹灯变压器安装高度低于 3.5m 时应采取防护措施；室外安装距离晒台、窗口、架空线等不应小于 1m，并应有防雨措施。

2）霓虹灯变压器应固定可靠，安装位置宜方便检修，且应隐蔽在不易被非检修人触及的场所。

3）当橱窗内装有霓虹灯时，橱窗门与霓虹灯变压器一次侧开关应有联锁装置，开门时不得接通霓虹灯变压器的电源。

4）霓虹灯变压器二次侧的绝缘导线应采用高绝缘材料的支持物固定，对于支持点的距离，水平线段不应大于 0.5m，垂直线段不应大于 0.75m。

5）霓虹灯管附着基面及其托架应采用金属或不燃材料制作，并应固定可靠，室外安装应耐风压。

（14）高压钠灯、金属卤化物灯安装应符合下列规定，并通过现场观察检查并查验产品技术文件、核对设计文件：

1）灯具的额定电压、支架形式和安装方式应符合设计要求；

2）光源的安装朝向应符合产品技术文件的要求。

（15）建筑物景观照明灯具构架应固定可靠、地脚螺栓拧紧、备帽齐全；灯具的螺栓应紧固、无遗漏。灯具外露的绝缘导线或电缆应有金属柔性导管保护。通过现场观察检查和手感检查。

（16）航空障碍标志灯安装位置应符合设计要求，灯具的自动通、断电源控制装置应动作准确。通过现场模拟试验和观察检查。

（17）太阳能灯具的电池板朝向和仰角调整应符合地区纬度，迎光面上应无遮挡物，电池板上方应无直射光源。电池组件与支架连接应牢固可靠，组件的输出线不应裸露，并应用扎带绑扎固定。通过现场观察检查。

注：本内容参照《建筑电气工程施工质量验收规范》GB 50303—2015 第 19.2 节的规定。

2. 质量保障措施

（1）一般规定

1）灯具及附件开箱检查：

① 查验灯具及附件合格证及随带技术文件。

② 灯具的型号、规格、数量应符合工程设计要求，附件、备件应齐全。

③ 灯具外观完好，无损伤。

④ 防爆电气产品获得防爆合格证后方可生产。防爆电气设备的类型、级别、组别和外壳上的“Ex”标志，是极其重要特征，现场验收时应认真仔细核对，防爆灯具的铭牌上应有防爆标志和防爆合格证号。

⑤ 如对成套灯具的使用安全发生异议，以现场抽样检测为主，重点内容在于导电部分的绝缘电阻和使用的导线芯线大小是否符合要求。在现场验收时要对成套灯具的绝缘电阻、内部接线等性能进行现场抽样检测。

⑥ 灯具的绝缘电阻值应不小于 2MΩ，内部接线为铜芯绝缘导线，芯线的最小截面积应符合表 1-11 的规定，引向每个灯具的铜线或铜芯绝缘软线不应小于 0.5mm^2，橡胶或聚氯乙烯（PVC）绝缘导线的绝缘层厚度不小于 0.6mm。

导线线芯最小截面积（mm^2） **表 1-11**

灯具安装的场所及用途		线芯最小截面积		
		铜芯软线	铜线	铝线
灯头线	民用建筑室内	0.5	0.5	2.5
	工业建筑室内	0.5	1.0	2.5
	室外	1.0	1.0	2.5

⑦ 当对游泳池和类似场所灯具（水下灯及防水灯具）的质量，即密闭性能和绝缘性能有异议时，现场不具备抽样检测条件，要按批抽样送至有资质的试验室进行检测。

2）灯具及附件的搬运存放

① 灯具及附件在搬运存放过程中应注意防振、防潮、避免高温，不得倒置。

② 应存放在干燥通风、不受撞击的场所。

3）灯具安装的工序交接确认

① 安装灯具的预埋螺栓完成，按设计要求合格，方可安装灯具。

② 影响灯具安装的模板、脚手架应拆除；顶棚和墙面喷浆、油漆或壁纸等及地面清理工作基本完成后，才能安装灯具。

③ 导线绝缘测试合格，方可进行灯具接线。

④ 高空安装的灯具，地面通电试验合格，才能安装。

（2）灯具组装

专用灯具一般由制造厂家完成整体组装，现场只需检查接线即可。对于水下及防爆灯具应注意检查密封防水胶圈安装是否平顺，固定螺栓旋紧力矩是否均匀一致。

（3）灯具安装

1）根据设计要求，比照灯具底座画好安装孔的位置，打出膨胀螺栓孔，装入膨胀螺栓。

① 工作温度大于 60℃的灯具，当靠近可燃物时应采取隔热、散热等防火措施。当采用白炽灯、卤钨灯电光源时，不得直接安装在可燃装修材料或可燃物件上。

② 安装在专用吊件构架上的舞台灯具应根据灯具安装孔的尺寸制作卡具以固定灯具。

③ 固定手术无影灯底座的螺栓应预先根据产品提供的尺寸预埋，其螺栓应与楼板结构主筋焊接。

④ 防爆灯具的安装位置应离开释放源，且不应安装在各种管道的泄压口及排放口上下方。

2）固定灯具

对于重要灯具如手术台无影灯、大型舞台灯具等的固定应采用双螺母锁固。分置式灯具变压器的安装位置应避开易燃物品，通风散热良好。

（4）灯具接线

1）多股芯线接头应搪锡，与接线端子连接应牢固可靠。

2）行灯变压器外壳、铁芯和低压侧的任意一端和变压器中性点应接地（PE）或接零（PEN）可靠。

3）防爆灯具开关与接线盒螺纹啮合扣数不少于5扣，并在螺纹上涂以电力复合脂。

4）水下灯具电源进线应采用绝缘导管与灯具连接，严禁采用金属或有金属护层的导管，电源线、绝缘导管与灯具连接处密封良好，如有需要应涂抹防水密封胶。

5）水下灯及防水灯具应进行等电位联结，连接应可靠。

6）灯具内接线完毕后应用尼龙扎带整理固定以避开有可能的热源等危险位置。

注：《建筑电气工程施工工艺规程》DB51/T 5047—2007第20章的规定。

（5）霓虹灯的安装

1）灯管采用专用绝缘支架固定，且牢固可靠，灯管不能与建筑物接触；

2）霓虹灯管路、变压器的中性点及金属外壳应与专用保护线，即PE线可靠联结；

3）霓虹灯变压器的安装位置宜在紧靠灯管的金属支持架上固定，有密封的防水箱保护。霓虹灯变压器与建筑物之间的距离不小于50mm，与易燃物的距离不得小于300mm；

4）安装在橱窗内的霓虹灯变压器一次侧应安装有与橱窗门联锁的开关，确保开门不接通霓虹灯变压器的电源；

5）霓虹灯一次线路可用氯丁橡胶绝缘线（BLXF型）穿钢管沿墙明敷设或暗敷设，二次线路应用裸铜线穿玻璃管或瓷管保护。

（6）航空障碍标志灯的安装

1）在外墙施工阶段应考虑是否设置维修或更换光源用的爬梯；

2）当灯具在烟囱顶上装设时，安装在低于烟囱口1.5～3m的部位，且呈等边三角形水平排列；

3）灯具固定可采用膨胀螺栓固定或用镀锌螺栓固定在专用金属支架上。金属构架应可靠接地（PE）或接零（PEN）；

4）灯具内应留有适宜长度的导线，多股软线线头应搪锡，接线端子压接牢固可靠；

5）预埋管线在穿线后应做好防水措施，避免管内积水；

6）检查灯具的防水情况，航空障碍标志灯应具有防雨功能。

注：《建筑电气工程施工工艺规程》DB51/T 5047—2007第21.3.3条的规定。

Chapter 02

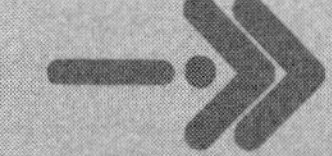

智能建筑工程质量控制

2.1 紧急广播系统防火措施细则

《工程质量安全手册》第 3.12.1 条：

紧急广播系统应按规定检查防火保护措施。

实施细则：

1. 质量目标

当紧急广播系统具有火灾应急广播功能时，应检查传输线缆、槽盒和导管的防火保护措施。

注：本内容参照《智能建筑工程质量验收规范》GB 50339—2013 第 12.0.2 条的规定。

2. 质量保障措施

为保证火灾发生初期火灾应急广播系统的线路不被破坏，能够正常向相关防火分区播放警示信号（含警笛）、警报语声文件或实时指挥语声，协助人员逃生，所以要对线路采取防火保护措施。否则，火灾发生时，火灾应急广播系统的线路烧毁，不能利用火灾应急广播有效疏导人流，直接危及火灾现场人员生命。

在施工验收过程中，为保证火灾应急广播系统传输线路可靠、安全，该传输线路需要采取防火保护措施。防火保护措施包括传输线路中线缆、槽盒和导管的选材及安装等。

火灾应急广播系统传输线路需要满足火灾前期连续工作的要求，验收时重点检查下列内容：

（1）明敷时（包括敷设在吊顶内）需要穿金属导管或金属槽盒，并在金属管或金属槽盒上涂防火涂料进行保护；

（2）暗敷时，需要穿导管，并且敷设在不燃烧体结构内且保护层厚度不小于 30mm；

（3）当采用阻燃或耐火电缆时，敷设在电缆井、电缆沟内，可以不采取防火保护措施。

注：本内容参照《智能建筑工程质量验收规范》GB 50339—2013 条文说明第 12.0.2 条的规定。

（4）当广播系统具备消防应急广播功能时，应采用阻燃线槽、阻燃线管和阻燃线缆敷设；

注：本内容参照《智能建筑工程施工规范》GB 50606—2010 第 9.2.1（3）条的规定。

（5）火灾隐患地区使用的紧急广播传输线路及其线槽（或线管）应采用阻燃材料。

注：本内容参照《公共广播系统工程技术规范》GB 50526—2010 第 3.5.6 条的规定。

2.2 火灾自动报警系统的主要设备质量细则

《工程质量安全手册》第 3.12.2 条：

火灾自动报警系统的主要设备应是通过国家认证（认可）的产品。

实施细则：

1. 质量目标

材料与设备准备应符合下列规定：

（1）火灾自动报警系统的主要设备和材料选用应符合设计要求，并应符合规定；

（2）火灾应急广播与广播系统共用一套系统时，广播系统共用的设备应是通过国家认证（认可）的产品，其产品名称、型号、规格应与检验报告一致；

（3）桥架、线缆、钢管、金属软管、阻燃塑料管、防火涂料以及安装附件等应符合防火设计要求。

（4）应对线缆的种类、电压等级进行检查。

注：本内容参照《智能建筑工程施工规范》GB 50606—2010 第 13.1.3 条的规定。

2. 质量保障措施

（1）设备、材料及配件进入施工现场应有清单、使用说明书、质量合格证明文件、国家法定质检机构的检验报告等文件。火灾自动报警系统中的强制认证（认可）产品还应有认证（认可）证书和认证（认可）标识。

（2）火灾自动报警系统的主要设备应是通过国家认证（认可）的产品。产品名称、型号、规格应与检验报告一致。

（3）火灾自动报警系统中非国家强制认证（认可）的产品名称、型号、规格应与检验报告一致。

（4）火灾自动报警系统设备及配件表面应无明显划痕、毛刺等机械损伤，紧固部位应无松动。

（5）火灾自动报警系统设备及配件的规格、型号应符合设计要求。

注：本内容参照《火灾自动报警系统施工及验收规范》GB 50166—2007 第 2.2 节的规定。

2.3 火灾探测器安装细则

《工程质量安全手册》第 3.12.3 条：

火灾探测器不得被其他物体遮挡或掩盖。

实施细则：

1. 质量目标

（1）装饰装修不得遮挡消防设施、疏散指示标志及安全出口，并且不应妨碍消防设施和疏散通道的正常使用。不得擅自改动防火门。

注：本内容参照《住宅装饰装修工程施工规范》GB 50327—2001 第 4.5.1 条的规定。

（2）点型探测器周围 0.5m 内，不应有遮挡物。

注：本内容参照《火灾自动报警系统设计规范》GB 50116—2013 第 6.2.6 的规定。

（3）火焰探测器和图像型火灾探测器的探测视角内不应存在遮挡物。

注：本内容参照《火灾自动报警系统设计规范》GB 50116—2013 第 6.2.14 的规定。

（4）感烟火灾探测器设置在吊顶上方且火警确认灯无法观察时，应在吊顶下方设置火警确认灯。

注：本内容参照《火灾自动报警系统设计规范》GB 50116—2013 第 6.2.18 的规定。

2. 质量保障措施

（1）点型火灾探测器的设置应符合下列规定：

1）探测区域的每个房间应至少设置一只火灾探测器。

2）感烟火灾探测器和 A1、A2、B 型感温火灾探测器的保护面积和保护半径，应按表 2-1 确定；C、D、E、F、G 型感温火灾探测器的保护面积和保护半径，应根据生产企业设计说明书确定，但不应超过表 2-1 的规定。

感烟火灾探测器和 A1、A2、B 型感温火灾探测器的保护面积和保护半径　　表 2-1

火灾探测器的种类	地面面积 $S(m^2)$	房间高度 $h(m)$	一只探测器的保护面积 A 和保护半径 R					
			屋顶坡度 θ					
			$\theta \leqslant 15°$		$15° < \theta \leqslant 30°$		$\theta > 30°$	
			$A(m^2)$	$R(m)$	$A(m^2)$	$R(m)$	$A(m^2)$	$R(m)$
感烟火灾探测器	$S \leqslant 80$	$h \leqslant 12$	80	6.7	80	7.2	80	8.0
	$S > 80$	$6 < h \leqslant 12$	80	6.7	100	8.0	120	9.9
		$h \leqslant 6$	60	5.8	80	7.2	100	9.0
感温火灾探测器	$S \leqslant 30$	$h \leqslant 8$	30	4.4	30	4.9	30	5.5
	$S > 30$	$h \leqslant 8$	20	3.6	30	4.9	40	6.3

注：建筑高度不超过 14m 的封闭探测空间，且火灾初期会产生大量的烟时，可设置点型感烟火灾探测器。

3）感烟火灾探测器、感温火灾探测器的安装间距，应根据探测器的保护面积 A 和保护半径 R 确定。

4）一只探测区域内所需设置的探测器数量，不应小于公式（2-1）的计算值：

$$N = \frac{S}{K \cdot A} \tag{2-1}$$

式中 N——探测器数量（只），N 应取整数；

S——该探测区域面积（m^2）；

K——修正系数，容纳人数超过 10000 人的公共场所宜取 0.7～0.8；容纳人数为

2000～10000 人的公共场所宜取 0.8～0.9，容纳人数为 500～2000 人的公共场所宜取 0.9～1.0，其他场所可取 1.0；

A——探测器的保护面积（m^2）。

（2）在有梁的顶棚上设置点型感烟火灾探测器、感温火灾探测器时，应符合下列规定：

1）当梁突出顶棚的高度小于 200mm 时，可不计梁对探测器保护面积的影响。

2）当梁突出顶棚的高度为 200～600mm 时，应按图 2-1、表 2-2 确定梁对探测器保护面积的影响和一只探测器能够保护的梁间区域的数量。

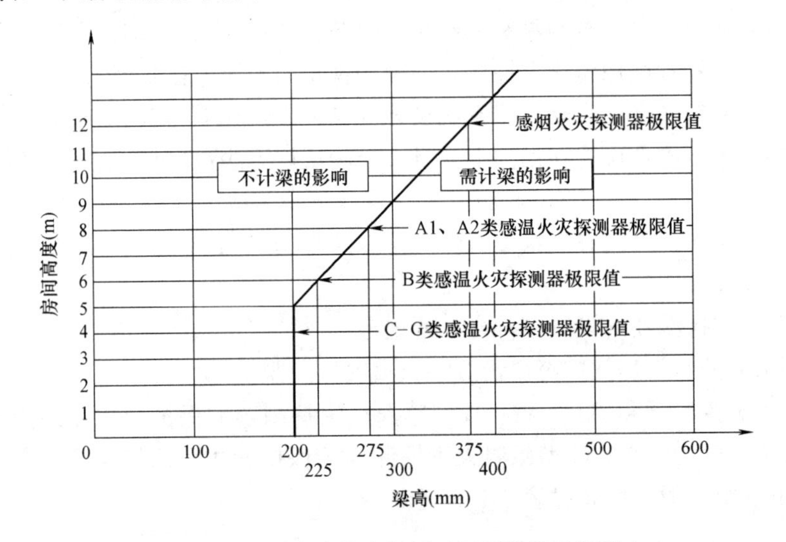

图 2-1　不同高度的房间梁对探测器设置的影响

按梁间区域面积确定一只探测器保护的梁间区域的个数　　**表 2-2**

探测器的保护面积 A（m^2）		梁隔断的梁间区域面积 Q（m^2）	一只探测器保护的梁间区域的个数（个）
感温探测器	20	$Q>12$	1
		$8<Q\leqslant12$	2
		$6<Q\leqslant8$	3
		$4<Q\leqslant6$	4
		$Q\leqslant4$	5
	30	$Q>18$	1
		$12<Q\leqslant18$	2
		$9<Q\leqslant12$	3
		$6<Q\leqslant9$	4
		$Q\leqslant6$	5
感烟探测器	60	$Q>36$	1
		$24<Q\leqslant36$	2
		$18<Q\leqslant24$	3
		$12<Q\leqslant18$	4
		$Q\leqslant12$	5

续表

探测器的保护面积 A (m^2)		梁隔断的梁间区域面积 Q(m^2)	一只探测器保护的梁间区域的个数(个)
感温探测器	80	$Q>48$	1
		$32<Q\leqslant48$	2
		$24<Q\leqslant32$	3
		$16<Q\leqslant24$	4
		$Q\leqslant16$	5

3）当梁突出顶棚的高度超过 600mm 时，被梁隔断的每个梁间区域应至少设置一只探测器。

4）当被梁隔断的区域面积超过一只探测器的保护面积时，被隔断的区域应按公式（2-1）规定计算探测器的设置数量。

5）当梁间净距小于 1m 时，可不计梁对探测器保护面积的影响。

（3）在宽度小于 3m 的内走道顶棚上设置点型探测器时，宜居中布置。感温火灾探测器的安装间距不应超过 10m；感烟火灾探测器的安装间距不应超过 15m；探测器至端墙的距离，不应大于探测器安装间距的 1/2。

（4）点型探测器至墙壁、梁边的水平距离，不应小于 0.5m。

（5）房间被书架、设备或隔断等分隔，其顶部至顶棚或梁的距离小于房间净高的 5%时，每个被隔开的部分应至少安装一只点型探测器。

（6）点型探测器至空调送风口边的水平距离不应小于 1.5m，并宜接近回风口安装。探测器至多孔送风顶棚孔口的水平距离不应小于 0.5m。

（7）当屋顶有热屏障时，点型感烟火灾探测器下表面至顶棚或屋顶的距离，应符合表 2-3的规定。

点型感烟火灾探测器下表面至顶棚或屋顶的距离　　表 2-3

探测器的安装高度 h(m)	点型感烟火灾探测器下表面至顶棚或屋顶的距离 d(mm)					
	顶棚或屋顶坡度 θ					
	$\theta\leqslant15°$		$15°<\theta\leqslant30°$		$\theta>30°$	
	最小	最大	最小	最大	最小	最大
$h\leqslant6$	30	200	200	300	300	500
$6<h\leqslant8$	70	250	250	400	400	600
$8<h\leqslant10$	100	300	300	500	500	700
$10<h\leqslant12$	150	350	350	600	600	800

（8）锯齿形屋顶和坡度大于 15°的人字形屋顶，应在每个屋脊处设置一排点型探测器，探测器下表面至屋顶最高处的距离，应符合表 2-3 的规定。

（9）点型探测器宜水平安装。当倾斜安装时，倾斜角不应大于 45°。

（10）在电梯井、升降机井设置点型探测器时，其位置宜在井道上方的机房顶棚上。

（11）一氧化碳火灾探测器可设置在气体能够扩散到的任何部位。

（12）火焰探测器和图像型火灾探测器的设置，应符合下列规定：

1）应计及探测器的探测视角及最大探测距离，可通过选择探测距离长、火灾报警响应时间短的火焰探测器，提高保护面积要求和报警时间要求。

2）探测器的探测视角内不应存在遮挡物。

3）应避免光源直接照射在探测器的探测窗口。

4）单波段的火焰探测器不应设置在平时有阳光、白炽灯等光源直接或间接照射的场所。

(13) 线型光束感烟火灾探测器的设置应符合下列规定：

1）探测器的光束轴线至顶棚的垂直距离宜为 0.3～1.0m，距地高度不宜超过 20m。

2）相邻两组探测器的水平距离不应大于 14m，探测器至侧墙水平距离不应大于 7m，且不应小于 0.5m，探测器的发射器和接收器之间的距离不宜超过 100m。

3）探测器应设置在固定结构上。

4）探测器的设置应保证其接收端避开日光和人工光源直接照射。

5）选择反射式探测器时，应保证在反射板与探测器间任何部位进行模拟试验时，探测器均能正确响应。

(14) 线型感温火灾探测器的设置应符合下列规定：

1）探测器在保护电缆、堆垛等类似保护对象时，应采用接触式布置；在各种皮带输送装置上设置时，宜设置在装置的过热点附近。

2）设置在顶棚下方的线型感温火灾探测器，至顶棚的距离宜为 0.1m。探测器的保护半径应符合点型感温火灾探测器的保护半径要求；探测器至墙壁的距离宜为 1～1.5m。

3）光栅光纤感温火灾探测器每个光栅的保护面积和保护半径，应符合点型感温火灾探测器的保护面积和保护半径要求。

4）设置线型感温火灾探测器的场所有联动要求时，宜采用两只不同火灾探测器的报警信号组合。

5）与线型感温火灾探测器连接的模块不宜设置在长期潮湿或温度变化较大的场所。

(15) 管路采样式吸气感烟火灾探测器的设置，应符合下列规定：

1）非高灵敏型探测器的采样管网安装高度不应超过 16m；高灵敏型探测器的采样管网安装高度可超过 16m；采样管网安装高度超过 16m 时，灵敏度可调的探测器应设置为高灵敏度，且应减小采样管长度和采样孔数量。

2）探测器的每个采样孔的保护面积、保护半径，应符合点型感烟火灾探测器的保护面积、保护半径的要求。

3）一个探测单元的采样管总长不宜超过 200m，单管长度不宜超过 100m，同一根采样管不应穿越防火分区。采样孔总数不宜超过 100 个，单管上的采样孔数量不宜超过 25 个。

4）当采样管道采用毛细管布置方式时，毛细管长度不宜超过 4m。

5）吸气管路和采样孔应有明显的火灾探测器标识。

6）有过梁、空间支架的建筑中，采样管路应固定在过梁、空间支架上。

7）当采样管道布置形式为垂直采样时，每 2℃温差间隔或 3m 间隔（取最小者）应设置一个采样孔，采样孔不应背对气流方向。

8）采样管网应按经过确认的设计软件或方法进行设计。

9）探测器的火灾报警信号、故障信号等信息应传给火灾报警控制器，涉及消防联动控制时，探测器的火灾报警信号还应传给消防联动控制器。

（16）感烟火灾探测器在格栅吊顶场所的设置，应符合下列规定：

1）镂空面积与总面积的比例不大于15%时，探测器应设置在吊顶下方。

2）镂空面积与总面积的比例大于30%时，探测器应设置在吊顶上方。

3）镂空面积与总面积的比例为15%～30%时，探测器的设置部位应根据实际试验结果确定。

4）探测器设置在吊顶上方且火警确认灯无法观察时，应在吊顶下方设置火警确认灯。

5）地铁站台等有活塞风影响的场所，镂空面积与总面积的比例为30%～70%时，探测器宜同时设置在吊顶上方和下方。

（17）其他火灾探测器的设置应按企业提供的设计手册或使用说明书进行设置，必要时可通过模拟保护对象火灾场景等方式对探测器的设置情况进行验证。

注：本内容参照《火灾自动报警系统设计规范》GB 50116—2013 第6.2.2～6.2.19的规定。

（18）探测器与障碍物之间允许间距见表2-4。

探测器与障碍物之间允许间距表 **表2-4**

项目		允许间距(m)
探测器与灯具		≥0.5
探测器与扬声器		≥0.5
探测器与喷头		≥0.3
探测器与多孔送风口		≥0.5
探测器与送风口		≥1.5
探测器与防火门、防火卷帘		1～2
探测器与墙、600mm高的梁		≥0.5
其他	当梁突出顶棚的高度超过600mm时，被梁隔断的区域应增设探测器	
	探测器周围0.5m内，不应有遮挡物	

注：本内容参照《智能建筑工程施工工艺规程》DB51/T 5040—2007 第8.5.3条的规定。

2.4 消防系统的线槽、导管的防火涂料细则

《工程质量安全手册》第3.12.4条：

消防系统的线槽、导管的防火涂料应涂刷均匀。

实施细则：

1. 质量目标

消防配电线路应满足火灾时连续供电的需要，其敷设应符合下列规定：

（1）明敷时（包括敷设在吊顶内），应穿金属导管或采用封闭式金属槽盒保护，金属导管或封闭式金属槽盒应采取防火保护措施；当采用阻燃或耐火电缆并敷设在电缆井、沟内时，可不穿金属导管或采用封闭式金属槽盒保护；当采用矿物绝缘类不燃性电缆时，可直接明敷。

（2）暗敷时，应穿管并应敷设在不燃性结构内且保护层厚度不应小于30mm。

（3）消防配电线路宜与其他配电线路分开敷设在不同的电缆井、沟内；确有困难需敷设在同一电缆井、沟内时，应分别布置在电缆井、沟的两侧，且消防配电线路应采用矿物绝缘类不燃性电缆。

注：本内容参照《建筑设计防火规范 GB 50016—2014》10.1.10条的规定。

2. 质量保障措施

（1）防火涂料及涂装质量要求

1）防火涂料涂装前钢材表面除锈及防锈底漆涂装应符合设计要求和国家现行有关标准的规定。

2）防火涂料的粘结强度、抗压强度应符合规定。

3）薄涂型防火涂料的涂层厚度应符合有关耐火极限的设计要求。厚涂型防火涂料涂层的厚度，80%及以上面积应符合有关耐火极限的设计要求，且最薄处厚度不应低于设计要求的85%。

4）薄涂型防火涂料涂层表面裂纹宽度不应大于0.5mm；厚涂型防火涂料涂层表面裂纹宽度不应大于1mm。

5）防火涂料涂装基层不应有油污、灰尘和泥砂等污垢。

6）防火涂料不应有误涂、漏涂，涂层应闭合，无脱层、空鼓、明显凹陷、粉化松散和浮浆等外观缺陷，乳突已剔除。

注：本内容参照《钢结构工程施工质量验收规范》GB 50205—2001 第 14.3 节的规定。

（2）防火涂料按使用厚度可分为超薄型防火涂料（涂层厚度小于或等于3mm，代号CB），薄型防火涂料（涂层厚度大于3mm且小于或等于7mm，代号B），厚型防火涂料（涂层厚度大于7mm且小于或等于45mm，代号H）。防火涂料所能达到的耐火极限决定于涂层的厚度，NCB及WCB在涂层厚度为2.0±0.2mm时，耐火极限为1h；NB及WB在厚度为5.0±0.5mm时，耐火极限1h；NH及WH在厚度为25.0±2.0mm时，耐火极限2h。

（3）厚涂型防火涂料涂装工艺及要求

1）施工方法及机具

一般采用喷涂方法涂装，机具为压送式喷涂机，配备能够自动调压的空压机，喷枪口径为6～12mm，空气压力为0.4～0.6MPa。局部修补和小面积构件采用手工抹涂方法施工，工具是抹灰刀等。

2）涂料配制

单组分湿涂料，现场采用便携式搅拌器搅拌均匀；单组分干228粉涂料，现场加水或其他稀释剂调配，应按照产品说明书的规定配比混合搅拌；双组分涂料，按照产品说明书规定的配比混合搅拌。防火涂料配制搅拌，应边配边用，当天配制的涂料必须在说明书规定时间内使用完。搅拌和调配涂料，使之均匀一致，且稠度适宜。既能在输送管道中流动畅通，喷涂后又不会产生流滴和下坠现象。

3）涂装施工工艺及要求

喷涂应分层完成，第一层喷涂以基本盖住基面即可，以后每层喷涂厚度为5～10mm，一般为7mm左右为宜。在每层涂层基本干燥或固化后，方可继续喷涂下一层涂料，通常每天喷涂一层。喷涂保护方式、喷涂层数和涂层厚度应根据防火设计要求确定。喷涂时，喷枪要垂直于被喷涂钢构件表面，喷距为6～10mm，喷涂气压保持在0.4～0.6MPa。喷枪运行速度要保持稳定，不能在同一位置久留，避免造成涂料堆积流滴。喷涂过程中，配料及往喷涂机内加料均要连续进行，不得停顿。施工过程中，操作者应采用测厚针检测涂层厚度，达到要求的厚度，方可停止喷涂。喷涂后，对于明显凹凸不平处，采用抹灰刀等工具进行剔除和补涂处理，以确保涂层表面均匀。

4）质量要求

涂层应在规定时间内干燥固化，各层间粘结牢固，不出现粉化、空鼓、脱落和明显裂纹。接头、转角处的涂层应均匀一致，无漏涂现象。涂层总厚度应达到设计要求；否则，应进行补涂处理，使之符合规定的厚度。

（4）薄涂型防火涂料涂装工艺及要求

1）施工方法及机具

一般采用喷涂方法涂装，面层装饰涂料可以采用刷涂、喷涂或滚涂等方法，用于局部修补或小面积构件涂装。不具备喷涂条件时，可采用抹灰刀等工具进行手工抹涂方法。机具为重力式喷枪，配备能够自动调压的空压机，喷涂底层及主涂层时，喷枪口径为4～6mm，空气压力为0.4～0.6MPa；喷涂面层时，喷枪口径为1～2mm，空气压力为0.4MPa左右。

2）涂料配制

单组分涂料，现场采用便携式搅拌器搅拌均匀；双组分涂料，按照产品说明书规定的配比混合搅拌。防火涂料配制搅拌，应边配边用，当天配制的涂料必须在说明书规定时间内使用完。搅拌和调配涂料，使之均匀一致，且稠度适宜，既能在输送管道中流动畅通，喷涂后又不会产生流滴和下坠现象。

3）底层涂装施工工艺及要求

底涂层一般应喷涂2～3遍，待前一遍涂层基本干燥后再喷涂后一遍。第一遍喷涂以盖住基面70%即可，二、三遍喷涂每层厚度不超过2.5mm。喷涂后，喷涂形成的涂层是粒状表面，当设计要求涂层表面平整光滑时，待喷涂完最后一遍应采用抹灰刀等工具进行抹平处理，以确保涂层表面均匀平整。

4）面层涂装工艺及要求

当底涂层厚度符合设计要求，并基本干燥后，方可进行面层涂料涂装。面层涂料一般涂刷1～2遍。如第一遍是从左至右涂刷，第二遍则应从右至左涂刷，以确保全部覆盖住底涂层。面层涂装施工应保证各部分颜色均匀、一致，接缝平整。

注：本内容参照《钢结构工程施工工艺规程》DB51/T 5051—2007第12.2.2条的规定。

2.5 公用线槽的电线电缆应隔离细则

《工程质量安全手册》第3.12.5条：

当与电气工程共用线槽时，应与电气工程的导线、电缆有隔离措施。

实施细则：

1. 质量目标

（1）火灾自动报警系统应单独布线，系统内不同电压等级、不同电流类别的线路，不应布在同一管内或线槽的同一槽孔内。

注：本内容参照《火灾自动报警系统施工及验收规范》GB 50166—2007 第3.2.4条的规定。

（2）不同电压等级的线缆不应穿入同一根保护管内，当合用同一线槽时，线槽内应有隔板分隔。

注：本内容参照《火灾自动报警系统设计规范》GB 50116—2013 第11.2.5条的规定。

2. 质量保障措施

综合布线电缆与附近可能产生高电平电磁干扰的电动机、电力变压器、射频应用设备等电器设备之间应保持间距，与电力电缆的间距应符合表2-5的规定。

综合布线电缆与电力电缆的间距（mm） 表2-5

类　别	与综合布线接近状况	最小间距
380V电力电缆<2kV·A	与缆线平行敷设	130
	有一方在接地的金属槽盒或钢管中	70
	双方都在接地的金属槽盒或钢管中	10[注]
380V电力电缆2kV·A～5kV·A	与缆线平行敷设	300
	有一方在接地的金属槽盒或钢管中	150
	双方都在接地的金属槽盒或钢管中	80
380V电力电缆>5kV·A	与缆线平行敷设	600
	有一方在接地的金属槽盒或钢管中	300
	双方都在接地的金属槽盒或钢管中	150

注：双方都在接地的槽盒中，系指两个不同的线槽，也可在同一线槽中用金属板隔开，且平行长度不大于10m。

注：本内容参照《综合布线系统工程设计规范》GB 50311—2016 第8.0.1条的规定。

下
篇

工程质量管理资料范例

3

Chapter 03

建筑材料进场检验资料

3.1 《材料、构配件进场检验记录》填写范例

<table>
<tr><td colspan="6">材料、构配件进场检验记录</td><td>资料编号</td><td>×××</td></tr>
<tr><td colspan="2">工程名称</td><td colspan="4">××办公楼工程</td><td>检验日期</td><td>××年×月×日</td></tr>
<tr><td rowspan="2">序号</td><td rowspan="2">名称</td><td rowspan="2">规格型号</td><td rowspan="2">进场数量</td><td>生产厂家</td><td rowspan="2">检验项目</td><td rowspan="2">检验结果</td><td rowspan="2">备注</td></tr>
<tr><td>合格证号</td></tr>
<tr><td>1</td><td>焊接钢管</td><td>SC70</td><td>500m</td><td>××钢管
厂合格证:××</td><td>查验合格证及材质证明书;外观检查;抽检导管的管径、壁厚及均匀度</td><td>合格</td><td>/</td></tr>
<tr><td>2</td><td>焊接钢管</td><td>SC100</td><td>200m</td><td>××钢管厂
合格证:××</td><td>查验合格证及材质证明书;外观检查;抽检导管的管径、壁厚及均匀度</td><td>合格</td><td>/</td></tr>
<tr><td>3</td><td>镀锌钢管</td><td>SC20</td><td>3000m</td><td>××钢管厂
合格证:××</td><td>查验合格证及镀锌质量证明书;外观检查;抽检导管的管径、壁厚及均匀度</td><td>合格</td><td>/</td></tr>
<tr><td>4</td><td>镀锌钢管</td><td>SC25</td><td>2000m</td><td>××钢管厂
合格证:××</td><td>查验合格证及镀锌质量证明书;外观检查;抽检导管的管径、壁厚及均匀度</td><td>合格</td><td>/</td></tr>
<tr><td colspan="8">检验结论:
符合设计及规范要求</td></tr>
<tr><td rowspan="3">签字栏</td><td colspan="2" rowspan="2">建设(监理)单位</td><td colspan="2">施工单位</td><td colspan="3">××建设集团有限公司</td></tr>
<tr><td colspan="2">专业质检员</td><td>专业工长</td><td colspan="2">检验员</td></tr>
<tr><td colspan="2">×××</td><td colspan="2">×××</td><td>×××</td><td colspan="2">×××</td></tr>
</table>

注:本表由施工单位填写。

<table>
<tr><td colspan="6">材料、构配件进场检验记录</td><td>资料编号</td><td colspan="2">×××</td></tr>
<tr><td colspan="2">工程名称</td><td colspan="4">××办公楼工程</td><td>检验日期</td><td colspan="2">××年×月×日</td></tr>
<tr><td rowspan="2">序号</td><td rowspan="2">名称</td><td rowspan="2">规格型号</td><td rowspan="2">进场数量</td><td>生产厂家</td><td rowspan="2" colspan="2">检验项目</td><td rowspan="2">检验结果</td><td rowspan="2">备注</td></tr>
<tr><td>合格证号</td></tr>
<tr><td>1</td><td>电力电缆</td><td>ZRVV
4×185
+1×95</td><td>400m</td><td>××电缆厂
合格证:××</td><td colspan="2">查验合格证及检测报告;生产许可证等;“CCC”认证标志;外观检查</td><td>合格</td><td>/</td></tr>
<tr><td>2</td><td>耐火电缆</td><td>NH-VV
4×35
+1×16</td><td>200m</td><td>××电缆厂
合格证:××</td><td colspan="2">查验合格证及检测报告;生产许可证等;“CCC”认证标志;外观检查</td><td>合格</td><td>/</td></tr>
<tr><td>3</td><td>塑料铜芯线</td><td>BV
2.5mm²</td><td>1000m</td><td>××电缆总厂
合格证:××</td><td colspan="2">查验合格证,生产许可证及“CCC”认证标志;外观检查;抽检线芯直径及绝缘层厚度</td><td>合格</td><td>/</td></tr>
<tr><td>4</td><td>塑料铜芯线</td><td>BV
4mm²</td><td>800m</td><td>××电缆总厂
合格证:××</td><td colspan="2">查验合格证,生产许可证及“CCC”认证标志;外观检查;抽检线芯直径及绝缘层厚度</td><td>合格</td><td>/</td></tr>
<tr><td>5</td><td>塑料铜芯线</td><td>BV
10mm²</td><td>500m</td><td>××电缆总厂
合格证:××</td><td colspan="2">查验合格证,生产许可证及“CCC”认证标志;外观检查;抽检线芯直径及绝缘层厚度</td><td>合格</td><td>/</td></tr>
<tr><td colspan="9">检验结论:
符合设计及规范要求</td></tr>
<tr><td rowspan="3">签字栏</td><td rowspan="2" colspan="2">建设(监理)单位</td><td colspan="2">施工单位</td><td colspan="4">××建设集团有限公司</td></tr>
<tr><td colspan="2">专业质检员</td><td colspan="2">专业工长</td><td colspan="2">检验员</td></tr>
<tr><td colspan="2">×××</td><td colspan="2">×××</td><td colspan="2">×××</td><td colspan="2">×××</td></tr>
</table>

注:本表由施工单位填写。

材料、构配件进场检验记录						资料编号	×××	
工程名称		××办公楼工程				检验日期	××年×月×日	
序号	名称	规格型号	进场数量	生产厂家 合格证号	检验项目	检验结果	备注	
1	双管控弧荧光灯	2×40W	102套	××光电器材厂 合格证:××	外观、质量证明文件	合格		
2	带蓄电双管控弧荧光灯	2×40W	6套	××光电器材厂 合格证:××	外观、质量证明文件	合格		
3	单管荧光灯	1×40W	952套	××光电器材厂 合格证:××	外观、质量证明文件	合格		
4	单管荧光灯	1×30W	180套	××光电器材厂 合格证:××	外观、质量证明文件	合格		
5	带防尘罩单管荧光灯	1×40W	102套	××光电器材厂 合格证:××	外观、质量证明文件	合格		
6	313#吸顶灯	1×40W	15套	××光电器材厂 合格证:××	外观、质量证明文件	合格		
7	壁灯	60W	34套	××光电器材厂 合格证:××	外观、质量证明文件	合格		

检验结论：

灯具涂层完整、无损伤，附件齐全，对成套灯具的绝缘电阻、内部接线等性能进行现场抽样检测，灯具的绝缘电阻值不小于2MΩ，内部接线为铜芯绝缘电线，芯线截面积不小于0.5mm²，各项质量证明文件齐全，符合设计要求及施工验收规范规定

签字栏	建设(监理)单位	施工单位	××建设集团有限公司	
		专业质检员	专业工长	检验员
	×××	×××	×××	×××

注：本表由施工单位填写。

材料、构配件进场检验记录					资料编号	×××	
工程名称		××办公楼工程			检验日期	××年×月×日	
序号	名称	规格型号	进场数量	生产厂家 合格证号	检验项目	检验结果	备注
1	有线电视系统物理发泡聚乙烯绝缘同轴电缆	SYWV-75-9	300m	××电缆有限公司	外观、质量证明文件	合格	
2	有线电视系统物理发泡聚乙烯绝缘同轴电缆	SYWV-75-7	300m	××电缆有限公司	外观、质量证明文件	合格	
3	有线电视系统物理发泡聚乙烯绝缘同轴电缆	SYWV-75-5	600m	××电缆有限公司	外观、质量证明文件	合格	

检验结论：

以上材料经外观检验合格，电缆绝缘皮完好无损、厚度均匀，保护层标识明确无遗漏，电缆无压扁、扭曲等现象，材质、规格型号均符合设计和规范要求，产品质量证明文件齐全

签字栏	建设(监理)单位	施工单位	××电信工程有限公司	
		专业质检员	专业工长	检验员
	×××	×××	×××	×××

注：本表由施工单位填写。

3.2 《设备开箱检验记录》填写范例

<table>
<tr><td colspan="4">设备开箱检验记录</td><td colspan="2">资料编号</td><td>×××</td></tr>
<tr><td colspan="2">设备名称</td><td colspan="2">配电柜</td><td colspan="2">检查日期</td><td>××年×月×日</td></tr>
<tr><td colspan="2">规格型号</td><td colspan="2">GGD</td><td colspan="2">总 数 量</td><td>4台</td></tr>
<tr><td colspan="2">装箱单号</td><td colspan="2">050909～050911、051001</td><td colspan="2">检验数量</td><td>4台</td></tr>
<tr><td rowspan="5">检验记录</td><td>包装情况</td><td colspan="6">包装完好、无损坏，标识明确</td></tr>
<tr><td>随机文件</td><td colspan="6">产品合格证、出厂检验报告、安装使用说明书、装箱单、保修卡、总装图、原理图、接线图</td></tr>
<tr><td>备件与附件</td><td colspan="6">钥匙8把</td></tr>
<tr><td>外观情况</td><td colspan="6">外观良好，铭牌齐全、清晰；涂覆层色泽均匀，无流痕、针眼、气泡、漏底现象；镀层均匀光洁，附着力良好，无锈蚀现象；紧固件无松动；机内整洁，接地牢固，接线无脱落、脱焊</td></tr>
<tr><td>测试情况</td><td colspan="6">机内开关、按钮开启灵活，通断正常，合格</td></tr>
<tr><td rowspan="7">检验结果</td><td colspan="6">缺、损附备件明细表</td></tr>
<tr><td>序号</td><td>名称</td><td>规格</td><td>单位</td><td>数量</td><td>备注</td></tr>
<tr><td></td><td></td><td></td><td></td><td></td><td></td></tr>
<tr><td></td><td></td><td></td><td></td><td></td><td></td></tr>
<tr><td></td><td></td><td></td><td></td><td></td><td></td></tr>
<tr><td></td><td></td><td></td><td></td><td></td><td></td></tr>
<tr><td></td><td></td><td></td><td></td><td></td><td></td></tr>
<tr><td colspan="7">结论：
经检查包装、随机文件齐全，外观良好，测试情况合格，符合设计及规范要求，同意验收</td></tr>
<tr><td rowspan="2">签字栏</td><td colspan="2">建设(监理)单位</td><td colspan="2">施工单位</td><td colspan="2">供应单位</td></tr>
<tr><td colspan="2">×××</td><td colspan="2">×××</td><td colspan="2">×××</td></tr>
</table>

注：本表由施工单位填写。

<table>
<tr><td colspan="3">设备开箱检验记录</td><td>资料编号</td><td colspan="3">×××</td></tr>
<tr><td colspan="2">设备名称</td><td>照明配电箱</td><td>检查日期</td><td colspan="3">××年×月×日</td></tr>
<tr><td colspan="2">规格型号</td><td>XRM-130</td><td>总 数 量</td><td colspan="3">10</td></tr>
<tr><td colspan="2">装箱单号</td><td>/</td><td>检验数量</td><td colspan="3">10</td></tr>
<tr><td rowspan="5">检验记录</td><td>包装情况</td><td colspan="5">良好</td></tr>
<tr><td>随机文件</td><td colspan="5">生产许可证,合格证,“CCC”认证证书</td></tr>
<tr><td>备件与附件</td><td colspan="5">齐全</td></tr>
<tr><td>外观情况</td><td colspan="5">良好,无锈蚀及漆皮脱落现象</td></tr>
<tr><td>测试情况</td><td colspan="5">测试情况良好</td></tr>
<tr><td rowspan="7">检验结果</td><td colspan="6">缺、损附备件明细表</td></tr>
<tr><td>序号</td><td>名称</td><td>规格</td><td>单位</td><td>数量</td><td>备注</td></tr>
<tr><td></td><td></td><td></td><td></td><td></td><td></td></tr>
<tr><td></td><td></td><td></td><td></td><td></td><td></td></tr>
<tr><td></td><td></td><td></td><td></td><td></td><td></td></tr>
<tr><td></td><td></td><td></td><td></td><td></td><td></td></tr>
<tr><td></td><td></td><td></td><td></td><td></td><td></td></tr>
<tr><td colspan="7">结论:
随机文件齐全,观感检查及测试情况良好,附备件齐全符合设计规范要求</td></tr>
<tr><td rowspan="2">签字栏</td><td colspan="2">建设(监理)单位</td><td colspan="2">施工单位</td><td colspan="2">供应单位</td></tr>
<tr><td colspan="2">×××</td><td colspan="2">×××</td><td colspan="2">×××</td></tr>
</table>

注:本表由施工单位填写。

<table>
<tr><td colspan="3">设备开箱检验记录</td><td colspan="2">资料编号</td><td colspan="3">×××</td></tr>
<tr><td colspan="2">设备名称</td><td>火灾报警控制器(联动型)</td><td colspan="2">检查日期</td><td colspan="3">××年×月×日</td></tr>
<tr><td colspan="2">规格型号</td><td>JB-QG-LD128E</td><td colspan="2">总 数 量</td><td colspan="3">2套</td></tr>
<tr><td colspan="2">装箱单号</td><td>051228</td><td colspan="2">检验数量</td><td colspan="3">2套</td></tr>
<tr><td rowspan="5">检验记录</td><td>包装情况</td><td colspan="6">包装完好、无损坏,标识明确</td></tr>
<tr><td>随机文件</td><td colspan="6">产品合格证、检验报告、技术说明书、装箱单、“CCC”认证及证书复印件、厂家资质证明文件</td></tr>
<tr><td>备件与附件</td><td colspan="6">箱体连接用木板、螺栓、螺母齐全</td></tr>
<tr><td>外观情况</td><td colspan="6">良好,无损坏、锈蚀现象</td></tr>
<tr><td>测试情况</td><td colspan="6">合格,符合设计要求及规范规定</td></tr>
<tr><td rowspan="7">检验结果</td><td colspan="7">缺、损附备件明细表</td></tr>
<tr><td>序号</td><td colspan="2">名称</td><td>规格</td><td>单位</td><td>数量</td><td>备注</td></tr>
<tr><td></td><td colspan="2"></td><td></td><td></td><td></td><td></td></tr>
<tr><td></td><td colspan="2"></td><td></td><td></td><td></td><td></td></tr>
<tr><td></td><td colspan="2"></td><td></td><td></td><td></td><td></td></tr>
<tr><td></td><td colspan="2"></td><td></td><td></td><td></td><td></td></tr>
<tr><td></td><td colspan="2"></td><td></td><td></td><td></td><td></td></tr>
<tr><td colspan="8">结论:
经检查,包装、随机文件齐全,外观良好,测试情况合格,符合设计及规范要求,同意使用</td></tr>
<tr><td rowspan="2">签字栏</td><td colspan="2">建设(监理)单位</td><td colspan="2">施工单位</td><td colspan="3">供应单位</td></tr>
<tr><td colspan="2">×××</td><td colspan="2">×××</td><td colspan="3">×××</td></tr>
</table>

注:本表由施工单位填写。

Chapter 04

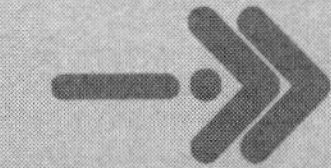

施工试验检测资料

4.1 建筑电气工程施工试验记录

4.1.1 《电气接地电阻测试记录》填写范例

<table>
<tr><td colspan="4">电气接地电阻测试记录</td><td>资料编号</td><td colspan="3">×××</td></tr>
<tr><td colspan="2">工程名称</td><td colspan="2">××办公楼工程</td><td>测试日期</td><td colspan="3">××年×月×日</td></tr>
<tr><td colspan="2">仪表型号</td><td colspan="2">ZC-8</td><td>天气情况</td><td>晴</td><td>气温(℃)</td><td>6</td></tr>
<tr><td>接地类型</td><td colspan="7">□防雷接地　　□计算机接地　　□工作接地
□保护接地　　□防静电接地　　□逻辑接地
□重复接地　　☑综合接地　　□医疗设备接地</td></tr>
<tr><td>设计要求</td><td colspan="7">□≤10Ω　　≤4Ω　　☑≤1Ω
□≤0.1Ω　　□≤　Ω　　□</td></tr>
<tr><td colspan="8">测试结论：
经测试计算，接地电阻值为 0.2Ω，符合设计要求和《建筑电气工程施工质量验收规范》(GB 50303—2015)规定</td></tr>
<tr><td rowspan="3">签字栏</td><td rowspan="2">施工单位</td><td rowspan="2" colspan="2">××机电工程有限公司</td><td>专业技术负责人</td><td colspan="2">专业质检员</td><td>专业工长</td></tr>
<tr><td>×××</td><td colspan="2">×××</td><td>×××</td></tr>
<tr><td>监理(建设)单位</td><td colspan="3">××工程建设监理有限公司</td><td colspan="2">专业工程师</td><td>×××</td></tr>
</table>

注：本表由施工单位填写。

4.1.2 《电气接地装置隐检与平面示意图表》填写范例

电气接地装置隐检与平面示意图表				资料编号	×××
工程名称	××办公楼工程		图　　号	电施-15	
接地类型	防雷接地	组数	/	设计要求	≤1Ω

接地装置平面示意图(绘制比例要适当,注明各组别编号及有关尺寸)

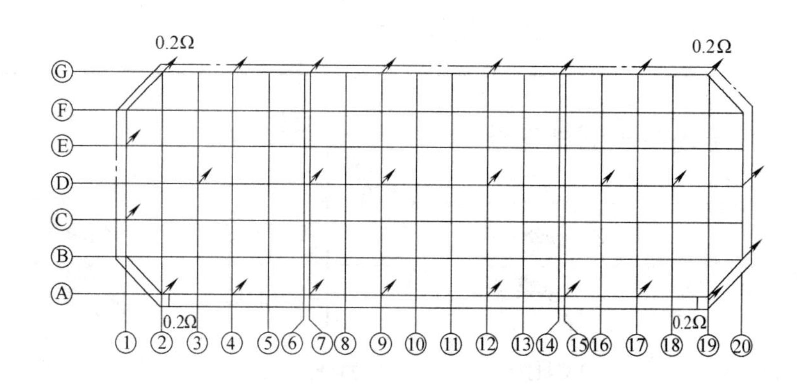

接地装置敷设情况检查表(尺寸单位:mm)

槽沟尺寸	沿结构外四周,深 700mm	土质情况	砂质黏土
接地极规格	/	打进深度	/
接地体规格	40×4 镀锌扁钢	焊接情况	符合规范规定
防腐处理	焊接处均涂沥青油	接地电阻	(取最大值) 0.2Ω
检验结论	符合设计和规范要求	检验日期	××年×月×日

签字栏	施工单位	××机电工程有限公司	专业技术负责人	专业质检员	专业工长
			×××	×××	×××
	监理(建设)单位	××工程建设监理有限公司		专业工程师	×××

注：本表由施工单位填写。

4.1.3 《电气绝缘电阻测试记录》填写范例

<table>
<tr><td colspan="8">电气绝缘电阻测试记录</td><td colspan="2">资料编号</td><td colspan="2">×××</td></tr>
<tr><td colspan="2">工程名称</td><td colspan="6">××办公楼工程</td><td colspan="2">测试日期</td><td colspan="2">××年×月×日</td></tr>
<tr><td colspan="2">计量单位</td><td colspan="6">MΩ(兆欧)</td><td colspan="2">天气情况</td><td colspan="2">晴</td></tr>
<tr><td colspan="2">仪表型号</td><td colspan="4">ZC-7</td><td>电压</td><td>1000V</td><td colspan="2">气温</td><td colspan="2">23℃</td></tr>
<tr><td colspan="2" rowspan="2">试验内容</td><td colspan="3">相间</td><td colspan="3">相对零</td><td colspan="3">相对地</td><td>零对地</td></tr>
<tr><td>L_1—L_2</td><td>L_2—L_3</td><td>L_3—L_1</td><td>L_1—N</td><td>L_2—N</td><td>L_3—N</td><td>L_1—PE</td><td>L_2—PE</td><td>L_3—PE</td><td>N—PE</td></tr>
<tr><td rowspan="14">层数·路别·名称·编号</td><td>三层</td><td></td><td></td><td></td><td></td><td></td><td></td><td></td><td></td><td></td><td></td></tr>
<tr><td>$3AL_{3-1}$</td><td></td><td></td><td></td><td></td><td></td><td></td><td></td><td></td><td></td><td></td></tr>
<tr><td>支路 1</td><td>750</td><td></td><td></td><td>700</td><td></td><td></td><td>700</td><td></td><td></td><td>700</td></tr>
<tr><td>支路 2</td><td></td><td>600</td><td></td><td></td><td>650</td><td></td><td></td><td>700</td><td></td><td>700</td></tr>
<tr><td>支路 3</td><td></td><td></td><td>700</td><td></td><td></td><td>750</td><td></td><td></td><td>750</td><td>700</td></tr>
<tr><td>支路 4</td><td>700</td><td></td><td></td><td>700</td><td></td><td></td><td>700</td><td></td><td></td><td>700</td></tr>
<tr><td>支路 5</td><td></td><td>750</td><td></td><td></td><td>600</td><td></td><td></td><td>650</td><td></td><td>700</td></tr>
<tr><td>支路 6</td><td></td><td></td><td>700</td><td></td><td></td><td>700</td><td></td><td></td><td>750</td><td>750</td></tr>
<tr><td></td><td></td><td></td><td></td><td></td><td></td><td></td><td></td><td></td><td></td><td></td></tr>
<tr><td></td><td></td><td></td><td></td><td></td><td></td><td></td><td></td><td></td><td></td><td></td></tr>
<tr><td></td><td></td><td></td><td></td><td></td><td></td><td></td><td></td><td></td><td></td><td></td></tr>
<tr><td></td><td></td><td></td><td></td><td></td><td></td><td></td><td></td><td></td><td></td><td></td></tr>
<tr><td></td><td></td><td></td><td></td><td></td><td></td><td></td><td></td><td></td><td></td><td></td></tr>
<tr><td></td><td></td><td></td><td></td><td></td><td></td><td></td><td></td><td></td><td></td><td></td></tr>
<tr><td colspan="12">测试结论：
经测试:符合设计要求和《建筑电气工程施工质量验收规范》(GB 50303—2015)的规定</td></tr>
<tr><td rowspan="3">签字栏</td><td rowspan="2">施工单位</td><td rowspan="2" colspan="3">××机电工程有限公司</td><td colspan="3">专业技术负责人</td><td colspan="2">专业质检员</td><td colspan="2">专业工长</td></tr>
<tr><td colspan="3">×××</td><td colspan="2">×××</td><td colspan="2">×××</td></tr>
<tr><td>监理(建设)单位</td><td colspan="6">××工程建设监理有限公司</td><td colspan="2">专业工程师</td><td colspan="2">×××</td></tr>
</table>

注：本表由施工单位填写。

4.1.4 《电气器具通电安全检查记录》填写范例

电气器具通电安全检查记录		资料编号	×××
工程名称	××办公楼工程	检查日期	××年×月×日
楼门单元或区域场所	×段×层		

层数	开关									灯具									插座								
	1	2	3	4	5	6	7	8	9	1	2	3	4	5	6	7	8	9	1	2	3	4	5	6	7	8	9
×段×层	√	√	√	√	√	√	√	√	√	√	×	√	√	√	√	√	√	√	√	√	√	√	×	√	√	√	√
	√	√	√	√	√	√	√	√	√	√	√	√	√	√	√	√	√	√	√	√	√	√	√	√	√	√	√
	√	√	√	√	√	×	√	√	√	√	√	√	√	√	√	√	√	√	√	√	√	√	√	√	√	√	√
	√	√	√	√	√	√	√	√	√	√	√	√	√	√	√	√	√	√	×	√	√	√	√	√	√	√	√
	√	√		√	√	√	√	√	√	√	√	√	√	√					√	√	√	√	√	√	√	√	√

检查结论：

经查：开关一个未断相线，一个罗灯口中心未接相线，两个插座接线有误，已修复合格，其余符合《建筑电气工程施工质量验收规范》(GB 50303—2015)要求

签字栏	施工单位	××机电工程有限公司	
	专业技术负责人	专业质检员	专业工长
	×××	×××	×××

注：本表由施工单位填写。

4.1.5 《电气设备空载试运行记录》填写范例

电气设备空载试运行记录		资料编号	×××
工程名称	××办公楼工程		
试运行项目	电气动力 $2^{\#}$ 电动机	填写日期	××年×月×日
试运行时间	由3日14时0分开始，至3日16时0分结束		

运行负荷记录	运行时间	运行电压(V)			运行电流(A)			温度(℃)
		L_1-N (L_1-L_2)	L_2-N (L_2-L_3)	L_3-N (L_3-L_1)	L_1 相	L_2 相	L_3 相	
	14:00	380	382	384	45	45	45	36
	15:00	380	381	381	45	45	45	36
	16:00	380	385	383	47	45	45	37

试运行情况记录：

经2h通电试运行，电动机转向和机械转动无异常情况，检查机身和轴承的温升符合技术条件要求；配电线路、开关、仪表等运行正常，符合设计和《建筑电气工程施工质量验收规范》(GB 50303—2015)规定

签字栏	施工单位	××机电工程有限公司	专业技术负责人	专业质检员	专业工长
			×××	×××	×××
	监理(建设)单位	××工程建设监理有限公司		专业工程师	×××

注：本表由施工单位填写。

4.1.6 《建筑物照明通电试运行记录》填写范例

建筑物照明通电试运行记录						资料编号	×××	
工程名称		××办公楼工程					公建□/住宅☑	
试运项目		照明系统				填写日期	××年×月×日	
试运时间		由5日8时0分开始，至5日16时0分结束						
运行负荷记录	运行时间	运行电压(V)			运行电流(A)			温度(℃)
		L_1-N (L_1-L_2)	L_2-N (L_2-L_3)	L_3-N (L_3-L_1)	L_1相	L_2相	L_3相	
	8:00至10:00	225	225	225	79	78	79	51
	10:00至12:00	220	220	220	80	79	80	53
	12:00至14:00	230	230	230	79	77	79	52
	14:00至16:00	225	225	225	77	76	77	51
	16:00至18:00	225	220	225	78	77	79	51

试运行情况记录：

照明系统灯具、风扇等电器均投入运行，经8h通电试验，配电控制正确，空开、电度表、线路结点温度及器具运行情况正常，符合设计及规范要求

签字栏	施工单位	××机电工程有限公司	专业技术负责人	专业质检员	专业工长
			×××	×××	×××
	监理(建设)单位	××工程建设监理有限公司		专业工程师	×××

注：本表由施工单位填写。

4.1.7 《大型照明灯具承载试验记录》填写范例

<table>
<tr><td colspan="3">大型照明灯具承载试验记录</td><td>资料编号</td><td colspan="2">×××</td></tr>
<tr><td colspan="2">工程名称</td><td colspan="4">××办公楼工程</td></tr>
<tr><td colspan="2">楼　层</td><td>一层</td><td>试验日期</td><td colspan="2">××年×月×日</td></tr>
<tr><td colspan="2">灯具名称</td><td>安装部位</td><td>数　量</td><td>灯具自重(kg)</td><td>试验载重(kg)</td></tr>
<tr><td colspan="2">花灯</td><td>大厅</td><td>10套</td><td>35</td><td>175</td></tr>
<tr><td colspan="2"></td><td></td><td></td><td></td><td></td></tr>
<tr><td colspan="2"></td><td></td><td></td><td></td><td></td></tr>
<tr><td colspan="2"></td><td></td><td></td><td></td><td></td></tr>
<tr><td colspan="2"></td><td></td><td></td><td></td><td></td></tr>
<tr><td colspan="2"></td><td></td><td></td><td></td><td></td></tr>
<tr><td colspan="2"></td><td></td><td></td><td></td><td></td></tr>
<tr><td colspan="2"></td><td></td><td></td><td></td><td></td></tr>
<tr><td colspan="6">检查结论：
一层大厅使用灯具的规格、型号符合设计要求，预埋螺栓直径符合规范要求，经做承载试验，试验载重175kg，试验时间为15min，预埋件牢固可靠，符合规范规定</td></tr>
<tr><td rowspan="3">签字栏</td><td rowspan="2">施工单位</td><td rowspan="2">××机电工程有限公司</td><td>专业技术负责人</td><td>专业质检员</td><td>专业工长</td></tr>
<tr><td>×××</td><td>×××</td><td>×××</td></tr>
<tr><td>监理(建设)单位</td><td colspan="2">××工程建设监理有限公司</td><td>专业工程师</td><td>×××</td></tr>
</table>

注：本表由施工单位填写。

4.1.8 《漏电开关模拟试验记录》填写范例

<table>
<tr><td colspan="4">漏电开关模拟试验记录</td><td>资料编号</td><td colspan="2">×××</td></tr>
<tr><td>工程名称</td><td colspan="6">××办公楼工程</td></tr>
<tr><td>试验器具</td><td colspan="3">漏电开关检测仪(MI 2121 型)</td><td>试验日期</td><td colspan="2">××年×月×日</td></tr>
<tr><td rowspan="2">安装部位</td><td rowspan="2">型　　号</td><td colspan="2">设计要求</td><td colspan="2">实际测试</td></tr>
<tr><td>动作电流(mA)</td><td>动作时间(ms)</td><td>动作电流(mA)</td><td>动作时间(ms)</td></tr>
<tr><td>低压配电室($1^{\#}$)柜</td><td>vigiNS400N-300A/3P</td><td>300</td><td>100</td><td>300</td><td>90</td></tr>
<tr><td>低压配电室(动力)柜</td><td>vigiNS250N-200A/3P</td><td>500</td><td>200</td><td>500</td><td>180</td></tr>
<tr><td>一层甲单元(户)箱厕所插座支路</td><td>DPNvigi-16A</td><td>30</td><td>100</td><td>27</td><td>80</td></tr>
<tr><td>一层甲单元(户)箱厨房插座支路</td><td>DPNvigi-16A</td><td>30</td><td>100</td><td>28</td><td>90</td></tr>
<tr><td>屋顶风机控制箱(风)插座支路</td><td>DPNvigi-16A</td><td>30</td><td>100</td><td>27</td><td>80</td></tr>
<tr><td>电梯机房(梯)柜插座支路</td><td>DPNvigi-16A</td><td>30</td><td>100</td><td>28</td><td>90</td></tr>
<tr><td>弱电竖井插座箱插座1支路</td><td>DPNvigi-16A</td><td>30</td><td>100</td><td>28</td><td>90</td></tr>
<tr><td></td><td></td><td></td><td></td><td></td><td></td></tr>
<tr><td colspan="6">测试结论：
经对全楼配电柜、箱(盘)内所有带漏电保护的回路的测试，所有漏电保护装置动作可靠，漏电保护装置的动作电流和动作时间均符合设计及施工规范要求</td></tr>
</table>

<table>
<tr><td rowspan="3">签字栏</td><td rowspan="2">施工单位</td><td rowspan="2">××机电工程有限公司</td><td>专业技术负责人</td><td>专业质检员</td><td>专业工长</td></tr>
<tr><td>×××</td><td>×××</td><td>×××</td></tr>
<tr><td>监理(建设)单位</td><td colspan="2">××工程建设监理有限公司</td><td>专业工程师</td><td>×××</td></tr>
</table>

注：本表由施工单位填写。

4.1.9 《大容量电气线路结点测温记录》填写范例

大容量电气线路结点测温记录			资料编号	×××
工程名称	××办公楼工程			
测试地点	地下配电室	测试品种	导线□/母线☑/开关□	
测试工具	远红外摇表测量仪	测试日期	××年×月×日	
测试回路(部位)	测试时间	电流(A)	设计温度(℃)	测试温度(℃)
地下配电室1#柜A相母线	10:00	640	60	55
地下配电室1#柜B相母线	10:00	645	60	55
地下配电室1#柜C相母线	10:00	645	60	55
测试结论： 设备在设计计算负荷运行情况下，对母线与电缆的连接结点进行抽测，温升值稳定且不大于设计值，符合设计及施工规范规定				

签字栏	施工单位	××机电工程有限公司	专业技术负责人	专业质检员	专业工长
			×××	×××	×××
	监理(建设)单位	××工程建设监理有限公司		专业工程师	×××

注：本表由施工单位填写。

4.1.10 《避雷带支架拉力测试记录》填写范例

避雷带支架拉力测试记录						资料编号	×××
工程名称	××办公楼工程						
测试部位	屋顶					测试日期	××年×月×日
序号	拉力(kg)	序号	拉力(kg)	序号	拉力(kg)	序号	拉力(kg)
1	5.5	17	5.5	33	5.5		
2	5.5	18	5.5	34	5.5		
3	5.5	19	5.5	35	5.5		
4	5.5	20	5.5	36	5.5		
5	5.5	21	5.5	37	5.5		
6	5.5	22	5.5	38	5.5		
7	5.5	23	5.5				
8	5.5	24	5.5				
9	5.5	25	5.5				
10	5.5	26	5.5				
11	5.5	27	5.5				
12	5.5	28	5.5				
13	5.5	29	5.5				
14	5.5	30	5.5				
15	5.5	31	5.5				
16	5.5	32	5.5				
检查结论： 屋顶避雷带安装平正顺直，固定点支持件间距均匀，经对全楼避雷带支架(共计38处)进行测试，每个支持件均能承受大于49N(5kg)的垂直拉力，固定牢固可靠，符合设计及施工规范要求							

签字栏	施工单位	××机电工程有限公司	专业技术负责人	专业质检员	专业工长
			×××	×××	×××
	监理(建设)单位	××工程建设监理有限公司		专业工程师	×××

注：本表由施工单位填写。

4.1.11 《逆变应急电源测试试验记录》填写范例

<table>
<tr><td colspan="4">逆变应急电源测试试验记录</td><td>资料编号</td><td>×××</td></tr>
<tr><td colspan="2">工程名称</td><td colspan="2">××办公楼工程</td><td>施工单位</td><td>××机电工程有限公司</td></tr>
<tr><td colspan="2">安装部位</td><td colspan="2">配电室</td><td>测试日期</td><td>××年×月×日</td></tr>
<tr><td colspan="2">规格型号</td><td colspan="2">HIPULSE160kVA</td><td>环境温度</td><td>25℃</td></tr>
<tr><td colspan="4">检查测试内容</td><td>额定值</td><td>测试值</td></tr>
<tr><td colspan="4">输入电压(V)</td><td>380</td><td>412</td></tr>
<tr><td colspan="2" rowspan="3">输出电压(V)</td><td colspan="2">空载</td><td>380</td><td>388</td></tr>
<tr><td rowspan="2">满载</td><td>正常运行</td><td>380</td><td>383</td></tr>
<tr><td>逆变应急运行</td><td>380</td><td>383</td></tr>
<tr><td colspan="2" rowspan="2">输出电流(A)</td><td rowspan="2">满载</td><td>正常运行</td><td>380</td><td>382</td></tr>
<tr><td>逆变应急运行</td><td>380</td><td>378</td></tr>
<tr><td colspan="4">能量恢复时间(h)</td><td></td><td></td></tr>
<tr><td colspan="4">切换时间(s)</td><td>0.003</td><td>0.002</td></tr>
<tr><td colspan="4">逆变储能供电能力(min)</td><td>60</td><td>62</td></tr>
<tr><td colspan="2" rowspan="2">过载能力
(输出表观功率额定值120%的阻性负载)</td><td>正常运行</td><td>连续工作时间(min)</td><td>10</td><td>13</td></tr>
<tr><td>逆变应急运行</td><td>连续工作时间(min)</td><td>10</td><td>12</td></tr>
<tr><td colspan="2" rowspan="2">噪声检测(dB)</td><td colspan="2">正常运行</td><td>58～68dB</td><td>60dB</td></tr>
<tr><td colspan="2">逆变应急运行</td><td>58～68dB</td><td>61dB</td></tr>
<tr><td>测试结果</td><td colspan="5">符合设计规范要求，合格</td></tr>
<tr><td rowspan="3">签字栏</td><td rowspan="2">施工单位</td><td rowspan="2">××机电工程有限公司</td><td>专业技术负责人</td><td>专业工长</td><td>测试人员</td></tr>
<tr><td>×××</td><td>×××</td><td>×××</td></tr>
<tr><td>监理(建设)单位</td><td colspan="2">××工程建设监理有限公司</td><td>专业工程师</td><td>×××</td></tr>
</table>

注：本表由施工单位填写。

4.1.12 《柴油发电机测试试验记录》填写范例

<table>
<tr><td colspan="3">柴油发电机测试试验记录</td><td>资料编号</td><td colspan="2">×××</td></tr>
<tr><td colspan="2">工程名称</td><td>××办公楼工程</td><td>施工单位</td><td colspan="2">××机电工程有限公司</td></tr>
<tr><td colspan="2">安装部位</td><td>一层柴油机房</td><td>测试日期</td><td colspan="2">××年×月×日</td></tr>
<tr><td colspan="2">规格型号</td><td>DCM300</td><td>环境温度</td><td colspan="2">−30℃～45℃</td></tr>
<tr><td colspan="3">检查测试内容</td><td>额定值</td><td colspan="2">测试值</td></tr>
<tr><td colspan="2" rowspan="2">输出电压(V)</td><td>空载</td><td>400</td><td colspan="2">405</td></tr>
<tr><td>满载</td><td>400</td><td colspan="2">398</td></tr>
<tr><td colspan="2">输出电流(A)</td><td>满载</td><td>486</td><td colspan="2">487</td></tr>
<tr><td colspan="3">切换时间(s)</td><td>10</td><td colspan="2">9</td></tr>
<tr><td colspan="3">供电能力(min)</td><td>24</td><td colspan="2">24</td></tr>
<tr><td colspan="2" rowspan="2">噪声检测(dB)</td><td>空载</td><td>105</td><td colspan="2">98</td></tr>
<tr><td>满载</td><td>105</td><td colspan="2">104</td></tr>
<tr><td>测试结果</td><td colspan="5">符合设计及规范要求,合格</td></tr>
<tr><td rowspan="3">签字栏</td><td rowspan="2">施工单位</td><td rowspan="2">××机电工程有限公司</td><td>专业技术负责人</td><td>专业工长</td><td>测试人员</td></tr>
<tr><td>×××</td><td>×××</td><td>×××</td></tr>
<tr><td>监理(建设)单位</td><td colspan="2">××工程建设监理有限公司</td><td>专业工程师</td><td>×××</td></tr>
</table>

注：本表由施工单位填写。

4.1.13 《低压配电电源质量测试记录》填写范例

<table>
<tr><td colspan="4">低压配电电源质量测试记录</td><td>资料编号</td><td>×××</td></tr>
<tr><td>工程名称</td><td colspan="5">××办公楼工程</td></tr>
<tr><td>施工单位</td><td colspan="3">××建设集团有限公司</td><td>测试日期</td><td>××年×月×日</td></tr>
<tr><td colspan="2">测试设备名称及型号</td><td colspan="4">PITG3500 电能质量测量仪</td></tr>
<tr><td colspan="4">检查测试内容</td><td>测试值(V)</td><td>偏差(%)</td></tr>
<tr><td rowspan="4">供电电压</td><td rowspan="3" colspan="2">三相</td><td>A 相</td><td>/</td><td></td></tr>
<tr><td>B 相</td><td>/</td><td></td></tr>
<tr><td>C 相</td><td>/</td><td></td></tr>
<tr><td colspan="3">单相</td><td>220</td><td>0</td></tr>
<tr><td rowspan="3">公共电网
谐波电压</td><td colspan="3">电压总谐波畸变率(%)</td><td colspan="2">5</td></tr>
<tr><td colspan="3">奇次(1～25 次)谐波含有率(%)</td><td colspan="2">4</td></tr>
<tr><td colspan="3">偶次(2～24 次)谐波含有率(%)</td><td colspan="2">2</td></tr>
<tr><td colspan="4">谐波电流(A)</td><td colspan="2">附检测设备打印记录</td></tr>
<tr><td>测试结果</td><td colspan="5">符合设计及规范要求,合格</td></tr>
<tr><td rowspan="3">签字栏</td><td rowspan="2">施工单位</td><td rowspan="2">××机电工程
有限公司</td><td>专业技术负责人</td><td>专业工长</td><td>测试人员</td></tr>
<tr><td>×××</td><td>×××</td><td>×××</td></tr>
<tr><td>监理(建设)单位</td><td colspan="2">××工程建设监理有限公司</td><td>专业工程师</td><td>×××</td></tr>
</table>

注:本表由施工单位填写。

4.2 智能建筑工程子系统检测记录

4.2.1 《监测与控制节能工程检查记录》填写范例

<table>
<tr><td colspan="3">监测与控制节能工程检查记录</td><td>资料编号</td><td colspan="2">×××</td></tr>
<tr><td colspan="2">工程名称</td><td>××办公楼工程</td><td>日　期</td><td colspan="2">××年×月×日</td></tr>
<tr><td>序号</td><td colspan="2">检查项目</td><td colspan="2">检验内容及其规范标准要求</td><td>检查结果</td></tr>
<tr><td>1</td><td colspan="2">空调与采暖的冷源</td><td colspan="2">控制及故障报警功能应符合设计要求</td><td>符合设计要求</td></tr>
<tr><td>2</td><td colspan="2">空调与采暖的热源</td><td colspan="2">控制及故障报警功能应符合设计要求</td><td>符合设计要求</td></tr>
<tr><td>3</td><td colspan="2">空调水系统</td><td colspan="2">控制及故障报警功能应符合设计要求</td><td>符合设计要求</td></tr>
<tr><td>4</td><td colspan="2">通风与空调检测控制系统</td><td colspan="2">控制及故障报警功能应符合设计要求</td><td>符合设计要求</td></tr>
<tr><td>5</td><td colspan="2">供配电的监测与数据采集系统</td><td colspan="2">监测采集的运行数据和报警功能应符合设计要求</td><td>符合设计要求</td></tr>
<tr><td>6</td><td colspan="2">大型公共建筑的公用照明区</td><td colspan="2">集中控制并按建筑使用条件和天然采光状况采取分区、分组控制，并按需要采取调光或降低照度的控制措施</td><td>符合设计要求</td></tr>
<tr><td>7</td><td colspan="2">宾馆、饭店的每间(套)客房</td><td colspan="2">应设置节能控制型开关</td><td>符合要求</td></tr>
<tr><td>8</td><td colspan="2">居住建筑有天然采光的楼梯间、走道的一般照明</td><td colspan="2">应采用节能自熄开关</td><td>符合要求</td></tr>
<tr><td rowspan="2">9</td><td colspan="2" rowspan="2">房间或场所设有两列或多列灯具的控制</td><td colspan="2">所控灯列与侧窗平行</td><td>符合要求</td></tr>
<tr><td colspan="2">电教室、会议室、多功能厅、报告厅等场所按靠近或远离讲台分组</td><td>符合要求</td></tr>
<tr><td>10</td><td colspan="2">庭院灯、路灯的控制</td><td colspan="2">开启和熄灭时间应根据自然光线变换智能控制，其供电方式可采用太阳能</td><td>符合要求</td></tr>
<tr><td rowspan="3">签字栏</td><td rowspan="2">施工单位</td><td rowspan="2">××机电工程有限公司</td><td>专业技术负责人</td><td>专业工长</td><td>检查人员</td></tr>
<tr><td>×××</td><td>×××</td><td>×××</td></tr>
<tr><td>监理(建设)单位</td><td colspan="2">××工程建设监理有限公司</td><td>专业工程师</td><td>×××</td></tr>
</table>

注：本表由施工单位填写。

4.2.2 《智能建筑工程设备性能测试记录》填写范例

<table>
<tr><td colspan="7">智能建筑工程设备性能测试记录</td><td colspan="3">资料编号</td><td colspan="3">×××</td></tr>
<tr><td>工程名称</td><td colspan="6">××办公楼工程</td><td colspan="3">测试时间</td><td colspan="3">××年×月×日</td></tr>
<tr><td>系统名称</td><td colspan="12">建筑设备监控系统</td></tr>
<tr><td>设备名称</td><td>测试项目</td><td colspan="10">测试记录</td><td>备注</td></tr>
<tr><td>电动水阀</td><td>在零开度、50%和80%的行程处与控制指令的一致性及响应速度</td><td>合格</td><td>合格</td><td>合格</td><td>合格</td><td>合格</td><td></td><td></td><td></td><td></td><td></td><td rowspan="12">按照 GB 50339 中规定的数量要求，对现场设备性能进行测试</td></tr>
<tr><td></td><td></td><td></td><td></td><td></td><td></td><td></td><td></td><td></td><td></td><td></td><td></td></tr>
<tr><td></td><td></td><td></td><td></td><td></td><td></td><td></td><td></td><td></td><td></td><td></td><td></td></tr>
<tr><td></td><td></td><td></td><td></td><td></td><td></td><td></td><td></td><td></td><td></td><td></td><td></td></tr>
<tr><td></td><td></td><td></td><td></td><td></td><td></td><td></td><td></td><td></td><td></td><td></td><td></td></tr>
<tr><td></td><td></td><td></td><td></td><td></td><td></td><td></td><td></td><td></td><td></td><td></td><td></td></tr>
<tr><td></td><td></td><td></td><td></td><td></td><td></td><td></td><td></td><td></td><td></td><td></td><td></td></tr>
<tr><td></td><td></td><td></td><td></td><td></td><td></td><td></td><td></td><td></td><td></td><td></td><td></td></tr>
<tr><td></td><td></td><td></td><td></td><td></td><td></td><td></td><td></td><td></td><td></td><td></td><td></td></tr>
<tr><td></td><td></td><td></td><td></td><td></td><td></td><td></td><td></td><td></td><td></td><td></td><td></td></tr>
<tr><td></td><td></td><td></td><td></td><td></td><td></td><td></td><td></td><td></td><td></td><td></td><td></td></tr>
<tr><td></td><td></td><td></td><td></td><td></td><td></td><td></td><td></td><td></td><td></td><td></td><td></td></tr>
<tr><td colspan="13">结论：
经测试，全部合格</td></tr>
</table>

<table>
<tr><td rowspan="3">签字栏</td><td rowspan="2">施工单位</td><td rowspan="2">××机电工程有限公司</td><td>专业技术负责人</td><td>专业质检员</td><td>测试人员</td></tr>
<tr><td>×××</td><td>×××</td><td>×××</td></tr>
<tr><td>监理（建设）单位</td><td colspan="2">××工程建设监理有限公司</td><td>专业工程师</td><td>×××</td></tr>
</table>

注：本表由施工单位填写。

4.2.3 《综合布线系统工程电气性能测试记录》填写范例

<table>
<tr><td colspan="10">综合布线系统工程电气性能测试记录</td><td colspan="2">资料编号</td><td>×××</td></tr>
<tr><td colspan="3">工程名称</td><td colspan="7">××办公楼工程</td><td colspan="2">测试时间</td><td>××年×月×日</td></tr>
<tr><td colspan="3">测试仪表型号</td><td colspan="10">FLUKEDSP-4000</td></tr>
<tr><td rowspan="3">序号</td><td colspan="3" rowspan="2">编号</td><td colspan="8">内容</td><td>记录</td></tr>
<tr><td colspan="6">电缆系统</td><td colspan="2">光缆系统</td><td rowspan="10"></td></tr>
<tr><td>地址号</td><td>缆线号</td><td>设备号</td><td>长度</td><td>接线图</td><td>衰减</td><td>近端串音(2端)</td><td>电缆屏蔽层连通情况</td><td>其他任选项目</td><td>衰减</td><td>长度</td></tr>
<tr><td>1</td><td>F1</td><td>01</td><td>01</td><td>45.5</td><td>正确</td><td>6.2 dB</td><td>43.5 dB</td><td>良好</td><td>特性阻抗107</td><td>6dB</td><td>236m</td></tr>
<tr><td></td><td></td><td></td><td></td><td></td><td></td><td></td><td></td><td></td><td></td><td></td><td></td></tr>
<tr><td></td><td></td><td></td><td></td><td></td><td></td><td></td><td></td><td></td><td></td><td></td><td></td></tr>
<tr><td></td><td></td><td></td><td></td><td></td><td></td><td></td><td></td><td></td><td></td><td></td><td></td></tr>
<tr><td></td><td></td><td></td><td></td><td></td><td></td><td></td><td></td><td></td><td></td><td></td><td></td></tr>
<tr><td></td><td></td><td></td><td></td><td></td><td></td><td></td><td></td><td></td><td></td><td></td><td></td></tr>
<tr><td></td><td></td><td></td><td></td><td></td><td></td><td></td><td></td><td></td><td></td><td></td><td></td></tr>
<tr><td></td><td></td><td></td><td></td><td></td><td></td><td></td><td></td><td></td><td></td><td></td><td></td></tr>
<tr><td colspan="13">结论：
符合设计和规范要求</td></tr>
</table>

<table>
<tr><td rowspan="3">签字栏</td><td rowspan="2">施工单位</td><td rowspan="2">××机电工程有限公司</td><td>专业技术负责人</td><td>专业质检员</td><td>测试人员</td></tr>
<tr><td>×××</td><td>×××</td><td>×××</td></tr>
<tr><td>监理(建设)单位</td><td colspan="2">××工程建设监理有限公司</td><td>专业工程师</td><td>×××</td></tr>
</table>

注：本表由施工单位填写。

4.2.4 《建筑物照明系统照度测试记录》填写范例

<table>
<tr><td colspan="4">建筑物照明系统照度测试记录</td><td>资料编号</td><td colspan="2">×××</td></tr>
<tr><td colspan="2">工程名称</td><td colspan="5">××办公楼工程</td></tr>
<tr><td colspan="2">测试器具名称、型号</td><td colspan="2">照度测量仪 TES-1332A</td><td>测试日期、时间</td><td colspan="2">××年×月×日</td></tr>
<tr><td colspan="2">测试部位</td><td>照度
(LUX)</td><td>功率密度
(kW/m²)</td><td>测试部位</td><td>照度
(LUX)</td><td>功率密度
(kW/m²)</td></tr>
<tr><td colspan="2">多功能厅</td><td>315</td><td>16</td><td>办公室</td><td>322</td><td>10</td></tr>
<tr><td colspan="2"></td><td></td><td></td><td></td><td></td><td></td></tr>
<tr><td colspan="7">测试结论：
符合设计及规范要求</td></tr>
<tr><td rowspan="3">签字栏</td><td rowspan="2">施工单位</td><td rowspan="2">××机电工程
有限公司</td><td>专业技术负责人</td><td>专业质检员</td><td colspan="2">测试人员</td></tr>
<tr><td>×××</td><td>×××</td><td colspan="2">×××</td></tr>
<tr><td>监理(建设)单位</td><td colspan="2">××工程建设监理有限公司</td><td>专业工程师</td><td colspan="2">×××</td></tr>
</table>

注：本表由施工单位填写。

4.2.5 《通信网络系统检测记录》填写范例

<table>
<tr><td colspan="4">程控电话交换系统自检测记录</td><td>资料编号</td><td>×××</td></tr>
<tr><td colspan="2">工程名称</td><td colspan="2">××办公楼工程</td><td>检测时间</td><td>××年×月×日</td></tr>
<tr><td colspan="2">部　位</td><td colspan="4">一层</td></tr>
<tr><td colspan="4">检 测 内 容</td><td>检测记录</td><td>备　注</td></tr>
<tr><td>1</td><td colspan="2">通电测试前检查</td><td>标称工作电压为−48V</td><td>−48V</td><td>允许变化范围
−57～−40V</td></tr>
<tr><td>2</td><td colspan="2">硬件检查测试</td><td>可见可闻报警信号工作正常</td><td>合格</td><td rowspan="9">执行 YD5077 规定</td></tr>
<tr><td>3</td><td colspan="2">系统检查测试</td><td>装入测试程序，通过自检，确认硬件系统无故障</td><td>合格</td></tr>
<tr><td rowspan="20">4</td><td rowspan="20">初验测试</td><td rowspan="7">可靠性</td><td>不得导致 50%以上的用户线、中继线不能进行呼叫处理</td><td>合格</td></tr>
<tr><td>每一用户群通话中断或停止接续，每群每月不大于 0.1 次</td><td>合格</td></tr>
<tr><td>中继群通话中断或停止接续：0.15 次/月（≤64 话路）；0.1 次/月（64～480 话路）</td><td>合格</td></tr>
<tr><td>个别用户不正常呼入、呼出接续：每千门用户，≤0.5 户次/月；每百条中继，≤0.5 线次/月</td><td>合格</td></tr>
<tr><td>一个月内，处理机再启动指标为 1～5 次（包括 3 类再启动）</td><td>合格</td></tr>
<tr><td>软件测试故障不大于 8 个/月，硬件更换印刷电路板次数每月不大于 0.05 次/100 户及 0.005 次/30 路 PCM 系统</td><td>合格</td></tr>
<tr><td>长时间通话，12 对话机保持 48h</td><td>合格</td></tr>
<tr><td colspan="2">障碍率测试：局内障碍率不大于 3.4×10^{-4}</td><td>合格</td><td>同时 40 个用户模拟呼叫 10 万次</td></tr>
<tr><td rowspan="8">性能测试</td><td>本局呼叫</td><td>合格</td><td>每次抽测 3～5 次</td></tr>
<tr><td>出、入局呼叫</td><td>合格</td><td>中继 100%测试</td></tr>
<tr><td>汇接中继测试（各种方式）</td><td>合格</td><td>各抽测 5 次</td></tr>
<tr><td>其他各类呼叫</td><td>合格</td><td></td></tr>
<tr><td>计费差错率指标不超过 10^{-4}</td><td>合格</td><td></td></tr>
<tr><td>特服业务（特别为 110、119、120 等）</td><td>合格</td><td>作 100%测试</td></tr>
<tr><td>用户线接入调制解调器，传输速率为 2400bps，数据误码率不大于 1×10^{-5}</td><td>合格</td><td></td></tr>
<tr><td>2B+D 用户测试</td><td>合格</td><td></td></tr>
<tr><td colspan="2">中继测试：中继电路呼叫测试，抽测 2～3 条电路（包括各种呼叫状态）</td><td>合格</td><td>主要为信令和接口</td></tr>
<tr><td rowspan="3">接通率测试</td><td>局部接通率应达 99.96%以上</td><td>合格</td><td>60 对用户，10 万次</td></tr>
<tr><td>局间接通率应达 98%以上</td><td>合格</td><td>呼叫 200 次</td></tr>
<tr><td>采用人机命令进行故障诊断测试</td><td>合格</td><td></td></tr>
<tr><td colspan="6">检测结论：经检验，符合设计要求及规范规定</td></tr>
</table>

<table>
<tr><td rowspan="3">签字栏</td><td rowspan="2">施工单位</td><td rowspan="2">××机电工程有限公司</td><td>专业技术负责人</td><td>专业质检员</td><td>检测人员</td></tr>
<tr><td>×××</td><td>×××</td><td>×××</td></tr>
<tr><td>监理（建设）单位</td><td colspan="2">××工程建设监理有限公司</td><td>专业工程师</td><td>×××</td></tr>
</table>

注：本表由施工单位填写。

<table>
<tr><td colspan="3">公共广播与紧急广播系统自检测记录</td><td>资料编号</td><td>×××</td></tr>
<tr><td colspan="2">工程名称</td><td>××办公楼工程</td><td>检测时间</td><td>××年×月×日</td></tr>
<tr><td colspan="2">部　位</td><td colspan="3">全系统</td></tr>
<tr><td colspan="3">检 测 内 容</td><td>检测记录</td><td>备　注</td></tr>
<tr><td rowspan="4">1</td><td rowspan="4">安装质量</td><td>不平衡度</td><td>合格</td><td rowspan="15">符合设计要求者为合格</td></tr>
<tr><td>音频线敷设</td><td>合格</td></tr>
<tr><td>接地及安装</td><td>合格</td></tr>
<tr><td>阻抗匹配</td><td>合格</td></tr>
<tr><td>2</td><td colspan="2">放声系统分布</td><td>合格</td></tr>
<tr><td rowspan="4">3</td><td rowspan="4">音质质量</td><td>最高输出电平</td><td>合格</td></tr>
<tr><td>输出信噪比</td><td>合格</td></tr>
<tr><td>声压级</td><td>合格</td></tr>
<tr><td>频宽</td><td>合格</td></tr>
<tr><td>4</td><td colspan="2">音响效果主观评价</td><td>合格</td></tr>
<tr><td rowspan="4">5</td><td rowspan="4">功能检测</td><td>业务内容</td><td>合格</td></tr>
<tr><td>消防联动</td><td>合格</td></tr>
<tr><td>功放冗余</td><td>合格</td></tr>
<tr><td>分区划分</td><td>合格</td></tr>
<tr><td></td><td></td><td></td><td></td></tr>
<tr><td></td><td></td><td></td><td></td><td></td></tr>
<tr><td colspan="5">检测结论：
经检验，符合设计要求及规范规定</td></tr>
</table>

<table>
<tr><td rowspan="3">签字栏</td><td rowspan="2">施工单位</td><td rowspan="2">××机电工程有限公司</td><td>专业技术负责人</td><td>专业质检员</td><td>检测人员</td></tr>
<tr><td>×××</td><td>×××</td><td>×××</td></tr>
<tr><td>监理(建设)单位</td><td colspan="2">××工程建设监理有限公司</td><td>专业工程师</td><td>×××</td></tr>
</table>

注：本表由施工单位填写。

<table>
<tr><td colspan="3">会议电视系统自检测记录</td><td>资料编号</td><td colspan="2">×××</td></tr>
<tr><td colspan="2">工程名称</td><td>××办公楼工程</td><td>检测时间</td><td colspan="2">××年×月×日</td></tr>
<tr><td colspan="2">部　位</td><td colspan="4">二层</td></tr>
<tr><td colspan="3">检测内容</td><td>检测记录</td><td colspan="2">备　注</td></tr>
<tr><td>1</td><td>单机测试</td><td>指标符合设计或生产厂家说明书要求</td><td>符合要求</td><td colspan="2" rowspan="5">执行YD5033的规定或符合设计要求的为合格</td></tr>
<tr><td rowspan="4">2</td><td rowspan="4">信道测试（传输性能限值）</td><td>国内段电视会议链路：传输信道速率2048kbps，误比特率（BER）1×10^{-6}；1小时最大误码数7142；1小时严重误码事件为0；无误码秒（EFS%）92</td><td>符合要求</td></tr>
<tr><td>国际段电视会议链路：传输信道速率2048kbps，误比特率（BER）1×10^{-6}；1小时最大误码数7142；1小时严重误码事件为2；无误码秒（EFS%）92</td><td>符合要求</td></tr>
<tr><td>国内、国际全程链路：传输信道速率2048kbps，误比特率（BER）3×10^{-6}；1小时最大误码数21427；1小时严重误码事件为2；无误码秒（EFS%）92</td><td>符合要求</td></tr>
<tr><td>国内段电视会议链路：传输信道速率64kbps，误比特率（BER）1×10^{-6}</td><td>符合要求</td></tr>
<tr><td rowspan="2">3</td><td rowspan="2">系统效果质量检测</td><td>主观评定画面质量和声音清晰度</td><td>符合要求</td><td colspan="2"></td></tr>
<tr><td>外接时钟度不低于10^{-12}量级</td><td>符合要求</td><td colspan="2"></td></tr>
<tr><td>4</td><td>监测管理系统检测</td><td>具备本地、远端监测、诊断和实时显示功能</td><td>符合要求</td><td colspan="2"></td></tr>
<tr><td colspan="6">检测结论：
经检验，符合设计要求及规范规定</td></tr>
<tr><td rowspan="3">签字栏</td><td rowspan="2">施工单位</td><td rowspan="2">××机电工程有限公司</td><td>专业技术负责人</td><td>专业质检员</td><td>检测人员</td></tr>
<tr><td>×××</td><td>×××</td><td>×××</td></tr>
<tr><td>监理（建设）单位</td><td colspan="2">××工程建设监理有限公司</td><td>专业工程师</td><td>×××</td></tr>
</table>

注：本表由施工单位填写。

接入网设备安装工程自检测记录			资料编号	×××
工程名称		××办公楼工程	检测时间	××年×月×日
部　位		大厦机房		
检测内容			检测记录	备　注
1	安装环境检查	机房环境	合格	符合设计要求者为合格
		电源	合格	
		接地电阻值	合格	
2	设备安装检查	管线敷设	合格	符合设计要求者为合格
		设备机柜及模块	合格	
3	收发器线路接口	功率谱密度	合格	符合设计要求者为合格
		纵向平衡损耗	合格	
		过压保护	合格	
	用户网络接口	25.6Mbit/s 电接口	合格	
		10BASE-T 接口	合格	
		USB 接口	合格	
		PCI 接口	合格	
	业务节点接口(SNI)	STM-1(155Mbit/s)光接口	合格	
		电信接口	合格	
	分离器测试		合格	
	传输性能测试		合格	
	功能验证测试	传输功能	合格	
		管理功能	合格	
检测结论： 经检验，符合设计要求及规范规定				

签字栏	施工单位	××机电工程有限公司	专业技术负责人	专业质检员	检测人员
			×××	×××	×××
	监理(建设)单位	××工程建设监理有限公司		专业工程师	×××

注：本表由施工单位填写。

<table>
<tr><td colspan="3">卫星数字电视系统自检测记录</td><td>资料编号</td><td>×××</td></tr>
<tr><td colspan="2">工程名称</td><td>××办公楼工程</td><td>检测时间</td><td>××年×月×日</td></tr>
<tr><td colspan="2">部　位</td><td colspan="3">地下一层机房</td></tr>
<tr><td colspan="3">检测内容</td><td>检测记录</td><td>备　注</td></tr>
<tr><td>1</td><td colspan="2">卫星天线的安装质量</td><td>合格</td><td rowspan="4">符合国家现行标准的为合格</td></tr>
<tr><td>2</td><td colspan="2">高频头至室内单元的线距</td><td>合格</td></tr>
<tr><td>3</td><td colspan="2">功放器及接收站位置</td><td>合格</td></tr>
<tr><td>4</td><td colspan="2">缆线连接的可靠性</td><td>合格</td></tr>
<tr><td>5</td><td colspan="2">系统输出电平(dBμm)</td><td>−57</td><td>−30～−60</td></tr>
<tr><td></td><td colspan="2"></td><td></td><td></td></tr>
<tr><td></td><td colspan="2"></td><td></td><td></td></tr>
<tr><td></td><td colspan="2"></td><td></td><td></td></tr>
<tr><td></td><td colspan="2"></td><td></td><td></td></tr>
<tr><td></td><td colspan="2"></td><td></td><td></td></tr>
<tr><td></td><td colspan="2"></td><td></td><td></td></tr>
<tr><td></td><td colspan="2"></td><td></td><td></td></tr>
<tr><td></td><td colspan="2"></td><td></td><td></td></tr>
<tr><td></td><td colspan="2"></td><td></td><td></td></tr>
<tr><td colspan="5">检测结论：
经检验，符合设计要求及规范规定</td></tr>
</table>

<table>
<tr><td rowspan="3">签字栏</td><td rowspan="2">施工单位</td><td rowspan="2">××机电工程有限公司</td><td>专业技术负责人</td><td>专业质检员</td><td>检测人员</td></tr>
<tr><td>×××</td><td>×××</td><td>×××</td></tr>
<tr><td>监理(建设)单位</td><td colspan="2">××工程建设监理有限公司</td><td>专业工程师</td><td>×××</td></tr>
</table>

注：本表由施工单位填写。

有线电视系统自检测记录			资料编号	×××
工程名称		××办公楼工程	检测时间	××年×月×日
部　　位		全系统		
检测内容			检测记录	备　　注
1	系统输出电平(dBμV)(系统内的所有频道)		78	60～80
2	系统载噪比(系统总频道的10%)		合格	无噪波,即无“雪花干扰”
3	载波互调比(系统总频道的10%)		合格	图像中无垂直、倾斜或水平条纹
4	交扰调制比(系统总频道的10%)		合格	图像中无移动、垂直或斜图案,即无“窜台”
5	回波值(系统总频道的10%)		合格	图像中无沿水平方向分布在右边一条或多条轮廓线,即无“重影”
6	色/亮度时延差(系统总频道的10%)		合格	图像中色、亮信息对齐,即无“彩色鬼影”
7	载波交流声(系统总频道的10%)		合格	图像中无上下移动的水平条纹,即无“滚道”现象
8	伴音和调频广播的声音(系统总频道的10%)		合格	无背景噪声,如丝丝声、哼声、蜂鸣声和串音等
9	电视图像主观评价≥4分		4	

检测结论:

经检验,符合设计要求及规范规定

签字栏	施工单位	××机电工程有限公司	专业技术负责人	专业质检员	检测人员
			×××	×××	×××
	监理(建设)单位	××工程建设监理有限公司		专业工程师	×××

注:本表由施工单位填写。

4.2.6 《信息网络系统检测记录》填写范例

<table>
<tr><td colspan="3">计算机网络系统自检测记录</td><td>资料编号</td><td>×××</td></tr>
<tr><td colspan="2">工程名称</td><td>××办公楼工程</td><td>检测时间</td><td>××年×月×日</td></tr>
<tr><td colspan="2">部　位</td><td colspan="3">8层</td></tr>
<tr><td colspan="3">检测内容</td><td>检测记录</td><td>备　注</td></tr>
<tr><td>1</td><td colspan="2">网络设备连通性</td><td>合格</td><td rowspan="5">执行 GB 50339
第 7.2.3 条中规定</td></tr>
<tr><td rowspan="3">2</td><td rowspan="3">各用户间
通信性能</td><td>允许通信</td><td>合格</td></tr>
<tr><td>不允许通信</td><td>合格</td></tr>
<tr><td>符合设计规定</td><td>合格</td></tr>
<tr><td>3</td><td colspan="2">局域网与公用网连通性</td><td>合格</td></tr>
<tr><td>4</td><td colspan="2">路由检测</td><td>合格</td><td>执行 GB 50339
第 7.2.5 条中规定</td></tr>
<tr><td rowspan="5">5</td><td rowspan="5">容错
功能检测</td><td>故障判断</td><td>合格</td><td rowspan="5">执行 GB 50339
第 7.2.8 条中规定</td></tr>
<tr><td>自动恢复</td><td>合格</td></tr>
<tr><td>切换时间</td><td>合格</td></tr>
<tr><td>故障隔离</td><td>合格</td></tr>
<tr><td>自动切换</td><td>合格</td></tr>
<tr><td rowspan="6">6</td><td rowspan="6">网络管理
功能检测</td><td>拓扑图</td><td>合格</td><td rowspan="6">执行 GB 50339
第 7.2.10 条中规定</td></tr>
<tr><td>设备连接图</td><td>合格</td></tr>
<tr><td>自诊断</td><td>合格</td></tr>
<tr><td>节点流量</td><td>合格</td></tr>
<tr><td>广播率</td><td>合格</td></tr>
<tr><td>错误率</td><td>合格</td></tr>
<tr><td colspan="5">检测结论：
经检验，符合设计要求及规范规定</td></tr>
</table>

<table>
<tr><td rowspan="3">签字栏</td><td rowspan="2">施工单位</td><td rowspan="2">××机电工程
有限公司</td><td>专业技术负责人</td><td>专业质检员</td><td>检测人员</td></tr>
<tr><td>×××</td><td>×××</td><td>×××</td></tr>
<tr><td>监理(建设)单位</td><td colspan="2">××工程建设监理有限公司</td><td>专业工程师</td><td>×××</td></tr>
</table>

注：本表由施工单位填写。

<table>
<tr><td colspan="3">应用软件系统自检测记录</td><td>资料编号</td><td>×××</td></tr>
<tr><td colspan="2">工程名称</td><td>××办公楼工程</td><td>检测时间</td><td>××年×月×日</td></tr>
<tr><td colspan="2">部　位</td><td colspan="3">全系统</td></tr>
<tr><td colspan="3">检测内容</td><td>检测记录</td><td>备　注</td></tr>
<tr><td rowspan="2">1</td><td rowspan="2">功能性测试</td><td>安装:按安装手册中的规定成功安装</td><td>符合规范规定</td><td rowspan="10">执行 GB 50339
相应规定</td></tr>
<tr><td>功能:按使用说明书中的范例、逐项测试</td><td>符合规范规定</td></tr>
<tr><td rowspan="4">2</td><td rowspan="4">性能测试</td><td>响应时间</td><td>符合规范规定</td></tr>
<tr><td>吞吐量</td><td>符合规范规定</td></tr>
<tr><td>辅助存储区</td><td>符合规范规定</td></tr>
<tr><td>处理精度测试</td><td>符合规范规定</td></tr>
<tr><td>3</td><td colspan="2">文档测试</td><td>符合规范规定</td></tr>
<tr><td>4</td><td colspan="2">可靠性测试</td><td>符合规范规定</td></tr>
<tr><td>5</td><td colspan="2">互连测试</td><td>符合规范规定</td></tr>
<tr><td>6</td><td colspan="2">回归(一致性)测试</td><td>符合规范规定</td></tr>
<tr><td>7</td><td colspan="2">操作界面测试</td><td>符合规范规定</td><td>执行 GB 50339
相应规定</td></tr>
<tr><td>8</td><td colspan="2">可扩展性测试</td><td>符合规范规定</td><td rowspan="2">执行 GB 50339
相应规定</td></tr>
<tr><td>9</td><td colspan="2">可维护性测试</td><td>符合规范规定</td></tr>
<tr><td></td><td colspan="2"></td><td></td><td></td></tr>
<tr><td></td><td colspan="2"></td><td></td><td></td></tr>
<tr><td></td><td colspan="2"></td><td></td><td></td></tr>
<tr><td colspan="5">检测结论:
经检验,符合设计要求及规范规定</td></tr>
</table>

<table>
<tr><td rowspan="3">签字栏</td><td rowspan="2">施工单位</td><td rowspan="2">××机电工程
有限公司</td><td>专业技术负责人</td><td>专业质检员</td><td>检测人员</td></tr>
<tr><td>×××</td><td>×××</td><td>×××</td></tr>
<tr><td>监理(建设)单位</td><td colspan="2">××工程建设监理有限公司</td><td>专业工程师</td><td>×××</td></tr>
</table>

注:本表由施工单位填写。

4.2.7 《建筑设备监控系统检测记录》填写范例

<table>
<tr><td colspan="2">变配电系统自检测记录</td><td>资料编号</td><td>×××</td></tr>
<tr><td colspan="2">工程名称</td><td>××办公楼工程</td><td>检测时间</td><td>××年×月×日</td></tr>
<tr><td colspan="2">部　　位</td><td colspan="3">配电室</td></tr>
<tr><td colspan="3">检测内容</td><td>检测记录</td><td>备　　注</td></tr>
<tr><td>1</td><td colspan="2">电气参数测量</td><td>合格</td><td rowspan="3">各类参数合格率 100%时为检测合格</td></tr>
<tr><td>2</td><td colspan="2">电气设备工作状态测量</td><td>合格</td></tr>
<tr><td>3</td><td colspan="2">变配电系统故障报警</td><td>合格</td></tr>
<tr><td>4</td><td colspan="2">高低压配电柜运行状态</td><td>合格</td><td rowspan="6">各项参数合格率 100%时为检测合格</td></tr>
<tr><td>5</td><td colspan="2">电力变压器温度</td><td>合格</td></tr>
<tr><td>6</td><td colspan="2">应急发电机组工作状态</td><td>合格</td></tr>
<tr><td>7</td><td colspan="2">储油罐液位</td><td>合格</td></tr>
<tr><td>8</td><td colspan="2">蓄电池组及充电设备工作状态</td><td>合格</td></tr>
<tr><td>9</td><td colspan="2">不间断电源工作状态</td><td>合格</td></tr>
<tr><td></td><td colspan="2"></td><td></td><td></td></tr>
<tr><td></td><td colspan="2"></td><td></td><td></td></tr>
<tr><td></td><td colspan="2"></td><td></td><td></td></tr>
<tr><td></td><td colspan="2"></td><td></td><td></td></tr>
<tr><td></td><td colspan="2"></td><td></td><td></td></tr>
<tr><td></td><td colspan="2"></td><td></td><td></td></tr>
<tr><td></td><td colspan="2"></td><td></td><td></td></tr>
<tr><td colspan="5">检测结论：
经检验，符合设计要求及规范规定</td></tr>
</table>

<table>
<tr><td rowspan="3">签字栏</td><td rowspan="2">施工单位</td><td rowspan="2">××机电工程有限公司</td><td>专业技术负责人</td><td>专业质检员</td><td>检测人员</td></tr>
<tr><td>×××</td><td>×××</td><td>×××</td></tr>
<tr><td>监理(建设)单位</td><td colspan="2">××工程建设监理有限公司</td><td>专业工程师</td><td>×××</td></tr>
</table>

注：本表由施工单位填写。

<table>
<tr><td colspan="3">电梯和自动扶梯系统自检测记录</td><td>资料编号</td><td>×××</td></tr>
<tr><td colspan="2">工程名称</td><td>××办公楼工程</td><td>检测时间</td><td>××年×月×日</td></tr>
<tr><td colspan="2">部　　位</td><td colspan="3">电梯机房</td></tr>
<tr><td colspan="3">检测内容</td><td>检测记录</td><td>备　　注</td></tr>
<tr><td rowspan="2">1</td><td rowspan="2">电梯系统</td><td>电梯运行状态</td><td>合格</td><td rowspan="2">各系统检测合格率 100%时为检测合格</td></tr>
<tr><td>故障检测记录与报警</td><td>合格</td></tr>
<tr><td rowspan="2">2</td><td rowspan="2">自动扶梯系统</td><td>扶梯运行状态</td><td>合格</td><td rowspan="2">各系统检测合格率 100%时为检测合格</td></tr>
<tr><td>故障检测记录与报警</td><td>合格</td></tr>
<tr><td></td><td colspan="2"></td><td></td><td></td></tr>
<tr><td></td><td colspan="2"></td><td></td><td></td></tr>
<tr><td></td><td colspan="2"></td><td></td><td></td></tr>
<tr><td></td><td colspan="2"></td><td></td><td></td></tr>
<tr><td></td><td colspan="2"></td><td></td><td></td></tr>
<tr><td></td><td colspan="2"></td><td></td><td></td></tr>
<tr><td></td><td colspan="2"></td><td></td><td></td></tr>
<tr><td></td><td colspan="2"></td><td></td><td></td></tr>
<tr><td></td><td colspan="2"></td><td></td><td></td></tr>
<tr><td></td><td colspan="2"></td><td></td><td></td></tr>
<tr><td></td><td colspan="2"></td><td></td><td></td></tr>
<tr><td colspan="5">检测结论：
经检验，符合设计要求及规范规定</td></tr>
</table>

<table>
<tr><td rowspan="3">签字栏</td><td rowspan="2">施工单位</td><td rowspan="2">××机电工程有限公司</td><td>专业技术负责人</td><td>专业质检员</td><td>检测人员</td></tr>
<tr><td>×××</td><td>×××</td><td>×××</td></tr>
<tr><td>监理（建设）单位</td><td colspan="2">××工程建设监理有限公司</td><td>专业工程师</td><td>×××</td></tr>
</table>

注：本表由施工单位填写。

<table>
<tr><td colspan="3">给排水系统自检测记录</td><td>资料编号</td><td>×××</td></tr>
<tr><td colspan="2">工程名称</td><td>××办公楼工程</td><td>检测时间</td><td>××年×月×日</td></tr>
<tr><td colspan="2">部　位</td><td colspan="3">Ⅰ区</td></tr>
<tr><td colspan="3">检测内容</td><td>检测记录</td><td>备　注</td></tr>
<tr><td rowspan="6">1</td><td rowspan="6">给水系统</td><td>液位</td><td>合格</td><td rowspan="6">被检系统合格率100%时为系统检测合格</td></tr>
<tr><td>压力</td><td>合格</td></tr>
<tr><td>水泵运行状态</td><td>合格</td></tr>
<tr><td>自动调节水泵转速</td><td>合格</td></tr>
<tr><td>水泵投运切换</td><td>合格</td></tr>
<tr><td>故障报警及保护</td><td>合格</td></tr>
<tr><td rowspan="6">2</td><td rowspan="6">排水系统</td><td>液位</td><td>合格</td><td rowspan="6">被检系统合格率100%时为系统检测合格</td></tr>
<tr><td>压力</td><td>合格</td></tr>
<tr><td>水泵运行状态</td><td>合格</td></tr>
<tr><td>自动调节水泵转速</td><td>合格</td></tr>
<tr><td>水泵投运切换</td><td>合格</td></tr>
<tr><td>故障报警及保护</td><td>合格</td></tr>
<tr><td rowspan="3">3</td><td rowspan="3">中水系统监控</td><td>液位</td><td>合格</td><td rowspan="3">被检系统合格率100%时为系统检测合格</td></tr>
<tr><td>压力</td><td>合格</td></tr>
<tr><td>水泵运行状态</td><td>合格</td></tr>
<tr><td colspan="5">检测结论：
经检验，符合设计要求及规范规定</td></tr>
</table>

<table>
<tr><td rowspan="3">签字栏</td><td rowspan="2">施工单位</td><td rowspan="2">××机电工程有限公司</td><td>专业技术负责人</td><td>专业质检员</td><td>检测人员</td></tr>
<tr><td>×××</td><td>×××</td><td>×××</td></tr>
<tr><td>监理(建设)单位</td><td colspan="2">××工程建设监理有限公司</td><td>专业工程师</td><td>×××</td></tr>
</table>

注：本表由施工单位填写。

<table>
<tr><td colspan="3">公共照明系统自检测记录</td><td>资料编号</td><td>×××</td></tr>
<tr><td colspan="2">工程名称</td><td>××办公楼工程</td><td>检测时间</td><td>××年×月×日</td></tr>
<tr><td colspan="2">部　　位</td><td colspan="3">系统控制室</td></tr>
<tr><td colspan="3">检测内容</td><td>检测记录</td><td>备　　注</td></tr>
<tr><td rowspan="7">1</td><td rowspan="7">公共照明
设备监控</td><td>公共区域 1</td><td>合格</td><td rowspan="8">1. 以光照度或时间表为依据，检测控制动作正确性
2. 抽检合格率 100%时为检测合格</td></tr>
<tr><td>公共区域 2</td><td>合格</td></tr>
<tr><td>公共区域 3</td><td>合格</td></tr>
<tr><td>公共区域 4</td><td>合格</td></tr>
<tr><td>公共区域 5</td><td>合格</td></tr>
<tr><td>公共区域 6(园区或景观)</td><td>合格</td></tr>
<tr><td>公共区域 7(园区或景观)</td><td>合格</td></tr>
<tr><td>2</td><td colspan="2">检查手动开关功能</td><td></td></tr>
<tr><td></td><td colspan="2"></td><td></td><td></td></tr>
<tr><td></td><td colspan="2"></td><td></td><td></td></tr>
<tr><td></td><td colspan="2"></td><td></td><td></td></tr>
<tr><td></td><td colspan="2"></td><td></td><td></td></tr>
<tr><td></td><td colspan="2"></td><td></td><td></td></tr>
<tr><td></td><td colspan="2"></td><td></td><td></td></tr>
<tr><td></td><td colspan="2"></td><td></td><td></td></tr>
<tr><td></td><td colspan="2"></td><td></td><td></td></tr>
<tr><td colspan="5">检测结论：
经检验，符合设计要求及规范规定</td></tr>
</table>

<table>
<tr><td rowspan="3">签字栏</td><td rowspan="2">施工单位</td><td rowspan="2">××机电工程有限公司</td><td>专业技术负责人</td><td>专业质检员</td><td>检测人员</td></tr>
<tr><td>×××</td><td>×××</td><td>×××</td></tr>
<tr><td>监理(建设)单位</td><td colspan="2">××工程建设监理有限公司</td><td>专业工程师</td><td>×××</td></tr>
</table>

注：本表由施工单位填写。

<table>
<tr><td colspan="3">空调与通风系统自检测记录</td><td>资料编号</td><td colspan="3">×××</td></tr>
<tr><td colspan="2">工程名称</td><td>××办公楼工程</td><td>检测时间</td><td colspan="3">××年×月×日</td></tr>
<tr><td colspan="2">部　　位</td><td colspan="5">机房</td></tr>
<tr><td colspan="3">检测内容</td><td>检测记录</td><td colspan="3">备　　注</td></tr>
<tr><td rowspan="3">1</td><td rowspan="3">空调系统
温度控制</td><td>控制稳定性</td><td>合格</td><td colspan="3" rowspan="19">抽检设备合格率 100%时系统检测合格</td></tr>
<tr><td>响应时间</td><td>合格</td></tr>
<tr><td>控制效果</td><td>合格</td></tr>
<tr><td rowspan="3">2</td><td rowspan="3">空调系统
相对湿度控制</td><td>控制稳定性</td><td>合格</td></tr>
<tr><td>响应时间</td><td>合格</td></tr>
<tr><td>控制效果</td><td>合格</td></tr>
<tr><td rowspan="3">3</td><td rowspan="3">新风量
自动控制</td><td>控制稳定性</td><td>合格</td></tr>
<tr><td>响应时间</td><td>合格</td></tr>
<tr><td>控制效果</td><td>合格</td></tr>
<tr><td rowspan="3">4</td><td rowspan="3">预定时间表
自动启停</td><td>稳定性</td><td>合格</td></tr>
<tr><td>响应时间</td><td>合格</td></tr>
<tr><td>控制效果</td><td>合格</td></tr>
<tr><td rowspan="3">5</td><td rowspan="3">节能优化控制</td><td>稳定性</td><td>合格</td></tr>
<tr><td>响应时间</td><td>合格</td></tr>
<tr><td>控制效果</td><td>合格</td></tr>
<tr><td rowspan="2">6</td><td rowspan="2">设备连锁控制</td><td>正确性</td><td>合格</td></tr>
<tr><td>实时性</td><td>合格</td></tr>
<tr><td rowspan="2">7</td><td rowspan="2">故障报警</td><td>正确性</td><td>合格</td></tr>
<tr><td>实时性</td><td>合格</td></tr>
<tr><td colspan="7">检测结论：
经检验，符合设计要求及规范规定</td></tr>
<tr><td rowspan="3">签字栏</td><td rowspan="2">施工单位</td><td rowspan="2">××机电工程有限公司</td><td>专业技术负责人</td><td>专业质检员</td><td colspan="2">检测人员</td></tr>
<tr><td>×××</td><td>×××</td><td colspan="2">×××</td></tr>
<tr><td>监理（建设）单位</td><td colspan="2">××工程建设监理有限公司</td><td>专业工程师</td><td colspan="2">×××</td></tr>
</table>

注：本表由施工单位填写。

<table>
<tr><td colspan="3">冷冻和冷却水系统自检测记录</td><td>资料编号</td><td>×××</td></tr>
<tr><td colspan="2">工程名称</td><td>××办公楼工程</td><td>检测时间</td><td>××年×月×日</td></tr>
<tr><td colspan="2">部　　位</td><td colspan="3">系统设备间</td></tr>
<tr><td colspan="3">检测内容</td><td>检测记录</td><td>备　　注</td></tr>
<tr><td rowspan="6">1</td><td rowspan="6">冷冻水系统</td><td>参数检测</td><td>合格</td><td rowspan="6">各系统满足设计要求时为检测合格</td></tr>
<tr><td>系统负荷调节</td><td>合格</td></tr>
<tr><td>预定时间表启停</td><td>合格</td></tr>
<tr><td>节能优化控制</td><td>合格</td></tr>
<tr><td>故障检测记录与报警</td><td>合格</td></tr>
<tr><td>设备运行联动</td><td>合格</td></tr>
<tr><td rowspan="6">2</td><td rowspan="6">冷却水系统</td><td>参数检测</td><td>合格</td><td rowspan="6">各系统满足设计要求时为检测合格</td></tr>
<tr><td>系统负荷调节</td><td>合格</td></tr>
<tr><td>预定时间表启停</td><td>合格</td></tr>
<tr><td>节能优化控制</td><td>合格</td></tr>
<tr><td>故障检测记录与报警</td><td>合格</td></tr>
<tr><td>设备运行联动</td><td>合格</td></tr>
<tr><td>3</td><td colspan="2">能耗计量与统计</td><td>合格</td><td>满足设计要求为合格</td></tr>
<tr><td></td><td></td><td></td><td></td><td></td></tr>
<tr><td></td><td></td><td></td><td></td><td></td></tr>
<tr><td></td><td></td><td></td><td></td><td></td></tr>
<tr><td></td><td></td><td></td><td></td><td></td></tr>
<tr><td colspan="5">检测结论：
经检验，符合设计要求及规范规定</td></tr>
</table>

<table>
<tr><td rowspan="3">签字栏</td><td rowspan="2">施工单位</td><td rowspan="2">××机电工程有限公司</td><td>专业技术负责人</td><td>专业质检员</td><td>检测人员</td></tr>
<tr><td>×××</td><td>×××</td><td>×××</td></tr>
<tr><td>监理(建设)单位</td><td colspan="2">××工程建设监理有限公司</td><td>专业工程师</td><td>×××</td></tr>
</table>

注：本表由施工单位填写。

<table>
<tr><td colspan="3">热源和热交换系统自检测记录</td><td>资料编号</td><td>×××</td></tr>
<tr><td colspan="2">工程名称</td><td>××办公楼工程</td><td>检测时间</td><td>××年×月×日</td></tr>
<tr><td colspan="2">部　　位</td><td colspan="3">系统设备间</td></tr>
<tr><td colspan="3">检测内容</td><td>检测记录</td><td>备　　注</td></tr>
<tr><td rowspan="5">1</td><td rowspan="5">热源系统</td><td>参数检测</td><td>合格</td><td rowspan="5">系统检测合格率 100%时为检测合格</td></tr>
<tr><td>系统负荷调节</td><td>合格</td></tr>
<tr><td>预定时间表启停</td><td>合格</td></tr>
<tr><td>节能优化控制</td><td>合格</td></tr>
<tr><td>故障检测记录与报警</td><td>合格</td></tr>
<tr><td rowspan="5">2</td><td rowspan="5">热交换系统</td><td>参数检测</td><td>合格</td><td rowspan="5">系统检测合格率 100%时为检测合格</td></tr>
<tr><td>系统负荷调节</td><td>合格</td></tr>
<tr><td>预定时间表启停</td><td>合格</td></tr>
<tr><td>节能优化控制</td><td>合格</td></tr>
<tr><td>故障检测记录与报警</td><td>合格</td></tr>
<tr><td>3</td><td colspan="2">能耗计量与统计</td><td>合格</td><td>满足设计要求时为合格</td></tr>
<tr><td></td><td></td><td></td><td></td><td></td></tr>
<tr><td></td><td></td><td></td><td></td><td></td></tr>
<tr><td></td><td></td><td></td><td></td><td></td></tr>
<tr><td></td><td></td><td></td><td></td><td></td></tr>
<tr><td></td><td></td><td></td><td></td><td></td></tr>
<tr><td colspan="5">检测结论：
经检验，符合设计要求及规范规定</td></tr>
</table>

<table>
<tr><td rowspan="3">签字栏</td><td rowspan="2">施工单位</td><td rowspan="2">××机电工程有限公司</td><td>专业技术负责人</td><td>专业质检员</td><td>检测人员</td></tr>
<tr><td>×××</td><td>×××</td><td>×××</td></tr>
<tr><td>监理(建设)单位</td><td colspan="2">××工程建设监理有限公司</td><td>专业工程师</td><td>×××</td></tr>
</table>

注：本表由施工单位填写。

<table>
<tr><td colspan="3">数据通信接口系统自检测记录</td><td>资料编号</td><td>×××</td></tr>
<tr><td colspan="2">工程名称</td><td>××办公楼工程</td><td>检测时间</td><td>××年×月×日</td></tr>
<tr><td colspan="2">部 位</td><td colspan="3">系统控制室</td></tr>
<tr><td colspan="3">检测内容</td><td>检测记录</td><td>备 注</td></tr>
<tr><td rowspan="3">1</td><td rowspan="3">子系统 1</td><td>工作状态参数</td><td>合格</td><td rowspan="12">1. 各子系统通信接口,在工作站检测子系统运行参数,核实实际状态
2. 数据通信接口应按设计要求检测,检测合格率100%时为检测合格</td></tr>
<tr><td>报警信息</td><td>合格</td></tr>
<tr><td>控制命令响应</td><td>合格</td></tr>
<tr><td rowspan="3">2</td><td rowspan="3">子系统 2</td><td>工作状态参数</td><td>合格</td></tr>
<tr><td>报警信息</td><td>合格</td></tr>
<tr><td>控制命令响应</td><td>合格</td></tr>
<tr><td rowspan="3">3</td><td rowspan="3">子系统 3</td><td>工作状态参数</td><td>合格</td></tr>
<tr><td>报警信息</td><td>合格</td></tr>
<tr><td>控制命令响应</td><td>合格</td></tr>
<tr><td rowspan="3">4</td><td rowspan="3">子系统 4</td><td>工作状态参数</td><td>合格</td></tr>
<tr><td>报警信息</td><td>合格</td></tr>
<tr><td>控制命令响应</td><td>合格</td></tr>
<tr><td></td><td></td><td></td><td></td><td></td></tr>
<tr><td></td><td></td><td></td><td></td><td></td></tr>
<tr><td></td><td></td><td></td><td></td><td></td></tr>
<tr><td></td><td></td><td></td><td></td><td></td></tr>
<tr><td colspan="5">检测结论:
经检验,符合设计要求及规范规定</td></tr>
</table>

<table>
<tr><td rowspan="3">签字栏</td><td rowspan="2">施工单位</td><td rowspan="2">××机电工程有限公司</td><td>专业技术负责人</td><td>专业质检员</td><td>检测人员</td></tr>
<tr><td>×××</td><td>×××</td><td>×××</td></tr>
<tr><td>监理(建设)单位</td><td colspan="2">××工程建设监理有限公司</td><td>专业工程师</td><td>×××</td></tr>
</table>

注:本表由施工单位填写。

<table>
<tr><td colspan="3">系统实时性、可维护性、可靠性自检测记录</td><td>资料编号</td><td colspan="2">×××</td></tr>
<tr><td colspan="2">工程名称</td><td>××办公楼工程</td><td>检测时间</td><td colspan="2">××年×月×日</td></tr>
<tr><td colspan="2">部　位</td><td colspan="4">全系统</td></tr>
<tr><td colspan="3">检测内容</td><td>检测记录</td><td colspan="2">备　注</td></tr>
<tr><td>1</td><td colspan="2">关键数据采样速度</td><td>合格</td><td colspan="2" rowspan="2">检测合格率达90%为合格</td></tr>
<tr><td>2</td><td colspan="2">系统响应时间</td><td>合格</td></tr>
<tr><td>3</td><td colspan="2">报警信息响应速度</td><td>合格</td><td colspan="2">检测合格率100%为合格</td></tr>
<tr><td>4</td><td colspan="2">应用软件在线编程和修改功能</td><td>合格</td><td colspan="2" rowspan="6">对相应功能进行验证，功能得到验证或工作正常时为合格</td></tr>
<tr><td>5</td><td colspan="2">设备故障自检测</td><td>合格</td></tr>
<tr><td>6</td><td colspan="2">网络通信故障自检测</td><td>合格</td></tr>
<tr><td>7</td><td colspan="2">系统可靠性：启停设备时</td><td>合格</td></tr>
<tr><td>8</td><td colspan="2">电源切换为UPS供电时</td><td>合格</td></tr>
<tr><td>9</td><td colspan="2">中央站冗余主机自动投入时</td><td>合格</td></tr>
<tr><td></td><td colspan="2"></td><td></td><td colspan="2"></td></tr>
<tr><td></td><td colspan="2"></td><td></td><td colspan="2"></td></tr>
<tr><td></td><td colspan="2"></td><td></td><td colspan="2"></td></tr>
<tr><td></td><td colspan="2"></td><td></td><td colspan="2"></td></tr>
<tr><td></td><td colspan="2"></td><td></td><td colspan="2"></td></tr>
<tr><td></td><td colspan="2"></td><td></td><td colspan="2"></td></tr>
<tr><td></td><td colspan="2"></td><td></td><td colspan="2"></td></tr>
<tr><td colspan="6">检测结论：
经检验，符合设计要求及规范规定</td></tr>
<tr><td rowspan="3">签字栏</td><td rowspan="2">施工单位</td><td rowspan="2">××机电工程有限公司</td><td>专业技术负责人</td><td>专业质检员</td><td>检测人员</td></tr>
<tr><td>×××</td><td>×××</td><td>×××</td></tr>
<tr><td>监理（建设）单位</td><td colspan="2">××工程建设监理有限公司</td><td>专业工程师</td><td>×××</td></tr>
</table>

注：本表由施工单位填写。

<table>
<tr><td colspan="2">中央管理工作站及操作分站自检测记录</td><td>资料编号</td><td>×××</td></tr>
<tr><td colspan="2">工程名称 ××办公楼工程</td><td>检测时间</td><td>××年×月×日</td></tr>
<tr><td>部　位</td><td colspan="3">中央管理工作站</td></tr>
<tr><td colspan="2">检测内容</td><td>检测记录</td><td>备　注</td></tr>
<tr><td>1</td><td>数据测量显示</td><td>合格</td><td rowspan="10">全部项目满足设计要求时为检测合格</td></tr>
<tr><td>2</td><td>设备运行状态显示</td><td>合格</td></tr>
<tr><td>3</td><td>报警信息显示</td><td>合格</td></tr>
<tr><td>4</td><td>报警信息存储统计和打印</td><td>合格</td></tr>
<tr><td>5</td><td>设备控制和管理</td><td>合格</td></tr>
<tr><td>6</td><td>数据存储和统计</td><td>合格</td></tr>
<tr><td>7</td><td>历史数据趋势图</td><td>合格</td></tr>
<tr><td>8</td><td>数据报表生成和打印</td><td>合格</td></tr>
<tr><td>9</td><td>人机界面</td><td>合格</td></tr>
<tr><td>10</td><td>操作权限设定</td><td>合格</td></tr>
<tr><td></td><td></td><td></td><td></td></tr>
<tr><td></td><td></td><td></td><td></td></tr>
<tr><td></td><td></td><td></td><td></td></tr>
<tr><td></td><td></td><td></td><td></td></tr>
<tr><td colspan="4">检测结论：
经检验，符合设计要求及规范规定</td></tr>
</table>

<table>
<tr><td rowspan="3">签字栏</td><td rowspan="2">施工单位</td><td rowspan="2">××机电工程有限公司</td><td>专业技术负责人</td><td>专业质检员</td><td>检测人员</td></tr>
<tr><td>×××</td><td>×××</td><td>×××</td></tr>
<tr><td>监理（建设）单位</td><td colspan="2">××工程建设监理有限公司</td><td>专业工程师</td><td>×××</td></tr>
</table>

注：本表由施工单位填写。

4.2.8 《火灾自动报警及消防联动系统自检测记录》填写范例

火灾自动报警及消防联动系统自检测记录			资料编号	×××
工程名称		××办公楼工程	检测时间	××年×月×日
部　位		机房		
检 测 内 容			检测记录	备　注
1	系统检测	执行 GB 50166 规范	合格	系统检测报告 GB 50166 规定,使用 GB 50166 的附录表格
		系统应为独立系统	合格	
2	系统联动	与其他系统联动	合格	满足设计要求为检测合格
3	系统电磁兼容性防护		合格	
4	火灾报警控制器人机界面	汉化图形界面	合格	符合设计要求为检测合格
		中文屏幕菜单	合格	
5	接口通信功能	消防控制室与建筑设备监控系统	合格	符合设计要求为检测合格
		消防控制室与安全防范系统	合格	
6	系统关联功能	公共广播与紧急广播共用	合格	符合 GB 50166 有关规定符合设计要求为检测合格
		安全防范子系统对火灾响应与操作	合格	
7	火灾探测器性能及安装状况	智能性	合格	符合设计要求为检测合格
		普通性	合格	
8	新型消防设施设置及功能	早期烟雾探测	合格	符合设计要求为检测合格
		大空间早期检测	合格	
		大空间红外图像矩阵火灾报警及灭火	合格	
		可燃气体泄漏报警及联动	合格	
9	消防控制室	控制室与其他系统合用时要求	合格	符合 GB 50166、GB 50314 的有关规定

检测结论:

经检验,符合设计要求及规范规定

签字栏	施工单位	××机电工程有限公司	专业技术负责人	专业质检员	检测人员
			×××	×××	×××
	监理(建设)单位	××工程建设监理有限公司		专业工程师	×××

注：本表由施工单位填写。

4.2.9 《安全防范系统自检测记录》填写范例

<table>
<tr><td colspan="3">安全防范综合管理系统自检测记录</td><td>资料编号</td><td>×××</td></tr>
<tr><td colspan="2">工程名称</td><td>××办公楼工程</td><td>检测时间</td><td>××年×月×日</td></tr>
<tr><td colspan="2">部　　位</td><td colspan="3">机房</td></tr>
<tr><td colspan="3">检 测 内 容</td><td>检测记录</td><td>备　　注</td></tr>
<tr><td rowspan="3">1</td><td rowspan="3">数据通信接口</td><td>对子系统工作状态观测并核实</td><td>合格</td><td rowspan="10">各项系统功能和软件功能检测合格率 100%时系统检测合格</td></tr>
<tr><td>对各子系统报警信息观测并核实</td><td>合格</td></tr>
<tr><td>发送命令时子系统响应情况</td><td>合格</td></tr>
<tr><td rowspan="7">2</td><td rowspan="7">综合管理系统</td><td>正确显示子系统工作状态</td><td>合格</td></tr>
<tr><td>对各类报警信息显示、记录、统计情况</td><td>合格</td></tr>
<tr><td>数据报表打印</td><td>合格</td></tr>
<tr><td>报警打印</td><td>合格</td></tr>
<tr><td>操作方便性</td><td>合格</td></tr>
<tr><td>人机界面友好、汉化、图形化</td><td>合格</td></tr>
<tr><td>对子系统的控制功能</td><td>合格</td></tr>
<tr><td></td><td></td><td></td><td></td><td></td></tr>
<tr><td></td><td></td><td></td><td></td><td></td></tr>
<tr><td></td><td></td><td></td><td></td><td></td></tr>
<tr><td></td><td></td><td></td><td></td><td></td></tr>
<tr><td></td><td></td><td></td><td></td><td></td></tr>
<tr><td colspan="5">检测结论：
经检验，符合设计要求及规范规定</td></tr>
</table>

<table>
<tr><td rowspan="3">签字栏</td><td rowspan="2">施工单位</td><td rowspan="2">××机电工程有限公司</td><td>专业技术负责人</td><td>专业质检员</td><td>检测人员</td></tr>
<tr><td>×××</td><td>×××</td><td>×××</td></tr>
<tr><td>监理(建设)单位</td><td colspan="2">××工程建设监理有限公司</td><td>专业工程师</td><td>×××</td></tr>
</table>

注：本表由施工单位填写。

<table>
<tr><td colspan="3">出入口控制(门禁)系统自检测记录</td><td>资料编号</td><td>×××</td></tr>
<tr><td colspan="2">工程名称</td><td>××办公楼工程</td><td>检测时间</td><td>××年×月×日</td></tr>
<tr><td colspan="2">部　　位</td><td colspan="3">机房</td></tr>
<tr><td colspan="3">检 测 内 容</td><td>检测记录</td><td>备　　注</td></tr>
<tr><td rowspan="3">1</td><td rowspan="3">控制器
独立工作时</td><td>准确性</td><td>合格</td><td rowspan="21">控制器，合格率100%为合格；各项系统功能和软件功能检测合格率100%时系统检测合格</td></tr>
<tr><td>实时性</td><td>合格</td></tr>
<tr><td>信息存储</td><td>合格</td></tr>
<tr><td rowspan="2">2</td><td rowspan="2">系统主机
接入时</td><td>控制器工作情况</td><td>合格</td></tr>
<tr><td>信息传输功能</td><td>合格</td></tr>
<tr><td rowspan="3">3</td><td rowspan="3">备用电源启动</td><td>准确性</td><td>合格</td></tr>
<tr><td>实时性</td><td>合格</td></tr>
<tr><td>信息的存储和恢复</td><td>合格</td></tr>
<tr><td>4</td><td>系统报警功能</td><td>非法强行入侵报警</td><td>合格</td></tr>
<tr><td rowspan="2">5</td><td rowspan="2">现场设备状态</td><td>接入率</td><td>合格</td></tr>
<tr><td>完好率</td><td>合格</td></tr>
<tr><td rowspan="2">6</td><td rowspan="2">出入口管理
系统</td><td>软件功能</td><td>合格</td></tr>
<tr><td>数据存储记录</td><td>合格</td></tr>
<tr><td rowspan="3">7</td><td rowspan="3">系统性能要求</td><td>实时性</td><td>合格</td></tr>
<tr><td>稳定性</td><td>合格</td></tr>
<tr><td>图形化界面</td><td>合格</td></tr>
<tr><td rowspan="2">8</td><td rowspan="2">系统安全性</td><td>分级授权</td><td>合格</td></tr>
<tr><td>操作信息记录</td><td>合格</td></tr>
<tr><td rowspan="2">9</td><td rowspan="2">软件综合评审</td><td>需求一致性</td><td>合格</td></tr>
<tr><td>文档资料标准化</td><td>合格</td></tr>
<tr><td>10</td><td>联动功能</td><td>是否符合设计要求</td><td>合格</td></tr>
<tr><td colspan="5">检测结论：
经检验，符合设计要求及规范规定</td></tr>
</table>

<table>
<tr><td rowspan="3">签字栏</td><td rowspan="2">施工单位</td><td rowspan="2">××机电工程有限公司</td><td>专业技术负责人</td><td>专业质检员</td><td>检测人员</td></tr>
<tr><td>×××</td><td>×××</td><td>×××</td></tr>
<tr><td>监理(建设)单位</td><td colspan="2">××工程建设监理有限公司</td><td>专业工程师</td><td>×××</td></tr>
</table>

注：本表由施工单位填写。

<table>
<tr><td colspan="3">入侵报警系统自检测记录</td><td>资料编号</td><td colspan="3">×××</td></tr>
<tr><td colspan="2">工程名称</td><td>××办公楼工程</td><td>检测时间</td><td colspan="3">××年×月×日</td></tr>
<tr><td colspan="2">部　位</td><td colspan="5">机房</td></tr>
<tr><td colspan="3">检 测 内 容</td><td>检测记录</td><td colspan="3">备　注</td></tr>
<tr><td rowspan="2">1</td><td rowspan="2">探测器设置</td><td>探测器盲区</td><td>合格</td><td colspan="3" rowspan="19">探测器检测合格率 100% 时为合格；各项系统功能和联动功能检测合格率为 100%时系统检测合格</td></tr>
<tr><td>防动物功能</td><td>合格</td></tr>
<tr><td rowspan="3">2</td><td rowspan="3">探测器防破坏功能</td><td>防拆报警</td><td>合格</td></tr>
<tr><td>信号线开路、短路报警</td><td>合格</td></tr>
<tr><td>电源线被剪报警</td><td>合格</td></tr>
<tr><td>3</td><td>探测器灵敏度</td><td>是否符合设计要求</td><td>合格</td></tr>
<tr><td rowspan="4">4</td><td rowspan="4">系统控制功能</td><td>系统撤防</td><td>合格</td></tr>
<tr><td>系统布防</td><td>合格</td></tr>
<tr><td>关机报警</td><td>合格</td></tr>
<tr><td>后备电源自动切换</td><td>合格</td></tr>
<tr><td rowspan="2">5</td><td rowspan="2">系统通信功能</td><td>报警信息传输</td><td>合格</td></tr>
<tr><td>报警响应</td><td>合格</td></tr>
<tr><td rowspan="2">6</td><td rowspan="2">现场设备</td><td>接入率</td><td>合格</td></tr>
<tr><td>完好率</td><td>合格</td></tr>
<tr><td>7</td><td colspan="2">系统联动功能</td><td>合格</td></tr>
<tr><td>8</td><td colspan="2">报警系统管理软件</td><td>合格</td></tr>
<tr><td>9</td><td colspan="2">报警事件数据存储</td><td>合格</td></tr>
<tr><td>10</td><td colspan="2">报警信息联网</td><td>合格</td></tr>
<tr><td colspan="7">检测结论：
经检验，符合设计要求及规范规定</td></tr>
<tr><td rowspan="3">签字栏</td><td rowspan="2">施工单位</td><td rowspan="2">××机电工程有限公司</td><td>专业技术负责人</td><td>专业质检员</td><td colspan="2">检测人员</td></tr>
<tr><td>×××</td><td>×××</td><td colspan="2">×××</td></tr>
<tr><td>监理(建设)单位</td><td colspan="2">××工程建设监理有限公司</td><td>专业工程师</td><td colspan="2">×××</td></tr>
</table>

注：本表由施工单位填写。

<table>
<tr><td colspan="4">视频安防监控系统自检测记录</td><td>资料编号</td><td>×××</td></tr>
<tr><td colspan="2">工程名称</td><td colspan="2">××办公楼工程</td><td>检测时间</td><td>××年×月×日</td></tr>
<tr><td colspan="2">部　　位</td><td colspan="4">机房</td></tr>
<tr><td colspan="4">检 测 内 容</td><td>检测记录</td><td>备　　注</td></tr>
<tr><td rowspan="4">1</td><td rowspan="4">设备功能</td><td colspan="2">云台转动</td><td>合格</td><td rowspan="23">设备检测合格率为100%时为合格;系统功能和联动功能检测合格率为100%系统检测合格</td></tr>
<tr><td colspan="2">镜头调节</td><td>合格</td></tr>
<tr><td colspan="2">图像切换</td><td>合格</td></tr>
<tr><td colspan="2">防护罩效果</td><td>合格</td></tr>
<tr><td rowspan="2">2</td><td rowspan="2">图像质量</td><td colspan="2">图像清晰度</td><td>合格</td></tr>
<tr><td colspan="2">抗干扰能力</td><td>合格</td></tr>
<tr><td rowspan="13">3</td><td rowspan="13">系统功能</td><td colspan="2">监控范围</td><td>合格</td></tr>
<tr><td colspan="2">设备接入率</td><td>合格</td></tr>
<tr><td colspan="2">完好率</td><td>合格</td></tr>
<tr><td rowspan="4">矩阵主机</td><td>切换控制</td><td>合格</td></tr>
<tr><td>编程</td><td>合格</td></tr>
<tr><td>巡检</td><td>合格</td></tr>
<tr><td>记录</td><td>合格</td></tr>
<tr><td rowspan="6">数字视频</td><td>主机死机</td><td>合格</td></tr>
<tr><td>显示速度</td><td>合格</td></tr>
<tr><td>联网通信</td><td>合格</td></tr>
<tr><td>存储速度</td><td>合格</td></tr>
<tr><td>检索</td><td>合格</td></tr>
<tr><td>回放</td><td>合格</td></tr>
<tr><td>4</td><td colspan="3">联动功能</td><td>合格</td></tr>
<tr><td>5</td><td colspan="3">图像记录保存时间</td><td>合格</td></tr>
<tr><td colspan="6">检测结论:
经检验,符合设计要求及规范规定</td></tr>
</table>

<table>
<tr><td rowspan="3">签字栏</td><td rowspan="2">施工单位</td><td rowspan="2">××机电工程有限公司</td><td>专业技术负责人</td><td>专业质检员</td><td>检测人员</td></tr>
<tr><td>×××</td><td>×××</td><td>×××</td></tr>
<tr><td>监理(建设)单位</td><td colspan="2">××工程建设监理有限公司</td><td>专业工程师</td><td>×××</td></tr>
</table>

注:本表由施工单位填写。

<table>
<tr><td colspan="3">停车场(库)管理系统自检测记录</td><td>资料编号</td><td>×××</td></tr>
<tr><td colspan="2">工程名称</td><td>××办公楼工程</td><td>检测时间</td><td>××年×月×日</td></tr>
<tr><td colspan="2">部　位</td><td colspan="3">停车场</td></tr>
<tr><td colspan="3">检 测 内 容</td><td>检测记录</td><td>备　注</td></tr>
<tr><td rowspan="2">1</td><td rowspan="2">车辆探测器</td><td>出入车辆灵敏度</td><td>合格</td><td rowspan="22">各项系统功能和软件功能检测合格率为100%为系统检测合格。其中车辆识别系统对车辆识别率达98%时为合格</td></tr>
<tr><td>抗干扰性能</td><td>合格</td></tr>
<tr><td rowspan="2">2</td><td rowspan="2">自动栅栏</td><td>升降功能</td><td>合格</td></tr>
<tr><td>防砸车功能</td><td>合格</td></tr>
<tr><td rowspan="2">3</td><td rowspan="2">读卡器</td><td>无效卡识别</td><td>合格</td></tr>
<tr><td>非接触卡读卡距离和灵敏度</td><td>合格</td></tr>
<tr><td rowspan="2">4</td><td rowspan="2">发卡(票)器</td><td>吐卡功能</td><td>合格</td></tr>
<tr><td>入场日期及时间记录</td><td>合格</td></tr>
<tr><td>5</td><td>满位显示器</td><td>功能是否正常</td><td>合格</td></tr>
<tr><td rowspan="9">6</td><td rowspan="9">管理中心</td><td>计费</td><td>合格</td></tr>
<tr><td>显示</td><td>合格</td></tr>
<tr><td>收费</td><td>合格</td></tr>
<tr><td>统计</td><td>合格</td></tr>
<tr><td>信息存储记录</td><td>合格</td></tr>
<tr><td>与监控站通信</td><td>合格</td></tr>
<tr><td>防折返</td><td>合格</td></tr>
<tr><td>空车位显示</td><td>合格</td></tr>
<tr><td>数据记录</td><td>合格</td></tr>
<tr><td>7</td><td>有图像功能的管理系统</td><td>图像记录清晰度</td><td>合格</td></tr>
<tr><td>8</td><td>联动功能</td><td></td><td>合格</td></tr>
<tr><td colspan="5">检测结论：
经检验，符合设计要求及规范规定</td></tr>
</table>

<table>
<tr><td rowspan="3">签字栏</td><td rowspan="2">施工单位</td><td rowspan="2">××机电工程有限公司</td><td>专业技术负责人</td><td>专业质检员</td><td>检测人员</td></tr>
<tr><td>×××</td><td>×××</td><td>×××</td></tr>
<tr><td>监理(建设)单位</td><td colspan="2">××工程建设监理有限公司</td><td>专业工程师</td><td>×××</td></tr>
</table>

注：本表由施工单位填写。

<table>
<tr><td colspan="3">巡更管理系统自检测记录</td><td>资料编号</td><td colspan="4">×××</td></tr>
<tr><td colspan="2">工程名称</td><td>××办公楼工程</td><td>检测时间</td><td colspan="4">××年×月×日</td></tr>
<tr><td colspan="2">部　　位</td><td colspan="6">安防监控室</td></tr>
<tr><td colspan="3">检 测 内 容</td><td>检测记录</td><td colspan="4">备　　注</td></tr>
<tr><td rowspan="2">1</td><td rowspan="2">系统设备功能</td><td>巡更终端</td><td>合格</td><td colspan="4" rowspan="15">巡更终端、读卡器检测合格率100%时为合格；各项系统功能和软件功能检测合格率为100%时系统检测合格</td></tr>
<tr><td>读卡器</td><td>合格</td></tr>
<tr><td rowspan="2">2</td><td rowspan="2">现场设备</td><td>接入率</td><td>合格</td></tr>
<tr><td>完好率</td><td>合格</td></tr>
<tr><td rowspan="8">3</td><td rowspan="8">巡更管理系统</td><td>编程、修改功能</td><td>合格</td></tr>
<tr><td>撤防、布防功能</td><td>合格</td></tr>
<tr><td>系统运行状态</td><td>合格</td></tr>
<tr><td>信息传输</td><td>合格</td></tr>
<tr><td>故障报警及准确性</td><td>合格</td></tr>
<tr><td>对巡更人员的监督和记录</td><td>合格</td></tr>
<tr><td>安全保障措施</td><td>合格</td></tr>
<tr><td>报警处理手段</td><td>合格</td></tr>
<tr><td rowspan="2">4</td><td rowspan="2">联网巡更管理系统</td><td>电子地图显示</td><td>合格</td></tr>
<tr><td>报警信息指示</td><td>合格</td></tr>
<tr><td>5</td><td colspan="2">联动功能</td><td>合格</td></tr>
<tr><td colspan="4"></td><td colspan="4"></td></tr>
<tr><td colspan="4"></td><td colspan="4"></td></tr>
<tr><td colspan="8">检测结论：
经检验，符合设计要求及规范规定</td></tr>
<tr><td rowspan="3">签字栏</td><td rowspan="2">施工单位</td><td rowspan="2" colspan="2">××机电工程有限公司</td><td>专业技术负责人</td><td>专业质检员</td><td colspan="2">检测人员</td></tr>
<tr><td>×××</td><td>×××</td><td colspan="2">×××</td></tr>
<tr><td>监理(建设)单位</td><td colspan="3">××工程建设监理有限公司</td><td>专业工程师</td><td colspan="2">×××</td></tr>
</table>

注：本表由施工单位填写。

<table>
<tr><td colspan="3">综合防范功能自检测记录</td><td>资料编号</td><td>×××</td></tr>
<tr><td colspan="2">工程名称</td><td>××办公楼工程</td><td>检测时间</td><td>××年×月×日</td></tr>
<tr><td colspan="2">部　位</td><td colspan="3">安防监控室</td></tr>
<tr><td colspan="3">检 测 内 容</td><td>检测记录</td><td>备　注</td></tr>
<tr><td rowspan="2">1</td><td rowspan="2">防范范围</td><td>设防情况</td><td>合格</td><td rowspan="17">综合防范功能符合设计要求时为检测合格</td></tr>
<tr><td>防范功能</td><td>合格</td></tr>
<tr><td rowspan="2">2</td><td rowspan="2">重点防范部位</td><td>设防情况</td><td>合格</td></tr>
<tr><td>防范功能</td><td>合格</td></tr>
<tr><td rowspan="2">3</td><td rowspan="2">要害部门</td><td>设防情况</td><td>合格</td></tr>
<tr><td>防范功能</td><td>合格</td></tr>
<tr><td>4</td><td colspan="2">设备运行情况</td><td>合格</td></tr>
<tr><td>5</td><td colspan="2">防范子系统之间的联动</td><td>合格</td></tr>
<tr><td rowspan="2">6</td><td rowspan="2">监控中心
图像记录</td><td>图像质量</td><td>合格</td></tr>
<tr><td>保存时间</td><td>合格</td></tr>
<tr><td rowspan="2">7</td><td rowspan="2">监控中心
报警记录</td><td>完整性</td><td>合格</td></tr>
<tr><td>保存时间</td><td>合格</td></tr>
<tr><td rowspan="3">8</td><td rowspan="3">系统集成</td><td>系统接口</td><td>合格</td></tr>
<tr><td>通信功能</td><td>合格</td></tr>
<tr><td>信息传输</td><td>合格</td></tr>
<tr><td></td><td></td><td></td><td></td><td></td></tr>
<tr><td></td><td></td><td></td><td></td><td></td></tr>
<tr><td></td><td></td><td></td><td></td><td></td></tr>
<tr><td colspan="5">检测结论：
经检验，符合设计要求及规范规定</td></tr>
</table>

<table>
<tr><td rowspan="3">签字栏</td><td rowspan="2">施工单位</td><td rowspan="2">××机电工程有限公司</td><td>专业技术负责人</td><td>专业质检员</td><td>检测人员</td></tr>
<tr><td>×××</td><td>×××</td><td>×××</td></tr>
<tr><td>监理(建设)单位</td><td colspan="2">××工程建设监理有限公司</td><td>专业工程师</td><td>×××</td></tr>
</table>

注：本表由施工单位填写，建设单位、施工单位各保存一份。

4.2.10 《综合布线系统性能自检测记录》填写范例

综合布线系统性能自检测记录			资料编号	×××
工程名称		××办公楼工程	检测时间	××年×月×日
部　　位		机房		
检测内容			检测记录	备　　注
1	工程电气性能检测	连接图	合格	执行 GB 50312 相应规定
		长度	合格	
		衰减	合格	
		近端串音(两段)	合格	
		其他特殊规定的测试内容	合格	
2	光纤特性检测	连通性	合格	
		衰减	合格	
		长度	合格	
3	综合布线管理系统		合格	执行 GB 50339 相应规定
4	中文平台管理软件		合格	
5	硬件设备图		合格	
6	楼层图		合格	
7	干线子系统及配线子系统配置		合格	
8	硬件设施工作状态		合格	

检测结论：

经检验,符合设计要求及规范规定

签字栏	施工单位	××机电工程有限公司	专业技术负责人	专业质检员	检测人员
			×××	×××	×××
	监理(建设)单位	××工程建设监理有限公司		专业工程师	×××

注：本表由施工单位填写。

4.2.11 《智能化集成系统自检测记录》填写范例

<table>
<tr><td colspan="3">系统集成可维护性和安全性自检测记录</td><td>资料编号</td><td>×××</td></tr>
<tr><td colspan="2">工程名称</td><td>××办公楼工程</td><td>检测时间</td><td>××年×月×日</td></tr>
<tr><td colspan="2">部　　位</td><td colspan="3">机房</td></tr>
<tr><td colspan="3">检 测 内 容</td><td>检测记录</td><td>备　　注</td></tr>
<tr><td rowspan="2">1</td><td rowspan="2">系统可靠性维护</td><td>可靠性维护说明及措施</td><td>合格</td><td rowspan="9">执行 GB 50339 相应的规定,符合设计要求的为合格</td></tr>
<tr><td>设定系统故障检查</td><td>合格</td></tr>
<tr><td rowspan="4">2</td><td rowspan="4">系统集成安全性</td><td>身份认证</td><td>合格</td></tr>
<tr><td>访问控制</td><td>合格</td></tr>
<tr><td>信息加密和解密</td><td>合格</td></tr>
<tr><td>抗病毒攻击能力</td><td>合格</td></tr>
<tr><td rowspan="3">3</td><td rowspan="3">工程实施及质量控制记录</td><td>真实性</td><td>合格</td></tr>
<tr><td>准确性</td><td>合格</td></tr>
<tr><td>完整性</td><td>合格</td></tr>
<tr><td></td><td></td><td></td><td></td><td></td></tr>
<tr><td></td><td></td><td></td><td></td><td></td></tr>
<tr><td></td><td></td><td></td><td></td><td></td></tr>
<tr><td></td><td></td><td></td><td></td><td></td></tr>
<tr><td></td><td></td><td></td><td></td><td></td></tr>
<tr><td></td><td></td><td></td><td></td><td></td></tr>
<tr><td colspan="5">检测结论:
经检验,符合设计要求及规范规定</td></tr>
</table>

<table>
<tr><td rowspan="3">签字栏</td><td rowspan="2">施工单位</td><td rowspan="2">××机电工程有限公司</td><td>专业技术负责人</td><td>专业质检员</td><td>检测人员</td></tr>
<tr><td>×××</td><td>×××</td><td>×××</td></tr>
<tr><td>监理(建设)单位</td><td colspan="2">××工程建设监理有限公司</td><td>专业工程师</td><td>×××</td></tr>
</table>

注：本表由施工单位填写。

<table>
<tr><td colspan="3">系统集成网络连接自检测记录</td><td>资料编号</td><td colspan="2">×××</td></tr>
<tr><td colspan="2">工程名称</td><td>××办公楼工程</td><td>检测时间</td><td colspan="2">××年×月×日</td></tr>
<tr><td colspan="2">部 位</td><td colspan="4">机房</td></tr>
<tr><td colspan="3">检 测 内 容</td><td>检测记录</td><td colspan="2">备 注</td></tr>
<tr><td>1</td><td colspan="2">连接线测试</td><td>合格</td><td colspan="2" rowspan="8">执行 GB 50339 相应规定检测合格率 100%时系统检测合格</td></tr>
<tr><td>2</td><td colspan="2">通信连接测试</td><td>合格</td></tr>
<tr><td>3</td><td colspan="2">专用网关接口连接测试</td><td>合格</td></tr>
<tr><td>4</td><td colspan="2">计算机网卡连接测试</td><td>合格</td></tr>
<tr><td>5</td><td colspan="2">通用路由器连接测试</td><td>合格</td></tr>
<tr><td>6</td><td colspan="2">交换机连接测试</td><td>合格</td></tr>
<tr><td>7</td><td colspan="2">系统连通性测试</td><td>合格</td></tr>
<tr><td>8</td><td colspan="2">网管工作站和网络设备通信测试</td><td>合格</td></tr>
<tr><td></td><td colspan="2"></td><td></td><td colspan="2"></td></tr>
<tr><td></td><td colspan="2"></td><td></td><td colspan="2"></td></tr>
<tr><td></td><td colspan="2"></td><td></td><td colspan="2"></td></tr>
<tr><td></td><td colspan="2"></td><td></td><td colspan="2"></td></tr>
<tr><td></td><td colspan="2"></td><td></td><td colspan="2"></td></tr>
<tr><td></td><td colspan="2"></td><td></td><td colspan="2"></td></tr>
<tr><td></td><td colspan="2"></td><td></td><td colspan="2"></td></tr>
<tr><td></td><td colspan="2"></td><td></td><td colspan="2"></td></tr>
<tr><td></td><td colspan="2"></td><td></td><td colspan="2"></td></tr>
<tr><td colspan="6">检测结论:
经检验,符合设计要求及规范规定</td></tr>
</table>

<table>
<tr><td rowspan="3">签字栏</td><td rowspan="2">施工单位</td><td rowspan="2">××机电工程有限公司</td><td>专业技术负责人</td><td>专业质检员</td><td>检测人员</td></tr>
<tr><td>×××</td><td>×××</td><td>×××</td></tr>
<tr><td>监理(建设)单位</td><td colspan="2">××工程建设监理有限公司</td><td>专业工程师</td><td>×××</td></tr>
</table>

注:本表由施工单位填写。

<table>
<tr><td colspan="3">系统集成综合管理及冗余功能自检测记录</td><td>资料编号</td><td>×××</td></tr>
<tr><td colspan="2">工程名称</td><td>××办公楼工程</td><td>检测时间</td><td>××年×月×日</td></tr>
<tr><td colspan="2">部　位</td><td colspan="3">机房</td></tr>
<tr><td colspan="3">检 测 内 容</td><td>检测记录</td><td>备　注</td></tr>
<tr><td>1</td><td colspan="2">综合管理功能</td><td>合格</td><td rowspan="13">执行 GB 50339 相应规定</td></tr>
<tr><td>2</td><td colspan="2">信息管理功能</td><td>合格</td></tr>
<tr><td>3</td><td colspan="2">信息服务功能</td><td>合格</td></tr>
<tr><td rowspan="3">4</td><td rowspan="3">视频图像接入时</td><td>图像显示</td><td>合格</td></tr>
<tr><td>图像切换</td><td>合格</td></tr>
<tr><td>图像传输</td><td>合格</td></tr>
<tr><td rowspan="6">5</td><td rowspan="6">系统冗余和容错功能</td><td>双机备份及切换</td><td>合格</td></tr>
<tr><td>数据库备份</td><td>合格</td></tr>
<tr><td>备用电源及切换</td><td>合格</td></tr>
<tr><td>通信链路冗余及切换</td><td>合格</td></tr>
<tr><td>故障自诊断</td><td>合格</td></tr>
<tr><td>事故条件下的安全保障措施</td><td>合格</td></tr>
<tr><td>6</td><td colspan="2">与火灾自动报警系统相关性</td><td>合格</td></tr>
<tr><td></td><td colspan="2"></td><td></td><td></td></tr>
<tr><td></td><td colspan="2"></td><td></td><td></td></tr>
<tr><td></td><td colspan="2"></td><td></td><td></td></tr>
<tr><td></td><td colspan="2"></td><td></td><td></td></tr>
<tr><td colspan="5">检测结论：
经检验，符合设计要求及规范规定</td></tr>
</table>

<table>
<tr><td rowspan="3">签字栏</td><td rowspan="2">施工单位</td><td rowspan="2">××机电工程有限公司</td><td>专业技术负责人</td><td>专业质检员</td><td>检测人员</td></tr>
<tr><td>×××</td><td>×××</td><td>×××</td></tr>
<tr><td>监理(建设)单位</td><td colspan="2">××工程建设监理有限公司</td><td>专业工程师</td><td>×××</td></tr>
</table>

注：本表由施工单位填写。

<table>
<tr><td colspan="3">系统数据集成及整体协调自检测记录</td><td>资料编号</td><td>×××</td></tr>
<tr><td colspan="2">工程名称</td><td>××办公楼工程</td><td>检测时间</td><td>××年×月×日</td></tr>
<tr><td colspan="2">部　　位</td><td colspan="3">全系统</td></tr>
<tr><td colspan="3">检 测 内 容</td><td>检测记录</td><td>备　　注</td></tr>
<tr><td rowspan="3">1</td><td rowspan="3">服务器端</td><td>人机界面</td><td>合格</td><td rowspan="9">执行 GB 50339
相应规定</td></tr>
<tr><td>显示数据</td><td>合格</td></tr>
<tr><td>响应时间</td><td>合格</td></tr>
<tr><td rowspan="3">2</td><td rowspan="3">客户端 1</td><td>人机界面</td><td>合格</td></tr>
<tr><td>显示数据</td><td>合格</td></tr>
<tr><td>响应时间</td><td>合格</td></tr>
<tr><td rowspan="3">3</td><td rowspan="3">客户端 2</td><td>人机界面</td><td>合格</td></tr>
<tr><td>显示数据</td><td>合格</td></tr>
<tr><td>响应时间</td><td>合格</td></tr>
<tr><td rowspan="2">4</td><td rowspan="2">系统的报警
信息及处理</td><td>服务器端</td><td>合格</td><td rowspan="7">执行 GB 50339
相应规定</td></tr>
<tr><td>有权限的客户端</td><td>合格</td></tr>
<tr><td rowspan="2">5</td><td rowspan="2">设备连锁控制</td><td>服务器端</td><td>合格</td></tr>
<tr><td>有权限的客户端</td><td>合格</td></tr>
<tr><td rowspan="3">6</td><td rowspan="3">应急状态的
联动逻辑检测</td><td>现场模拟火灾信号</td><td>合格</td></tr>
<tr><td>现场模拟非法侵入</td><td>合格</td></tr>
<tr><td>其他</td><td>合格</td></tr>
<tr><td></td><td></td><td></td><td></td><td></td></tr>
<tr><td></td><td></td><td></td><td></td><td></td></tr>
<tr><td colspan="5">检测结论：
经检验，符合设计要求及规范规定</td></tr>
</table>

<table>
<tr><td rowspan="3">签字栏</td><td rowspan="2">施工单位</td><td rowspan="2">××机电工程有限公司</td><td>专业技术负责人</td><td>专业质检员</td><td>检测人员</td></tr>
<tr><td>×××</td><td>×××</td><td>×××</td></tr>
<tr><td>监理(建设)单位</td><td colspan="2">××工程建设监理有限公司</td><td>专业工程师</td><td>×××</td></tr>
</table>

注：本表由施工单位填写。

4.2.12 《电源与接地系统自检测记录》填写范例

<table>
<tr><td colspan="3">防雷与接地系统自检测记录</td><td>资料编号</td><td>×××</td></tr>
<tr><td colspan="2">工程名称</td><td>××办公楼工程</td><td>检测时间</td><td>××年×月×日</td></tr>
<tr><td colspan="2">部　　位</td><td colspan="3">UPS 配电室</td></tr>
<tr><td colspan="3">检　测　内　容</td><td>检测记录</td><td>备　　注</td></tr>
<tr><td>1</td><td colspan="2">防雷与接地系统引接 GB 50303 验收合格的共用接地装置</td><td>合格</td><td rowspan="2">执行 GB 50339 相应规定</td></tr>
<tr><td>2</td><td colspan="2">建筑物金属体作接地装置接地电阻不应大于 1Ω</td><td>合格</td></tr>
<tr><td rowspan="4">3</td><td rowspan="4">采用单独接地装置</td><td>接地装置测试点的设置</td><td>合格</td><td>执行 GB 50303 相应规定</td></tr>
<tr><td>接地电阻值测试</td><td>合格</td><td>执行 GB 50303 相应规定</td></tr>
<tr><td>接地模块的埋没深度、间距和基坑尺寸</td><td>合格</td><td>执行 GB 50303 相应规定</td></tr>
<tr><td>接地模块设置应垂直或水平就位</td><td>合格</td><td>执行 GB 50303 相应规定</td></tr>
<tr><td rowspan="3">4</td><td rowspan="3">其他接地装置</td><td>防过流、过压元件接地装置</td><td>合格</td><td rowspan="3">其设置应符合设计要求，连接可靠</td></tr>
<tr><td>防电磁干扰屏蔽接地装置</td><td>合格</td></tr>
<tr><td>防静电接地装置</td><td>合格</td></tr>
<tr><td rowspan="2">5</td><td rowspan="2">等电位联结</td><td>建筑物等电位联结干线的连接及局部等电位箱间的连接</td><td>合格</td><td>执行 GB 50303 相应规定</td></tr>
<tr><td>等电位联结的线路最小允许截面积</td><td>合格</td><td>执行 GB 50303 相应规定</td></tr>
<tr><td rowspan="3">6</td><td rowspan="3">防过流和防过压接地装置、防电磁干扰屏蔽接地装置、防静电接地装置</td><td>接地装置埋没深度、间距和搭接长度</td><td>合格</td><td>执行 GB 50303 相应规定</td></tr>
<tr><td>接地装置的材质和最小允许规格</td><td>合格</td><td>执行 GB 50303 相应规定</td></tr>
<tr><td>接地模块与干线的连接和干线材质选用</td><td>合格</td><td>执行 GB 50303 相应规定</td></tr>
<tr><td rowspan="2">7</td><td rowspan="2">等电位联结</td><td>等电位联结的可接近裸露导体或其他金属部件、构件与支线的连接可靠，导通正常</td><td>合格</td><td>执行 GB 50303 相应规定</td></tr>
<tr><td>需等电位联结的高级装修金属部件或零件等电位联结的连接</td><td>合格</td><td>执行 GB 50303 相应规定</td></tr>
<tr><td colspan="5">检测结论：
经检验，符合设计要求及规范规定</td></tr>
</table>

<table>
<tr><td rowspan="3">签字栏</td><td rowspan="2">施工单位</td><td rowspan="2">××机电工程有限公司</td><td>专业技术负责人</td><td>专业质检员</td><td>检测人员</td></tr>
<tr><td>×××</td><td>×××</td><td>×××</td></tr>
<tr><td>监理(建设)单位</td><td colspan="2">××工程建设监理有限公司</td><td>专业工程师</td><td>×××</td></tr>
</table>

注：本表由施工单位填写。

<table>
<tr><td colspan="3">智能建筑电源自检测记录</td><td>资料编号</td><td>×××</td></tr>
<tr><td>工程名称</td><td colspan="2">××办公楼工程</td><td>检测时间</td><td>××年×月×日</td></tr>
<tr><td>部　　位</td><td colspan="4">UPS配电室</td></tr>
<tr><td colspan="3">检　测　内　容</td><td>检测记录</td><td>备　　注</td></tr>
<tr><td>1</td><td colspan="2">引接GB 50303验收合格的公用电源</td><td>合格</td><td>执行GB 50339相应规定</td></tr>
<tr><td>2</td><td colspan="2">稳流稳压、不间断电源装置</td><td>合格</td><td>执行GB 50303相应规定</td></tr>
<tr><td>3</td><td colspan="2">应急发电机组</td><td>合格</td><td>执行GB 50303相应规定</td></tr>
<tr><td>4</td><td colspan="2">蓄电池组及充电设备蓄电池组及充电设备</td><td>合格</td><td>执行GB 50303相应规定</td></tr>
<tr><td>5</td><td colspan="2">专用电源设备及电源箱</td><td>合格</td><td>执行GB 50303相应规定</td></tr>
<tr><td>6</td><td colspan="2">智能化主机房集中供电专用电源线路安装质量</td><td>合格</td><td>执行GB 50303相应规定</td></tr>
<tr><td></td><td colspan="2"></td><td></td><td></td></tr>
<tr><td></td><td colspan="2"></td><td></td><td></td></tr>
<tr><td></td><td colspan="2"></td><td></td><td></td></tr>
<tr><td></td><td colspan="2"></td><td></td><td></td></tr>
<tr><td></td><td colspan="2"></td><td></td><td></td></tr>
<tr><td colspan="5">检测结论：
经检验，符合设计要求及规范规定</td></tr>
</table>

<table>
<tr><td rowspan="3">签字栏</td><td rowspan="2">施工单位</td><td rowspan="2">××机电工程有限公司</td><td>专业技术负责人</td><td>专业质检员</td><td>检测人员</td></tr>
<tr><td>×××</td><td>×××</td><td>×××</td></tr>
<tr><td>监理(建设)单位</td><td colspan="2">××工程建设监理有限公司</td><td>专业工程师</td><td>×××</td></tr>
</table>

注：本表由施工单位填写。

4.2.13 《环境自检测记录》填写范例

环境自检测记录			资料编号	×××
工程名称	××办公楼工程		检测时间	××年×月×日
部　　位	5层			
检　测　内　容			检测记录	备　　注
1	空间环境	主要办公区域天花板净高不小于2.7m	合格	执行GB 50339相应规定
		楼板满足预埋地下线槽(线管)的条件架空地板、网络地板的铺设	合格	
		网络布线及其他系统布线配线间	合格	
2	室内空调环境	室内温度、湿度控制	合格	
		室内温度,冬季18～22℃,夏季24～28℃	合格	
		室内相对湿度,冬季40%～60%,夏季40%～65%	合格	
		室内风速,夏季不大于0.3m/s 室内风速,冬季不大于0.2m/s	合格	
3	视觉照明环境	工作面水平照度不小于500lx	合格	
		灯具满足眩光控制要求	合格	
		灯具布置应模数化,消除频闪	合格	
4	电磁环境	符合GB 9175和GB 8702的要求	合格	符合时为合格
5	空间环境	室内装饰色彩合理组合 装修用材符合GB 50305规定	合格	执行GB 50339相应规定
		地毯静电泄漏在$1.0\times10^5\sim1.0\times10^8\Omega$之间	合格	
		降低噪声和隔声措施	合格	
6	室内空调环境	室内CO含量率小于$10\times10^{-6}g/m^3$	合格	
		室内CO_2含量率小于$1000\times10^{-6}g/m^3$	合格	
7	室内噪声	办公室推荐值40～45dBA	合格	
		监控室推荐值35～40dBA	合格	

检测结论：

经检验,符合设计要求及规范规定

签字栏	施工单位	××机电工程有限公司	专业技术负责人	专业质检员	检测人员
			×××	×××	×××
	监理(建设)单位	××工程建设监理有限公司		专业工程师	×××

注：本表由施工单位填写。

4.2.14 《住宅（小区）智能化系统检测记录》填写范例

<table>
<tr><td colspan="3">火灾自动报警及消防联动
系统自检测记录</td><td>资料编号</td><td>×××</td></tr>
<tr><td colspan="2">工程名称</td><td>××办公楼工程</td><td>检测时间</td><td>××年×月×日</td></tr>
<tr><td colspan="2">部　　位</td><td colspan="3">机房</td></tr>
<tr><td colspan="3">检　测　内　容
（执行 GB 50339 相应规定）</td><td>检测记录</td><td>备　　注</td></tr>
<tr><td>1</td><td colspan="2">符合 GB 50339 第 7 章规定</td><td>合格</td><td>使用“火灾自动报警及消防联动系统自检测记录”</td></tr>
<tr><td rowspan="2">2</td><td rowspan="2">可燃气体泄漏报警系统检测</td><td>可靠性</td><td>合格</td><td rowspan="5">满足设计要求及 GB 50339 规定时为检测合格</td></tr>
<tr><td>报警效果</td><td>合格</td></tr>
<tr><td rowspan="2">3</td><td rowspan="2">可燃气体泄漏报警联动</td><td>自动切断气源</td><td>合格</td></tr>
<tr><td>打开排气装置</td><td>合格</td></tr>
<tr><td>4</td><td>可燃气体探测器</td><td>不得重复接入家庭控制器</td><td>合格</td></tr>
<tr><td></td><td></td><td></td><td></td><td></td></tr>
<tr><td></td><td></td><td></td><td></td><td></td></tr>
<tr><td></td><td></td><td></td><td></td><td></td></tr>
<tr><td></td><td></td><td></td><td></td><td></td></tr>
<tr><td></td><td></td><td></td><td></td><td></td></tr>
<tr><td></td><td></td><td></td><td></td><td></td></tr>
<tr><td></td><td></td><td></td><td></td><td></td></tr>
<tr><td colspan="5">检测结论：
经检验，符合设计要求及规范规定</td></tr>
</table>

<table>
<tr><td rowspan="3">签字栏</td><td rowspan="2">施工单位</td><td rowspan="2">××机电工程有限公司</td><td>专业技术负责人</td><td>专业质检员</td><td>检测人员</td></tr>
<tr><td>×××</td><td>×××</td><td>×××</td></tr>
<tr><td>监理(建设)单位</td><td colspan="2">××工程建设监理有限公司</td><td>专业工程师</td><td>×××</td></tr>
</table>

注：本表由施工单位填写。

<table>
<tr><td colspan="3">安全防范系统自检测记录</td><td>资料编号</td><td>×××</td></tr>
<tr><td colspan="2">工程名称</td><td>××办公楼工程</td><td>检测时间</td><td>××年×月×日</td></tr>
<tr><td colspan="2">部　位</td><td colspan="3">一层</td></tr>
<tr><td colspan="3">检　测　内　容
（执行 GB 50339 相应规定）</td><td>检测记录</td><td>备　注</td></tr>
<tr><td>1</td><td colspan="2">视频安防监控系统、入侵报警系统、出入口控制系统、巡更管理系统符合本规范有关规定 GB 50339</td><td>合格</td><td>使用“安全防范系统”相关记录表</td></tr>
<tr><td rowspan="10">2</td><td rowspan="10">访客对讲系统(主控项目)</td><td>室内机门铃及双方通话应清晰</td><td>合格</td><td rowspan="13">满足设计要求及 GB 50339 规定时为检测合格</td></tr>
<tr><td>通话保密性</td><td>合格</td></tr>
<tr><td>开锁</td><td>合格</td></tr>
<tr><td>呼叫</td><td>合格</td></tr>
<tr><td>可视对讲夜视效果</td><td>合格</td></tr>
<tr><td>密码开锁</td><td>合格</td></tr>
<tr><td>紧急情况电控锁释放</td><td>合格</td></tr>
<tr><td>通信及联网管理</td><td>合格</td></tr>
<tr><td>备用电源工作 8 小时</td><td>合格</td></tr>
<tr><td>管理员机与门口机、室内机呼叫与通话</td><td>合格</td></tr>
<tr><td rowspan="3">3</td><td rowspan="3">访客对讲系统(一般项目)</td><td>定时关机</td><td>合格</td></tr>
<tr><td>可视图像清晰</td><td>合格</td></tr>
<tr><td>对门口机图像可监视</td><td>合格</td></tr>
<tr><td colspan="5">检测结论：
经检验，符合设计要求及规范规定</td></tr>
</table>

<table>
<tr><td rowspan="3">签字栏</td><td rowspan="2">施工单位</td><td rowspan="2">××机电工程有限公司</td><td>专业技术负责人</td><td>专业质检员</td><td>检测人员</td></tr>
<tr><td>×××</td><td>×××</td><td>×××</td></tr>
<tr><td>监理(建设)单位</td><td colspan="2">××工程建设监理有限公司</td><td>专业工程师</td><td>×××</td></tr>
</table>

注：本表由施工单位填写。

<table>
<tr><td colspan="3">室外设备及管网自检测记录</td><td>资料编号</td><td>×××</td></tr>
<tr><td colspan="2">工程名称</td><td>××办公楼工程</td><td>检测时间</td><td>××年×月×日</td></tr>
<tr><td colspan="2">部　　位</td><td colspan="3">庭院</td></tr>
<tr><td colspan="3">检　测　内　容
(执行 GB 50339 相应规定)</td><td>检测记录</td><td>备　　注</td></tr>
<tr><td rowspan="3">1</td><td rowspan="3">室外设备箱安装</td><td>应有防水、防潮、防晒、防锈措施</td><td>合格</td><td rowspan="3">符合现行国家标准及设计要求</td></tr>
<tr><td>设备浪涌过电压防护器设置</td><td>合格</td></tr>
<tr><td>接地联结</td><td>合格</td></tr>
<tr><td rowspan="2">2</td><td rowspan="2">室外电缆及导管</td><td>室外电缆导管敷设</td><td>合格</td><td rowspan="2">执行 GB 50303 中有关规定</td></tr>
<tr><td>室外线路敷设</td><td>合格</td></tr>
<tr><td></td><td></td><td></td><td></td><td></td></tr>
<tr><td></td><td></td><td></td><td></td><td></td></tr>
<tr><td></td><td></td><td></td><td></td><td></td></tr>
<tr><td></td><td></td><td></td><td></td><td></td></tr>
<tr><td></td><td></td><td></td><td></td><td></td></tr>
<tr><td></td><td></td><td></td><td></td><td></td></tr>
<tr><td></td><td></td><td></td><td></td><td></td></tr>
<tr><td></td><td></td><td></td><td></td><td></td></tr>
<tr><td></td><td></td><td></td><td></td><td></td></tr>
<tr><td></td><td></td><td></td><td></td><td></td></tr>
<tr><td colspan="5">检测结论：
经检验，符合设计要求及规范规定</td></tr>
</table>

<table>
<tr><td rowspan="3">签字栏</td><td rowspan="2">施工单位</td><td rowspan="2">××机电工程有限公司</td><td>专业技术负责人</td><td>专业质检员</td><td>检测人员</td></tr>
<tr><td>×××</td><td>×××</td><td>×××</td></tr>
<tr><td>监理(建设)单位</td><td colspan="2">××工程建设监理有限公司</td><td>专业工程师</td><td>×××</td></tr>
</table>

注：本表由施工单位填写。

<table>
<tr><td colspan="3">物业管理系统自检测记录</td><td>资料编号</td><td>×××</td></tr>
<tr><td colspan="2">工程名称</td><td>××办公楼工程</td><td>检测时间</td><td>××年×月×日</td></tr>
<tr><td colspan="2">部　　位</td><td colspan="3">物业管理全系统</td></tr>
<tr><td colspan="3">检　测　内　容
（执行 GB 50339 相应规定）</td><td>检测记录</td><td>备　　注</td></tr>
<tr><td rowspan="4">1</td><td rowspan="4">表具数据自动抄收及远传系统</td><td>水、电、气、热（冷）表具选择</td><td>合格</td><td rowspan="4">表具应符合国家产品标准，具有产品合格证书和计量检定证书，功能检测符合设计要求时为合格</td></tr>
<tr><td>系统查询、统计、打印、费用计算</td><td>合格</td></tr>
<tr><td>断电数据保存四个月以上；电源恢复后数据不丢失</td><td>合格</td></tr>
<tr><td>系统应具有时钟、故障报警、防破坏报警功能</td><td>合格</td></tr>
<tr><td>2</td><td>建筑设备监控系统</td><td>符合 GB 50339 有关规定，还应具有饮用水过滤设备报警、消毒设备故障报警功能</td><td>合格</td><td>符合设计要求时为检测合格</td></tr>
<tr><td>3</td><td>公共广播与紧急广播系统</td><td>符合 GB 50339 相应规定</td><td>合格</td><td>符合设计要求时为检测合格</td></tr>
<tr><td rowspan="4">4</td><td rowspan="4">住宅（小区）物业管理系统</td><td>应包括人员管理、房产维修、费用查询收取、公共设施管理、工程图纸管理等功能</td><td>合格</td><td rowspan="4">符合设计要求时为检测合格，其中信息安全应符合 GB 50339 相关要求</td></tr>
<tr><td>信息服务项目可包括家政服务、电子商务、远程教育、远程医疗、电子银行、娱乐项目等</td><td>合格</td></tr>
<tr><td>物业人事管理、企业管理、财务管理</td><td>合格</td></tr>
<tr><td>物业管理系统信息安全符合 GB 50339 相关要求</td><td>合格</td></tr>
<tr><td>5</td><td>表具数据自动抄收及远传系统</td><td>表具采集与远传数据一致性</td><td>合格</td><td>每类表具检测合格率100%时为检测合格</td></tr>
<tr><td rowspan="2">6</td><td rowspan="2">建筑设备监控系统</td><td>园区照明时间设定、控制回路开启设定、灯光场景设定、照度调整</td><td>合格</td><td rowspan="2">符合设计要求时为检测合格</td></tr>
<tr><td>浇灌水泵监视控制、中水设备监视控制</td><td>合格</td></tr>
<tr><td rowspan="3">7</td><td rowspan="3">住宅（小区）物业管理系统</td><td>房产出租管理、房产二次装修管理</td><td>合格</td><td rowspan="3">符合设计要求时为检测合格，其中管理系统软件检测应符合 GB 50339 相关要求</td></tr>
<tr><td>住户投诉处理</td><td>合格</td></tr>
<tr><td>数据资料的记录、保存、查询</td><td>合格</td></tr>
<tr><td colspan="5">检测结论：
经检验，符合设计要求及规范规定</td></tr>
</table>

<table>
<tr><td rowspan="3">签字栏</td><td rowspan="2">施工单位</td><td rowspan="2">××机电工程有限公司</td><td>专业技术负责人</td><td>专业质检员</td><td>检测人员</td></tr>
<tr><td>×××</td><td>×××</td><td>×××</td></tr>
<tr><td>监理（建设）单位</td><td colspan="2">××工程建设监理有限公司</td><td>专业工程师</td><td>×××</td></tr>
</table>

注：本表由施工单位填写。

<table>
<tr><td colspan="3">智能家庭信息平台自检测记录</td><td>资料编号</td><td colspan="4">×××</td></tr>
<tr><td>工程名称</td><td colspan="2">××办公楼工程</td><td>检测时间</td><td colspan="4">××年×月×日</td></tr>
<tr><td>部　　位</td><td colspan="7">××户</td></tr>
<tr><td colspan="3">检　测　内　容
（执行 GB 50339 相关规定）</td><td>检测记录</td><td colspan="4">备　　注</td></tr>
<tr><td rowspan="4">1</td><td rowspan="4">家庭报警功能检测（主控项目）</td><td>感烟探测器、感温探测器、燃气探测器检测</td><td>合格</td><td rowspan="4" colspan="4">探测器检测应符合国家现行产品标准；入侵报警探测器检测执行 GB 50339 相关规定；其他符合设计要求</td></tr>
<tr><td>入侵报警探测器检测</td><td>合格</td></tr>
<tr><td>家庭报警撤防、布防</td><td>合格</td></tr>
<tr><td>控制功能</td><td>合格</td></tr>
<tr><td rowspan="4">2</td><td rowspan="4">家庭紧急求助功能检测（主控项目）</td><td>可靠性</td><td>合格</td><td rowspan="4" colspan="4">符合设计要求时为检测合格</td></tr>
<tr><td>可操作性</td><td>合格</td></tr>
<tr><td>防破坏报警</td><td>合格</td></tr>
<tr><td>故障报警</td><td>合格</td></tr>
<tr><td rowspan="4">3</td><td rowspan="4">家用电器监控功能检测（主控项目）</td><td>监控功能</td><td>合格</td><td rowspan="4" colspan="4">符合设计要求时为检测合格；发射频率及功率检测应符合国家有关规定</td></tr>
<tr><td>误操作处理</td><td>合格</td></tr>
<tr><td>故障报警处理</td><td>合格</td></tr>
<tr><td>发射频率及功率检测</td><td>合格</td></tr>
<tr><td rowspan="4">4</td><td rowspan="4">家庭紧急求助报警装置检测（一般项目）</td><td>每户宜装一处以上的紧急求助报警装置</td><td>合格</td><td rowspan="4" colspan="4"></td></tr>
<tr><td>宜有一种以上的报警方式（手动、遥控、感应等）</td><td>合格</td></tr>
<tr><td>区别求助内容</td><td>合格</td></tr>
<tr><td>夜间显示</td><td>合格</td></tr>
<tr><td colspan="8">检测结论：
经检验，符合设计要求及规范规定</td></tr>
<tr><td rowspan="3">签字栏</td><td rowspan="2">施工单位</td><td rowspan="2">××机电工程有限公司</td><td colspan="2">专业技术负责人</td><td>专业质检员</td><td colspan="2">检测人员</td></tr>
<tr><td colspan="2">×××</td><td>×××</td><td colspan="2">×××</td></tr>
<tr><td>监理（建设）单位</td><td colspan="3">××工程建设监理有限公司</td><td>专业工程师</td><td colspan="2">×××</td></tr>
</table>

注：本表由施工单位填写。

4.2.15 《智能系统试运行记录》填写范例

智能系统试运行记录			资料编号	×××
工程名称	××办公楼工程			
系统名称	安全防范		试运行部位	中心控制室
序号	日期/时间	系统试运转记录	值班人	备　注
1	××年×月×日×时	运行正常	×××	系统运行情况栏中，注明正常/不正常，并每班至少填写一次；不正常的要说明情况（包括修复日期）
2	××年×月×日×时	运行正常	×××	
3	××年×月×日×时	三层1#摄像机无图像（主要为信号线脱落，下午修复）	×××	
4	××年×月×日×时	运行正常	×××	
结论： 经检验，符合设计要求及规范规定				

签字栏	施工单位	××机电工程有限公司	专业技术负责人	专业质检员	检测人员
			×××	×××	×××
	监理（建设）单位	××工程建设监理有限公司		专业工程师	×××

注：本表由施工单位填写。

Chapter 05

施 工 记 录

5.1 《隐蔽工程验收记录》填写范例

隐蔽工程验收记录				资料编号	×××
工程名称	××办公楼工程				
隐检项目	不进人电缆沟敷设电缆			隐检日期	××年×月×日
隐检部位	地下一层配电室电缆沟　⑥～⑦/Ⓑ～Ⓔ轴线　－4.800m 标高				
隐检依据:施工图图号 电施×× ,设计变更/洽商(编号 /)及有关国家现行标准等。 主要材料名称及规格/型号: 交联聚乙烯电力电缆 YJV,其他附属材料					
隐检内容: 1. 电缆具有出厂合格证、生产许可证、“CCC”认证标志及认证证书复印件。其型号、规格及电压等级符合设计要求。 2. 电缆敷设前验收电缆沟的尺寸及电缆支架间距符合设计要求,电缆沟内清洁干燥。 3. 电缆在支架上敷设,按电压等级排列。电缆排列整齐、少交叉,并在每个支架上固定。电缆固定用的夹具和支架不形成闭合铁磁回路。 4. 敷设电缆的电缆沟已按设计要求位置,做好防火隔堵。 5. 电缆在其首端、末端和分支处设标志牌。标志牌规格一致,并有防腐性能,挂装牢固。					
检查意见: 经检查,地下一层配电室电缆沟电缆敷设符合设计要求和《建筑电气工程施工质量验收规范》(GB 50303—2015)的规定 检查结论:☑同意隐蔽　　□不同意,修改后进行复查					
复查结论: 复查人:　　　　复查日期:					
签字栏	建设(监理)单位	施工单位	××建设工程有限公司		
		专业技术负责人	专业质检员	专业工长	
	×××	×××	×××	×××	

注：本表由施工单位填写，建设单位、施工单位、城建档案馆各保存一份。

<table>
<tr><td colspan="2">隐蔽工程验收记录</td><td>资料编号</td><td>×××</td></tr>
<tr><td>工程名称</td><td colspan="3">××办公楼工程</td></tr>
<tr><td>隐检项目</td><td>电线导管、电缆导管和线槽敷设</td><td>隐检日期</td><td>××年×月×日</td></tr>
<tr><td>隐检部位</td><td colspan="3">一层地面以下钢管敷设　轴线　××标高</td></tr>
<tr><td colspan="4">隐检依据：施工图图号　电施××　，设计变更/洽商(编号　/　)及有关国家现行标准等。
主要材料名称及规格/型号：　焊接钢管　SC40、SC50、SC70、SC80</td></tr>
<tr><td colspan="4">隐检内容：
1. 该部位使用的焊接钢管材质、规格、型号符合设计要求。
2. 钢管敷设位置、埋深、固定方式符合设计及验收规范要求。
3. 钢管的弯曲半径符合设计及规范要求，且无折扁和裂缝，管内无铁屑及毛刺，切断口平整、光滑。
4. 接头连接：采用套管焊接(钢管壁厚均符合国标要求，且均大于 2mm 允许套管焊接)、套管长度大于管外径的 2.5 倍，焊缝牢固、严密。
5. 焊接钢管内外壁防腐处理符合设计及验收规范要求。
6. 钢管与接地体已做等电位连接，符合设计要求。</td></tr>
<tr><td colspan="4">检查意见：
经检查，符合设计要求和《建筑电气工程施工质量验收规范》(GB 50303—2015)的规定

检查结论：☑同意隐蔽　　□不同意，修改后进行复查</td></tr>
<tr><td colspan="4">复查结论：

复查人：　　　　复查日期：</td></tr>
</table>

<table>
<tr><td rowspan="3">签字栏</td><td rowspan="2">建设(监理)单位</td><td>施工单位</td><td colspan="2">××建设工程有限公司</td></tr>
<tr><td>专业技术负责人</td><td>专业质检员</td><td>专业工长</td></tr>
<tr><td>×××</td><td>×××</td><td>×××</td><td>×××</td></tr>
</table>

注：本表由施工单位填写，建设单位、施工单位、城建档案馆各保存一份。

隐蔽工程验收记录		资料编号	×××
工程名称	××办公楼工程		
隐检项目	电线导管、电缆导管及线槽敷设	隐检日期	××年×月×日
隐检部位	二层板 HF ①~⑥/Ⓐ~Ⓕ轴线 ××标高		

隐检依据：施工图图号 电施 2、3、20、45、48 ，设计变更/洽商(编号 /)及有关国家现行标准等。

主要材料名称及规格/型号：

隐检内容：

1. 按图电施 2、3、20、45、48 会审纪要及施工规范要求，电气干线与弱电预埋采用焊接钢管，管路连接采用套管为管长的 1.5~3 倍，连接管口的对口处应在套管的中心，焊口应焊接牢固严密。

2. 管路进箱、盒内壁 3~5mm，不宜斜插进入，且焊接后应补涂防腐，弯曲半径≥6D，弯扁度小等于 0.1D；盒开孔应整齐并与管径相吻合，要求一管一孔，暗配钢管与盒采用焊接连结，焊缝不小于 1/3 管子的周长。

3. 焊接钢管应做接地，管过盒及套管应跨接，跨接采用不小于 $\phi 6$ 圆钢焊接，焊接长度为圆钢直径的 6 倍，双面焊缝饱满，无虚焊、夹渣、气孔，焊毕除尽焊渣。

4. 照明线路管路敷设采用 PVC 管套管专用胶水黏接法，套管长度为管外径的 1.5~3 倍，接口处黏接牢固。管弯曲半径≥6D，弯扁度≤0.1D，管进盒长度为 3~5mm，管口光滑平整、护口保护

影像资料的部位、数量：××

接地跨接钢筋不小于6mm圆钢
1.5~3D
弯曲半径 R>6D
弯扁度不大于 0.1D
灯头盒
管入盒应不大于5mm

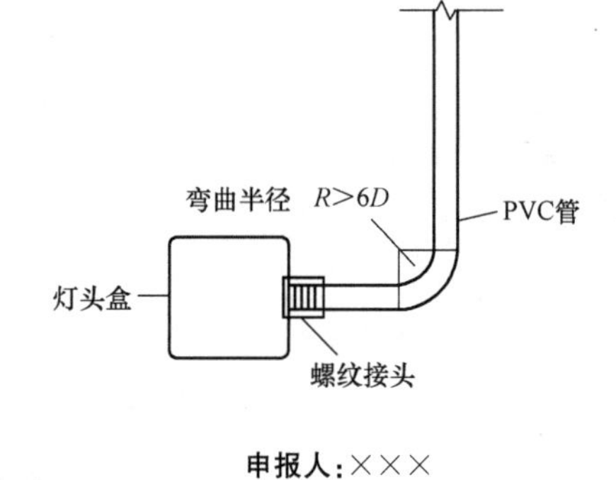

申报人：×××

检查意见：

经检查：上述各项内容符合设计要求及《建筑电气工程质量验收规范》(GB 50303—2015)的规定

检查结论：☑同意隐蔽　　　　□不同意，修改后进行复查

复查结论：

复查人：　　　　　　　　**复查日期：**

签字栏	施工单位	××机电工程有限公司	专业技术负责人	专业质检员	专业工长
			×××	×××	×××
	监理(建设)单位	××工程建设监理有限公司		专业工程师	×××

注：本表由施工单位填写，并附影像资料。

<table>
<tr><td colspan="4">隐蔽工程验收记录</td><td>资料编号</td><td>×××</td></tr>
<tr><td colspan="2">工程名称</td><td colspan="4">××办公楼工程</td></tr>
<tr><td colspan="2">隐检项目</td><td colspan="2">电线导管、电缆导管和线槽敷设</td><td>隐检日期</td><td>××年×月×日</td></tr>
<tr><td colspan="2">隐检部位</td><td colspan="4">现浇板、墙、梁柱内导管、线盒敷设　轴线　××标高</td></tr>
<tr><td colspan="6">隐检依据：施工图图号　电施××　，设计变更/洽商（编号　/　）及有关国家现行标准等。
主要材料名称及规格/型号：　阻燃管；阻燃线盒
PC20、PC25、PC32、PC40；八角盒、四角盒、86系列开关盒</td></tr>
<tr><td colspan="6">隐检内容：
1. 该部位使用的PC管材材质、规格、型号符合设计要求。
2. PC管材敷设位置、固定方法、保护层符合设计及验收规范要求。
3. PC管材弯曲半径符合设计及规范要求，且无折皱、凹陷和裂缝。
4. 接头连接：采用配套PC接头套管黏接，黏结牢固、严密，符合设计及施工验收规范要求。
5. 线盒材质、规格、型号、坐标、数量符合设计及施工验收规范要求。</td></tr>
<tr><td colspan="6">检查意见：
经检查，符合设计要求和《建筑电气工程施工质量验收规范》(GB 50303—2015)的规定

检查结论：☑同意隐蔽　　□不同意，修改后进行复查</td></tr>
<tr><td colspan="6">复查结论：

复查人：　　　　复查日期：</td></tr>
<tr><td rowspan="3">签字栏</td><td rowspan="2" colspan="2">建设（监理）单位</td><td>施工单位</td><td colspan="2">××建设工程有限公司</td></tr>
<tr><td>专业技术负责人</td><td>专业质检员</td><td>专业工长</td></tr>
<tr><td colspan="2">×××</td><td>×××</td><td>×××</td><td>×××</td></tr>
</table>

注：本表由施工单位填写，建设单位、施工单位、城建档案馆各保存一份。

<table>
<tr><td colspan="3">隐蔽工程验收记录</td><td>资料编号</td><td colspan="2">×××</td></tr>
<tr><td>工程名称</td><td colspan="5">××办公楼工程</td></tr>
<tr><td>隐检项目</td><td colspan="2">电线导管、电缆导管和线槽敷设</td><td>隐检日期</td><td colspan="2">××年×月×日</td></tr>
<tr><td>隐检部位</td><td colspan="5">六层吊顶内的线管、线盒敷设　轴线　××标高</td></tr>
<tr><td colspan="6">隐检依据：施工图图号 电施×× ，设计变更/洽商(编号 /)及有关国家现行标准等。
主要材料名称及规格/型号： 阻燃管；热镀锌钢管、阻燃圆形接线盒、金属接线盒
PC20、PC25、PC32、PC40；JDG20、JDG25</td></tr>
<tr><td colspan="6">隐检内容：
1. 该部位使用的PC阻燃管及JDG热镀锌钢管的材质、规格、型号、符合设计要求。
2. 导管沿吊架敷设，管路敷设位置、固定间距符合设计图纸要求，且固定牢固。
3. 导管弯曲半径符合设计及规范要求，且无折皱、凹陷和裂缝。
4. PC阻燃管采用套管黏接、套管长度不小于管外径的3倍，黏结牢固、严密，套管位于两管头中部，符合设计及施工验收规范要求。
5. JDG热镀锌钢管采用紧定连接，导管与导管之间、导管与金属线盒之间的连接均设跨接地线并采用专用接地线卡连接，跨接线采用6mm² 的铜芯软线，且JDG热镀锌钢管已做等电位连接。
6. 线盒材质、规格、型号、坐标、数量符合设计及施工验收规范要求。</td></tr>
<tr><td colspan="6">检查意见：
经检查，符合设计要求和《建筑电气工程施工质量验收规范》(GB 50303—2015)的规定

检查结论：☑同意隐蔽　　□不同意，修改后进行复查</td></tr>
<tr><td colspan="6">复查结论：

复查人：　　　　复查日期：</td></tr>
<tr><td rowspan="3">签字栏</td><td rowspan="2">建设(监理)单位</td><td>施工单位</td><td colspan="3">××建设工程有限公司</td></tr>
<tr><td>专业技术负责人</td><td>专业质检员</td><td colspan="2">专业工长</td></tr>
<tr><td>×××</td><td>×××</td><td>×××</td><td colspan="2">×××</td></tr>
</table>

注：本表由施工单位填写，建设单位、施工单位、城建档案馆各保存一份。

<table>
<tr><td colspan="3">隐蔽工程验收记录</td><td>资料编号</td><td colspan="2">×××</td></tr>
<tr><td>工程名称</td><td colspan="5">××办公楼工程</td></tr>
<tr><td>隐检项目</td><td colspan="2">直埋电缆敷设</td><td>隐检日期</td><td colspan="2">××年×月×日</td></tr>
<tr><td>隐检部位</td><td colspan="5">室外　Ⓑ、⑤轴线　−0.7m 标高</td></tr>
<tr><td colspan="6">隐检依据：施工图图号＿电施××＿，设计变更/洽商（编号＿/＿）及有关国家现行标准等。
主要材料名称及规格/型号：＿绕包型　聚氯乙烯绝缘电力电缆
VV_{22}−3×185+2×95＿</td></tr>
<tr><td colspan="6">隐检内容：
1. 电缆××（型号）、××（规格）符合设计要求，敷设位置符合电气施工图纸。
2. 电缆敷设方法采用人工加滚轮敷设。
3. 电缆覆土深度 0.7m，各电缆间外皮间距 0.10m，电缆上、下的细土保护层厚度不小于 0.1m，上盖混凝土板。
4. 电缆敷设时，电缆的弯曲半径符合规范要求及电缆本身的要求。
5. 电缆在沟内敷设有适量的蛇形弯，电缆的两端、中间接头、电缆井内、电缆过管处、垂直位差处均应留有适当的余度。</td></tr>
<tr><td colspan="6">检查意见：
经检查，室外直埋电缆敷设符合设计要求和《建筑电气工程施工质量验收规范》（GB 50303—2015）的规定

检查结论：☑同意隐蔽　　□不同意，修改后进行复查</td></tr>
<tr><td colspan="6">复查结论：

复查人：　　　　　　复查日期：</td></tr>
<tr><td rowspan="3">签字栏</td><td rowspan="2">建设（监理）单位</td><td>施工单位</td><td colspan="3">××建设工程有限公司</td></tr>
<tr><td>专业技术负责人</td><td>专业质检员</td><td colspan="2">专业工长</td></tr>
<tr><td>×××</td><td>×××</td><td>×××</td><td colspan="2">×××</td></tr>
</table>

注：本表由施工单位填写，建设单位、施工单位、城建档案馆各保存一份。

<table>
<tr><td colspan="3">隐蔽工程验收记录</td><td>资料编号</td><td colspan="4">×××</td></tr>
<tr><td>工程名称</td><td colspan="7">××办公楼工程</td></tr>
<tr><td>隐检项目</td><td colspan="2">接地装置安装</td><td>隐检日期</td><td colspan="4">××年×月×日</td></tr>
<tr><td>隐检部位</td><td colspan="7">基础接地焊接层　①～④/Ⓐ～⑧轴线　××标高</td></tr>
<tr><td colspan="8">隐检依据：施工图图号　电施2、3、40、52　，设计变更/洽商（编号　/　）及有关国家现行标准等。
主要材料名称及规格/型号：</td></tr>
<tr><td colspan="8">隐检内容：
1. 按照电施图图纸、会审纪要及施工规范要求进行施工，基础接地利用有引下线处桩承台内主筋 ϕ8 共四根主筋（即用 ϕ12 圆钢将桩内两根主筋并跨焊后再与柱筋引下线主筋和基础梁梁底两根主筋相焊通），形成良好的电气通路。如图所示。
2. 地下室各设备、电梯轨道等电位接地采用－40×4镀锌扁钢与基础梁接地主筋焊通，位置按图施工。
3. 接地焊接双面焊，焊接长度均≥6D，焊缝饱满，无虚焊、夹渣咬肉等现象，焊完均除尽焊渣。
4. 另附地下室基础接地焊接平面图。
影像资料的部位、数量：××
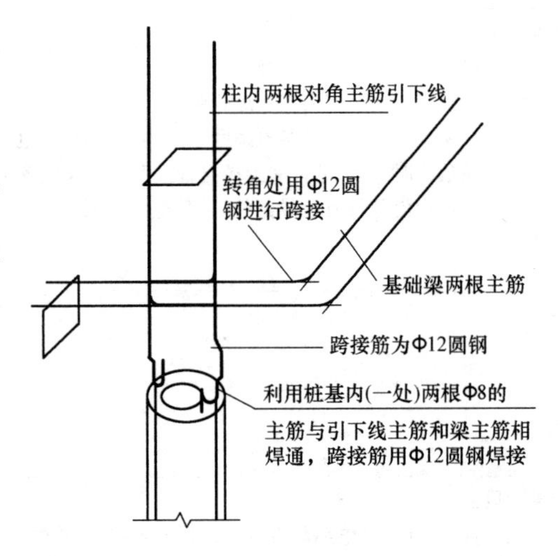

申报人：×××</td></tr>
<tr><td colspan="8">检查意见：
经检查：上述各项内容符合设计要求及《建筑电气工程质量验收规范》(GB 50303—2015)的规定

检查结论：☑同意隐蔽　　□不同意，修改后进行复查</td></tr>
<tr><td colspan="8">复查结论：

复查人：　　　　复查日期：</td></tr>
<tr><td rowspan="3">签字栏</td><td rowspan="2">施工单位</td><td rowspan="2">××机电工程有限公司</td><td colspan="2">专业技术负责人</td><td>专业质检员</td><td colspan="2">专业工长</td></tr>
<tr><td colspan="2">×××</td><td>×××</td><td colspan="2">×××</td></tr>
<tr><td>监理（建设）单位</td><td colspan="3">××工程建设监理有限公司</td><td>专业工程师</td><td colspan="2">×××</td></tr>
</table>

注：本表由施工单位填写，并附影像资料。

<table>
<tr><td colspan="3">隐蔽工程验收记录</td><td>资料编号</td><td colspan="3">×××</td></tr>
<tr><td colspan="2">工程名称</td><td colspan="5">××办公楼工程</td></tr>
<tr><td colspan="2">隐检项目</td><td>通信网络系统(预留电话、数据线、有线电视进线保护管)</td><td>隐检日期</td><td colspan="3">××年×月×日</td></tr>
<tr><td colspan="2">隐检部位</td><td colspan="5">地下一层墙体　②~③/Ⓒ~Ⓓ轴线　-1.400m 标高</td></tr>
<tr><td colspan="7">隐检依据:施工图图号(　弱电施-1　),设计变更/洽商(编号　/　)及有关国家现行标准等。
主要材料名称及规格/型号:　镀锌钢管 ϕ100;防水钢板 500×900mm</td></tr>
<tr><td colspan="7">隐检内容:
电话、数据线、有线电视进线保护管为 8 根 ϕ100 镀锌钢管,与预制好的防水钢板焊接在一起,双面施焊,焊缝均匀牢固,焊接处药皮清理干净。进线保护管位置、标高正确。

影像资料的部位、数量:××

申报人:×××</td></tr>
<tr><td colspan="7">检查意见:
经检查,符合设计要求及《智能建筑工程施工质量验收规范》(GB 50339—2013)的规定

检查结论:☑同意隐蔽　　□不同意,修改后进行复查</td></tr>
<tr><td colspan="7">复查结论:

复查人:　　　　复查日期:</td></tr>
<tr><td rowspan="3">签字栏</td><td rowspan="2">施工单位</td><td rowspan="2">××机电工程有限公司</td><td colspan="2">专业技术负责人</td><td>专业质检员</td><td>专业工长</td></tr>
<tr><td colspan="2">×××</td><td>×××</td><td>×××</td></tr>
<tr><td>监理(建设)单位</td><td colspan="3">××工程建设监理有限公司</td><td>专业工程师</td><td>×××</td></tr>
</table>

注:本表由施工单位填写,并附影像资料。

<table>
<tr><td colspan="3">**隐蔽工程验收记录**</td><td>资料编号</td><td colspan="3">×××</td></tr>
<tr><td>工程名称</td><td colspan="6">××办公楼工程</td></tr>
<tr><td>隐检项目</td><td colspan="2">有线电视系统布线</td><td>隐检日期</td><td colspan="3">××年×月×日</td></tr>
<tr><td>隐检部位</td><td colspan="6">三层　①～⑬/Ⓐ～Ⓖ轴线　吊顶内　9.200～10.200m 标高</td></tr>
<tr><td colspan="7">隐检依据：施工图图号（弱电施－5），设计变更/洽商（编号 / ）及有关国家现行标准等。
主要材料名称及规格/型号：有线电视系统物理发泡聚乙烯绝缘同轴电缆，SYWV－75－9　SYWV－75－7　SYWV－75－5</td></tr>
<tr><td colspan="7">隐检内容：
1. 物理发泡电视电缆产品合格证、检测报告、采用国际标准证、入网认定证书等齐全、有效，合格；其品种、型号符合设计要求。
2. 吊顶线槽内缆线弯曲半径大于缆线外径的 6 倍。
3. 缆线无扭曲，排列整齐，且捆扎结实，受力分散。
4. 缆线无损坏、无刮伤，标识清晰，并且配有对应的标签。
隐检内容已做完，请予以检查。
影像资料的部位、数量：××
申报人：×××</td></tr>
<tr><td colspan="7">检查意见：
经检查，该部位线槽内缆线敷设符合设计要求和《智能建筑工程质量验收规范》(GB 50339—2013)的规定

检查结论：☑同意隐蔽　　□不同意，修改后进行复查</td></tr>
<tr><td colspan="7">复查结论：

复查人：　　　　复查日期：</td></tr>
<tr><td rowspan="3">签字栏</td><td rowspan="2">施工单位</td><td rowspan="2">××机电工程有限公司</td><td colspan="2">专业技术负责人</td><td>专业质检员</td><td>专业工长</td></tr>
<tr><td colspan="2">×××</td><td>×××</td><td>×××</td></tr>
<tr><td>监理(建设)单位</td><td colspan="3">××工程建设监理有限公司</td><td>专业工程师</td><td>×××</td></tr>
</table>

注：本表由施工单位填写，并附影像资料。

5.2 《交接检查记录》填写范例

<table>
<tr><td colspan="3">交接检查记录</td><td>资料编号</td><td>×××</td></tr>
<tr><td>工程名称</td><td colspan="4">××办公楼工程</td></tr>
<tr><td>移交单位名称</td><td colspan="2">××建筑集团</td><td>接收单位名称</td><td>××建筑机电安装公司</td></tr>
<tr><td>交接部位</td><td colspan="2">变配电室内配电柜基础</td><td>检查日期</td><td>××年×月×日</td></tr>
<tr><td colspan="5">交接内容：
变配电室内配电柜基础槽钢预留洞口的混凝土强度为C40，坐标为Ⓕ～Ⓖ/①～⑨轴，洞口尺寸为12000mm×900mm×1200mm，四周预埋8号槽钢，洞口尺寸与槽钢型号、位置均匀与设计基础图相同。</td></tr>
<tr><td colspan="5">检查结果：
经移交、接收及见证单位共同检查，成套配电柜槽钢基础洞口施工符合设计要求及施工规范规定，同意交接。</td></tr>
<tr><td colspan="5">复查意见：
复查人： 复查日期：</td></tr>
<tr><td colspan="5">见证单位意见：
以上情况属实，已进行正式交接
见证单位名称：××监理有限责任公司</td></tr>
<tr><td rowspan="2">签字栏</td><td>移交单位</td><td>接收单位</td><td colspan="2">见证单位</td></tr>
<tr><td>×××</td><td>×××</td><td colspan="2">×××</td></tr>
</table>

注：① 本表移交单位填写。
② 见证单位应根据实际检查情况，并汇总移交和接收单位意见形成见证单位意见。

5.3 《施工检查记录(通用)》填写范例

<table>
<tr><td colspan="3">施工检查记录(通用)</td><td>资料编号</td><td>×××</td></tr>
<tr><td>工程名称</td><td colspan="2">××办公楼工程</td><td>检查项目</td><td>设备基础</td></tr>
<tr><td>检查部位</td><td colspan="2">变配电室</td><td>检查日期</td><td>××年×月×日</td></tr>
<tr><td colspan="5">隐检依据:施工图纸(施工图纸号 电施 1)、设计变更/洽商(编号 /)和有关规范、规程。
主要材料或设备: 槽钢
规格/型号: (100×50)mm</td></tr>
<tr><td colspan="5">检查内容:
1. 设备基础的位置位于地下一层变配电室东侧,符合设计图纸要求;
2. 设备基础几何尺寸为(1000×3000)mm;
3. 预埋件采用(100×50)mm 槽钢;
4. 混凝土强度符合设计规范要求。</td></tr>
<tr><td colspan="5">检查结论:
符合设计及规范要求</td></tr>
<tr><td colspan="5">复查意见:

复查人: 复查日期:</td></tr>
<tr><td>施工单位</td><td colspan="4">××水电分公司</td></tr>
<tr><td>专业技术负责人</td><td colspan="2">专业质检员</td><td colspan="2">专业工长</td></tr>
<tr><td>×××</td><td colspan="2">×××</td><td colspan="2">×××</td></tr>
</table>

注:本表由施工单位填写并保存。

<table>
<tr><td colspan="3">施工检查记录(通用)</td><td>资料编号</td><td>×××</td></tr>
<tr><td>工程名称</td><td colspan="2">××办公楼工程</td><td>检查项目</td><td>避雷带敷设</td></tr>
<tr><td>检查部位</td><td colspan="2">屋顶</td><td>检查日期</td><td>××年×月×日</td></tr>
<tr><td colspan="5">隐检依据:施工图纸(施工图纸号 电施27)、设计变更/洽商(编号 /)和有关规范、规程。
主要材料或设备: 镀锌圆钢
规格/型号: ϕ10</td></tr>
<tr><td colspan="5">检查内容:
1.屋顶避雷带采用××(规格)镀锌圆钢,符合设计规范要求;
2.搭接长度大于圆钢直径的6倍,且两面施焊;
3.焊接处药皮已清除,涂刷防腐漆;
4.避雷带平正顺直,固定点支持件间距均匀、固定可靠。</td></tr>
<tr><td colspan="5">检查结论:
符合设计及规范要求。</td></tr>
<tr><td colspan="5">复查意见:

复查人: 复查日期:</td></tr>
<tr><td>施工单位</td><td colspan="4">××水电分公司</td></tr>
<tr><td>专业技术负责人</td><td colspan="2">专业质检员</td><td colspan="2">专业工长</td></tr>
<tr><td>×××</td><td colspan="2">×××</td><td colspan="2">×××</td></tr>
</table>

注:本表由施工单位填写并保存。

<table>
<tr><td colspan="2">施工检查记录(通用)</td><td>资料编号</td><td>×××</td></tr>
<tr><td>工程名称</td><td>××办公楼工程</td><td>检查项目</td><td>照明系统机电
表面器具安装</td></tr>
<tr><td>检查部位</td><td>×段×层至×段×层</td><td>检查日期</td><td>××年×月×日</td></tr>
<tr><td colspan="4">隐检依据:施工图纸(施工图纸号 电施5、电施6、电施7)、设计变更/洽商(编号 /)和有关规范、规程。
主要材料或设备: 接线盒、灯头盒
规格/型号: 86H40、T_1</td></tr>
<tr><td colspan="4">检查内容:
1. 开关、插座、灯具的规格、型号符合施工图纸要求;
2. 开关、插座、灯具安装的位置及标高符合设计及规范要求;
3. 安装平正。</td></tr>
<tr><td colspan="4">检查结论:
经查:×层、×房间、×轴线照明开关有一处安装位置与施工图纸不符。</td></tr>
<tr><td colspan="4">复查意见:
经复查:照明开关已按图纸位置进行移位,经修复符合设计及规范要求。

复查人: 复查日期:</td></tr>
<tr><td>施工单位</td><td colspan="3">××水电分公司</td></tr>
<tr><td>专业技术负责人</td><td colspan="2">专业质检员</td><td>专业工长</td></tr>
<tr><td>×××</td><td colspan="2">×××</td><td>×××</td></tr>
</table>

注:本表由施工单位填写并保存。

Chapter 06

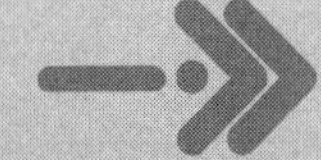

质量验收记录

6.1 建筑电气工程质量验收资料

6.1.1 《检验批质量验收记录》填写范例

变压器、箱式变电所安装检验批质量验收记录

07010101 001

单位(子单位)工程名称	××办公楼工程	分部(子分部)工程名称	建筑电气(变配电室)	分项工程名称	变压器、箱式变电所安装
施工单位	××建设集团	项目负责人	×××	检验批容量	1台
分包单位	××建筑电气安装公司	分包单位项目负责人	×××	检验批部位	变配电室
施工依据	《建筑电气施工工艺标准》QB—××××		验收依据	《建筑电气工程施工质量验收规范》(GB 50303—2015)	

验收项目				设计要求及规范规定	最小/实际抽样数量	检查记录	检查结果
主控项目	1	变压器安装及外观检查		第4.1.1条	全/1	共1处,全部检查,合格1处	√
	2	变压器中性点的接地连接方式及接地电阻值		第4.1.2条	/	符合要求,接地电阻测试记录编号:××××	√
	3	变压器等单独与保护导体的连接,紧固件及防松零件齐全		第4.1.3条	全/12	共12处,全部检查,合格12处	√
	4	变压器及高压电器设备的交接试验		第4.1.4条	/	交接试验合格,试验记录编号:××××	√
	5	箱式变电所及落地或配电箱的位置及固定		第4.1.5条	/	/	/
		箱体与保护导体可靠连接及接地			/	/	/
	6	箱式变电所的交接试验		第4.1.6条	/	/	/
	7	配电间隔和静止补偿装置栅栏门	与保护导体可靠连接	第4.1.7条	/	/	/
			截面积	≮$4mm^2$	/	/	/

续表

验收项目			设计要求及规范规定	最小/实际抽样数量	检查记录	检查结果
一般项目	1	有载调压开关检查	第 4.2.1 条	/	/	/
	2	绝缘件和测温仪表检查	第 4.2.2 条	6/6	抽查 6 处，合格 6 处	100%
	3	装有滚轮的变压器固定	第 4.2.3 条	/	/	/
	4	变压器的器身检查	第 4.2.4 条	全/1	共 1 处，全部检查，1 处合格	100%
	5	箱式变电所内外涂层和通风口检查	第 4.2.5 条	/	/	/
	6	箱式变电所柜内接线和线路标记	第 4.2.6 条	/	/	/
	7	油浸变压器沿气体继电器气流方向升高坡度	第 4.2.7 条	/	/	/
	8	绝缘盖板上开孔时应符合变压器的防护等级要求	第 4.2.8 条	全/1	共 1 处，全部检查，1 处合格	100%
施工单位检查结果	符合要求 专业工长：××× 项目专业质量检查员：××× ××年×月×日					
监理单位验收结论	合格 专业监理工程师：××× ××年×月×日					

成套配电柜、控制柜（屏、台）和动力、照明配电箱（盘）安装检验批质量验收记录

07010201 001

<table>
<tr><td>单位(子单位)工程名称</td><td>××办公楼工程</td><td>分部(子分部)工程名称</td><td>建筑电气（电气照明）</td><td>分项工程名称</td><td>照明配电箱安装</td></tr>
<tr><td>施工单位</td><td>××建设集团</td><td>项目负责人</td><td>×××</td><td>检验批容量</td><td>2台</td></tr>
<tr><td>分包单位</td><td>××建筑电气安装公司</td><td>分包单位项目负责人</td><td>×××</td><td>检验批部位</td><td>B02层配电箱</td></tr>
<tr><td>施工依据</td><td colspan="2">《建筑电气施工工艺标准》QB—××××</td><td>验收依据</td><td colspan="2">《建筑电气工程施工质量验收规范》（GB 50303—2015）</td></tr>
</table>

<table>
<tr><td colspan="3">验收项目</td><td>设计要求及规范规定</td><td>最小/实际抽样数量</td><td>检查记录</td><td>检查结果</td></tr>
<tr><td rowspan="14">主控项目</td><td>1</td><td>金属框架的接地或接零</td><td>第5.1.1条</td><td>全/4</td><td>共4处，全部检查，合格4处</td><td>√</td></tr>
<tr><td>2</td><td>电击保护和保护导体截面积</td><td>第5.1.2条</td><td>全/2</td><td>共2处，全部检查，合格2处</td><td>√</td></tr>
<tr><td>3</td><td>手车、抽屉式柜的推拉和动、静触头检查</td><td>第5.1.3条</td><td>/</td><td>/</td><td>/</td></tr>
<tr><td>4</td><td>高压成套配电柜的交接试验</td><td>第5.1.4条</td><td>/</td><td>/</td><td>/</td></tr>
<tr><td>5</td><td>低压成套配电柜的交接试验</td><td>第5.1.5条</td><td>/</td><td>/</td><td>/</td></tr>
<tr><td rowspan="2">6</td><td>柜间线路绝缘电阻测试</td><td rowspan="2">第5.1.6条</td><td>/</td><td>/</td><td>/</td></tr>
<tr><td>柜间二次回路耐压试验</td><td>/</td><td>/</td><td>/</td></tr>
<tr><td>7</td><td>直流柜试验</td><td>第5.1.7条</td><td>/</td><td>/</td><td>/</td></tr>
<tr><td>8</td><td>接地故障回路抗阻</td><td>第5.1.8条</td><td>/</td><td>/</td><td>/</td></tr>
<tr><td>9</td><td>剩余电流保护器的测试时间及测试值</td><td>第5.1.9条</td><td>/</td><td>/</td><td>/</td></tr>
<tr><td>10</td><td>电涌保护器安装</td><td>第5.1.10条</td><td>/</td><td>/</td><td>/</td></tr>
<tr><td>11</td><td>IT系统绝缘监测器报警功能</td><td>第5.1.11条</td><td>/</td><td>/</td><td>/</td></tr>
<tr><td>12</td><td>照明配电箱(盘)安装</td><td>第5.1.12条</td><td>3/3</td><td>抽查3处，合格3处</td><td>√</td></tr>
<tr><td>13</td><td>变送器电量信号精度等级要求及接收建筑智能化工程的指令要求</td><td>第5.1.13条</td><td>/</td><td>/</td><td>/</td></tr>
</table>

续表

<table>
<tr><th colspan="5">验收项目</th><th>设计要求及规范规定</th><th>最小/实际抽样数量</th><th>检查记录</th><th>检查结果</th></tr>
<tr><td rowspan="20">一般项目</td><td rowspan="5">1</td><td rowspan="5">基础型钢安装允许偏差(mm)</td><td rowspan="2">不直度</td><td>每米1</td><td>1.0</td><td>4/4</td><td>抽查4处,合格4处</td><td>100%</td></tr>
<tr><td>全长</td><td>5.0</td><td>4/4</td><td>抽查4处,合格4处</td><td>100%</td></tr>
<tr><td rowspan="2">水平度</td><td>每米</td><td>1.0</td><td>4/4</td><td>抽查4处,合格4处</td><td>100%</td></tr>
<tr><td>全长</td><td>5.0</td><td>4/4</td><td>抽查4处,合格4处</td><td>100%</td></tr>
<tr><td colspan="2">不平行度(mm/全长)</td><td>5.0</td><td>4/4</td><td>抽查4处,合格4处</td><td>100%</td></tr>
<tr><td>2</td><td colspan="3">柜、台、箱、盘的布置及安全间距</td><td>第5.2.2条</td><td>全/2</td><td>共2处,全部检查,合格2处</td><td>100%</td></tr>
<tr><td>3</td><td colspan="3">柜、台、箱间或与基础型钢的连接;柜、台、箱进出口防火封堵</td><td>第5.2.3条</td><td>3/3</td><td>抽查3处,合格3处</td><td>100%</td></tr>
<tr><td>4</td><td colspan="3">室外安装落地式配电(控制)柜的要求</td><td>第5.2.4条</td><td>/</td><td>/</td><td>/</td></tr>
<tr><td rowspan="3">5</td><td rowspan="3">柜、台、箱、盘安装允许偏差</td><td colspan="2">垂直度(‰)</td><td>≤1.5</td><td>3/3</td><td>抽查3处,合格3处</td><td>100%</td></tr>
<tr><td colspan="2">相互间接缝(mm)</td><td>≤2</td><td>3/3</td><td>抽查3处,合格3处</td><td>100%</td></tr>
<tr><td colspan="2">成列盘面(mm)</td><td>≤5</td><td>3/3</td><td>抽查3处,合格3处</td><td>100%</td></tr>
<tr><td>6</td><td colspan="3">柜、台、箱、盘内部检查试验</td><td>第5.2.6条</td><td>3/3</td><td>抽查3处,合格3处</td><td>100%</td></tr>
<tr><td>7</td><td colspan="3">低压电器组合</td><td>第5.2.7条</td><td>2/2</td><td>抽查2处,合格2处</td><td>100%</td></tr>
<tr><td>8</td><td colspan="3">柜、台、箱、盘间配线</td><td>第5.2.8条</td><td>2/2</td><td>抽查2处,合格2处</td><td>100%</td></tr>
<tr><td>9</td><td colspan="3">连接柜、台、箱、盘面板上的电器连接导线</td><td>第5.2.9条</td><td>2/2</td><td>抽查2处,合格2处</td><td>100%</td></tr>
<tr><td rowspan="4">10</td><td rowspan="4">照明配电箱(盘)安装</td><td colspan="2">安装质量</td><td>第5.2.10条</td><td>2/2</td><td>抽查2处,合格2处</td><td>100%</td></tr>
<tr><td colspan="2">箱(盘)内回路编号及标识</td><td>第5.2.10条</td><td>2/2</td><td>抽查2处,合格2处</td><td>100%</td></tr>
<tr><td colspan="2">箱(盘)制作材料</td><td></td><td>2/2</td><td>抽查2处,合格2处</td><td>100%</td></tr>
<tr><td colspan="2">垂直度(‰)</td><td>≤1.5</td><td>2/2</td><td>抽查2处,合格2处</td><td>100%</td></tr>
<tr><td colspan="3">施工单位检查结果</td><td colspan="6">符合要求
专业工长:×××
项目专业质量检查员:×××
××年×月×日</td></tr>
<tr><td colspan="3">监理单位验收结论</td><td colspan="6">合格
专业监理工程师:×××
××年×月×日</td></tr>
</table>

梯架、支架、托盘和槽盒安装检验批质量验收记录

07010301 001

<table>
<tr><td>单位(子单位)工程名称</td><td>××办公楼工程</td><td>分部(子分部)工程名称</td><td>建筑电气(室外电气)</td><td>分项工程名称</td><td>梯架、托盘和槽盒安装</td></tr>
<tr><td>施工单位</td><td>××建设集团</td><td>项目负责人</td><td>×××</td><td>检验批容量</td><td>150m</td></tr>
<tr><td>分包单位</td><td>××建筑电气安装公司</td><td>分包单位项目负责人</td><td>×××</td><td>检验批部位</td><td>变配电室</td></tr>
<tr><td>施工依据</td><td colspan="2">《建筑电气施工工艺标准》QB—××××</td><td>验收依据</td><td colspan="2">《建筑电气工程施工质量验收规范》(GB 50303—2015)</td></tr>
</table>

<table>
<tr><td colspan="3">验收项目</td><td>设计要求及规范规定</td><td>最小/实际抽样数量</td><td>检查记录</td><td>检查结果</td></tr>
<tr><td rowspan="4">主控项目</td><td rowspan="3">1</td><td>梯架、托盘和槽盒之前的连接</td><td rowspan="3">第11.1.1条</td><td>全/6</td><td>共6处，全部检查，合格6处</td><td>√</td></tr>
<tr><td>非镀锌梯架、托盘和槽盒本体之间的连接</td><td>/</td><td>/</td><td>/</td></tr>
<tr><td>镀锌梯架、托盘和槽盒本体之间的连接</td><td>2/2</td><td>抽查2处，合格2处</td><td>√</td></tr>
<tr><td>2</td><td>电缆梯架、托盘和槽盒转弯、分支处的连接配件最小弯曲半径</td><td>第11.1.2条</td><td>1/1</td><td>抽查1处，合格1处</td><td>√</td></tr>
<tr><td rowspan="9">一般项目</td><td>1</td><td>伸缩节及补偿装置的设置</td><td>第11.2.1条</td><td>/</td><td>/</td><td>/</td></tr>
<tr><td rowspan="2">2</td><td>梯架、托盘和槽盒与支架间及与连接板的固定</td><td rowspan="2">第11.2.2条</td><td>2/2</td><td>抽查2处，合格2处</td><td>100%</td></tr>
<tr><td>铝合金梯架、托盘和槽盒与钢支架固定及防电化腐蚀措施</td><td>/</td><td>/</td><td>/</td></tr>
<tr><td rowspan="4">3</td><td>设计无要求时，梯架、托盘、槽盒及支架安装</td><td>第11.2.3条第1～5款</td><td>全/1</td><td>共6处，全部检查，合格6处</td><td>100%</td></tr>
<tr><td>承力建筑钢结构构件</td><td>第11.2.3条第6款</td><td>/</td><td>/</td><td>/</td></tr>
<tr><td>水平、垂直安装的支架间距</td><td>第11.2.3条第7款</td><td>8/8</td><td>抽查8处，合格7处</td><td>87.5%</td></tr>
<tr><td>采用金属吊架固定时，圆钢直径</td><td>≮8mm</td><td>/</td><td>/</td><td>/</td></tr>
<tr><td>4</td><td>支吊架的设置要求；与预埋件焊接固定要求</td><td>第11.2.4条</td><td>8/8</td><td>抽查8处，合格8处</td><td>100%</td></tr>
<tr><td>5</td><td>金属支架的防腐</td><td>第11.2.5条</td><td>8/8</td><td>抽查8处，合格8处</td><td>100%</td></tr>
<tr><td colspan="2">施工单位检查结果</td><td colspan="5">符合要求
专业工长：×××
项目专业质量检查员：×××
××年×月×日</td></tr>
<tr><td colspan="2">监理单位验收结论</td><td colspan="5">合格
专业监理工程师：×××
××年×月×日</td></tr>
</table>

导管敷设检验批质量验收记录

07010401 001

单位(子单位)工程名称	××办公楼工程	分部(子分部)工程名称	建筑电气(变配电室)	分项工程名称	导管敷设
施工单位	××建设集团	项目负责人	×××	检验批容量	300m
分包单位	××建筑电气安装公司	分包单位项目负责人	×××	检验批部位	变配电室
施工依据	《建筑电气施工工艺标准》QB—××××		验收依据	《建筑电气工程施工质量验收规范》(GB 50303—2015)	

验收项目				设计要求及规范规定	最小/实际抽样数量	检查记录	检查结果
主控项目	1	金属导管与保护导体可靠连接		第12.1.1条	9/9	抽查9处,合格9处	√
	2	金属导管的连接		第12.1.2条	18/18	抽查18处,合格18处	√
	3	绝缘导管在砌体上剔槽埋设		第12.1.3条	2/2	抽查2处,合格2处	√
	4	预埋套管的设置及要求		第12.1.4条	/	/	/
一般项目	1	导管的弯曲半径		第12.2.1条	12/12	抽查12处,合格11处	91.7%
	2	导管支架安装	承力建筑钢结构构件上不得熔焊导管支架,且不得热加工开孔	第12.2.2条第1款	/	/	/
			金属吊架固定	第12.2.2条第2款	6/6	抽查6处,合格6处	100%
			金属支架防腐	第12.2.2条第3款	6/6	抽查6处,合格6处	100%
			导管支架安装质量	第12.2.2条第4款	6/6	抽查6处,合格6处	100%
	3	暗配导管的埋设		第12.2.3条	/	/	/
	4	导管的管口设置和处理		第12.2.4条	/	/	/
	5	室外导管敷设		第12.2.5条	/	/	/
	6	明配导管的敷设要求		第12.2.6条	12/12	抽查12处,合格11处	91.7%
	7	塑料导管敷设要求	管口应平滑,器件连接方式及结合面的处理	第12.2.7条第1款	6/6	抽查6处,合格6处	100%
			刚性塑料导管保护措施	第12.2.7条第2款	/	/	/
			埋设在墙内或混凝土内塑料导管的型号	第12.2.7条第3款	/	/	/
			刚性塑料导管温度补偿装置的装设	第12.2.7条第4款	全/6	共6处,全部检查,合格6处	100%

续表

<table>
<tr><td colspan="4">验收项目</td><td colspan="2">设计要求及规范规定</td><td>最小/实际抽样数量</td><td>检查记录</td><td>检查结果</td></tr>
<tr><td rowspan="13">一般项目</td><td rowspan="5">8</td><td rowspan="5">可弯曲金属导管及柔性导管的敷设要求</td><td>刚性导管与电气设备、器具连接</td><td colspan="2">第12.2.8条第1款</td><td>/</td><td>/</td><td>/</td></tr>
<tr><td>可弯曲金属导管或柔性导管与刚性导管或电气设备、器具间的连接;连接处的处理</td><td colspan="2">第12.2.8条第2款</td><td>/</td><td>/</td><td>/</td></tr>
<tr><td>可弯曲金属导管保护措施</td><td colspan="2">第12.2.8条第3款</td><td>/</td><td>/</td><td>/</td></tr>
<tr><td>明配金属、非金属柔性导管固定点间距</td><td colspan="2">第12.2.8条第4款</td><td>/</td><td>/</td><td>/</td></tr>
<tr><td>可弯曲金属导管和金属柔性导管不应做保护导体的接续导体</td><td colspan="2">第12.2.8条第5款</td><td>/</td><td>/</td><td>/</td></tr>
<tr><td rowspan="8">9</td><td rowspan="3">导管敷设要求</td><td>穿越外墙设置防水套管及防水处理</td><td colspan="2">第12.2.9条第1款</td><td>/</td><td>/</td><td>/</td></tr>
<tr><td>导管跨越建筑物变形缝应设置补偿装置</td><td colspan="2">第12.2.9条第2款</td><td>/</td><td>/</td><td>/</td></tr>
<tr><td>钢导管防腐处理</td><td colspan="2">第12.2.9条第3款</td><td>/</td><td>/</td><td>/</td></tr>
<tr><td rowspan="5">导管间敷设的最小距离(mm)</td><td rowspan="2">导管或配线槽盒的敷设位置</td><td colspan="2">管道种类</td><td rowspan="2">最小/实际抽样数量</td><td rowspan="2">检查记录</td><td rowspan="2">检查结果</td></tr>
<tr><td>热水</td><td>蒸汽</td></tr>
<tr><td>在热水、蒸汽管道上面平行敷设</td><td>300</td><td>1000</td><td>/</td><td>/</td><td>/</td></tr>
<tr><td>在热水、蒸汽管道下面或水平平行敷设</td><td>200</td><td>500</td><td>/</td><td>/</td><td>/</td></tr>
<tr><td>与热水、蒸汽管道交叉敷设</td><td colspan="2">不小于其平行的净距</td><td>/</td><td>/</td><td>/</td></tr>
<tr><td colspan="3">施工单位检查结果</td><td colspan="6">符合要求
专业工长:×××
项目专业质量检查员:×××
××年×月×日</td></tr>
<tr><td colspan="3">监理单位验收结论</td><td colspan="6">合格
专业监理工程师:×××
××年×月×日</td></tr>
</table>

电缆敷设检验批质量验收记录

07010501 001

单位(子单位)工程名称	××办公楼工程	分部(子分部)工程名称	建筑电气(变配电室)	分项工程名称	电缆敷设
施工单位	××建设集团	项目负责人	×××	检验批容量	300m
分包单位	××建筑电气安装公司	分包单位项目负责人	×××	检验批部位	变配电室
施工依据	《建筑电气施工工艺标准》QB—××××		验收依据	《建筑电气工程施工质量验收规范》(GB 50303—2015)	

验收项目			设计要求及规范规定	最小/实际抽样数量	检查记录	检查结果
主控项目	1	金属电缆支架与保护导体可靠连接	第13.1.1条	/	/	/
	2	电缆敷设质量	第13.1.2条	/	无绞拧、表面划伤等缺陷	√
	3	电缆敷设采取的防护措施	第13.1.3条	/	/	/
	4	并联使用的电力电缆型号、规格、长度应相同	第13.1.4条	/	与设计图纸一致	√
	5	电缆不得单根独穿钢导管的要求及固定用的夹具和支架不应形成闭合磁路	第13.1.5条	/	与设计图纸一致	√
	6	电缆接地线的要求	第13.1.6条	1/1	抽查1处,合格1处	√
	7	电缆的敷设和排列布置	第13.1.7条	/	与设计图纸一致	√
一般项目	1	除设计要求外,承力建筑钢结构构件上不得熔焊支架,且不得热加工开孔	第13.2.1条第1款	/	/	/
		电缆支架安装	第13.2.1条第2～6款	/	/	/
	2	电缆的敷设要求	第13.2.2条	4/4	抽查4处,合格4处	100%
	3	电缆的回填	第13.2.2条	/	/	/
	4	电缆的首端、末端和分支处设标志牌;直埋电缆设标志桩	第13.2.4条	4/4	抽查4处,合格4处	100%

施工单位检查结果	符合要求 专业工长:××× 项目专业质量检查员:××× ××年×月×日
监理单位验收结论	合格 专业监理工程师:××× ××年×月×日

管内穿线和槽盒内敷线检验批质量验收记录

07010601 001

<table>
<tr><td>单位(子单位)
工程名称</td><td colspan="2">××办公楼工程</td><td>分部(子分部)
工程名称</td><td>建筑电气
(电气照明)</td><td>分项工程名称</td><td colspan="2">管内穿线和
槽盒内敷线</td></tr>
<tr><td>施工单位</td><td colspan="2">××建设集团</td><td>项目负责人</td><td>×××</td><td>检验批容量</td><td colspan="2">276m</td></tr>
<tr><td>分包单位</td><td colspan="2">××建筑电气
安装公司</td><td>分包单位项目
负责人</td><td>×××</td><td>检验批部位</td><td colspan="2">三层 1～3/
A～D 轴</td></tr>
<tr><td>施工依据</td><td colspan="3">《建筑电气施工工艺标准》
QB—××××</td><td>验收依据</td><td colspan="3">《建筑电气工程施工质量验收规范》
(GB 50303—2015)</td></tr>
<tr><td colspan="3">验 收 项 目</td><td>设计要求及
规范规定</td><td>最小/实际
抽样数量</td><td colspan="2">检 查 记 录</td><td>检查
结果</td></tr>
<tr><td rowspan="3">主控项目</td><td>1</td><td>同一交流回路的绝缘导线敷设</td><td>第 14.1.1 条</td><td>2/2</td><td colspan="2">抽查 2 处,合格 2 处</td><td>√</td></tr>
<tr><td>2</td><td>绝缘导线穿管</td><td>第 14.1.2 条</td><td>2/2</td><td colspan="2">抽查 2 处,合格 2 处</td><td>√</td></tr>
<tr><td>3</td><td>绝缘导线的接头设置</td><td>第 14.1.3 条</td><td>1/1</td><td colspan="2">抽查 1 处,合格 1 处</td><td>√</td></tr>
<tr><td rowspan="5">一般项目</td><td>1</td><td>绝缘导线的保护措施</td><td>第 14.2.1 条</td><td>1/1</td><td colspan="2">抽查 1 处,合格 1 处</td><td>100%</td></tr>
<tr><td>2</td><td>绝缘导线的穿管要求</td><td>第 14.2.2 条</td><td>1/1</td><td colspan="2">抽查 1 处,合格 1 处</td><td>100%</td></tr>
<tr><td>3</td><td>接线盒(箱)的选用及质量</td><td>第 14.2.3 条</td><td>33/33</td><td colspan="2">共 33 处,全部检查,合格 31 处</td><td>93.9%</td></tr>
<tr><td>4</td><td>同一建筑物、构筑物内电线绝缘层颜色的选择</td><td>第 14.2.4 条</td><td>1/1</td><td colspan="2">抽查 1 处,合格 1 处</td><td>100%</td></tr>
<tr><td>5</td><td>槽盒内敷线</td><td>第 14.2.5 条</td><td>28/28</td><td colspan="2">抽查 28 处,合格 27 处</td><td>96.4%</td></tr>
<tr><td colspan="2">施工单位
检查结果</td><td colspan="6">符合要求

专业工长:×××
项目专业质量检查员:×××

××年×月×日</td></tr>
<tr><td colspan="2">监理单位
验收结论</td><td colspan="6">合格

专业监理工程师:×××

××年×月×日</td></tr>
</table>

电缆头制作、导线连接和线路绝缘测试检验批质量验收记录

07010701 001

<table>
<tr><td colspan="3">单位(子单位)工程名称</td><td>××办公楼工程</td><td>分部(子分部)工程名称</td><td>建筑电气(变配电室)</td><td>分项工程名称</td><td colspan="2">电缆头制作、导线连接和线路绝缘测试</td></tr>
<tr><td colspan="3">施工单位</td><td>××建设集团</td><td>项目负责人</td><td>×××</td><td>检验批容量</td><td colspan="2">20处</td></tr>
<tr><td colspan="3">分包单位</td><td>××建筑电气安装公司</td><td>分包单位项目负责人</td><td>×××</td><td>检验批部位</td><td colspan="2">变配电室</td></tr>
<tr><td colspan="3">施工依据</td><td colspan="2">《建筑电气施工工艺标准》QB—××××</td><td>验收依据</td><td colspan="3">《建筑电气工程施工质量验收规范》(GB 50303—2015)</td></tr>
<tr><td colspan="3">验收项目</td><td>设计要求及规范规定</td><td>最小/实际抽样数量</td><td colspan="3">检查记录</td><td>检查结果</td></tr>
<tr><td rowspan="5">主控项目</td><td>1</td><td>电力电缆通电前耐压试验</td><td>第17.1.1条</td><td>/</td><td colspan="3">耐压试验合格,试验报告编号:××××</td><td>√</td></tr>
<tr><td>2</td><td>低压或特低电压配电线间和线对地间的绝缘电阻测试</td><td>第17.1.2条</td><td>/</td><td colspan="3">绝缘电阻测试合格,绝缘电阻测试记录编号:××××</td><td>√</td></tr>
<tr><td rowspan="2">3</td><td>电力电缆的铜屏蔽层和铠装护套保护导体的连接</td><td rowspan="2">第17.1.3条</td><td>4/4</td><td colspan="3">抽查4处,合格4处</td><td>√</td></tr>
<tr><td>矿物绝缘电缆的金属护套和金属配件与保护导体的连接</td><td>/</td><td colspan="3">/</td><td>/</td></tr>
<tr><td>4</td><td>电缆端子与设备或器具连接</td><td>第17.1.4条</td><td>4/4</td><td colspan="3">抽查4处,合格4处</td><td>√</td></tr>
<tr><td rowspan="7">一般项目</td><td>1</td><td>电缆头应可靠固定</td><td>第17.2.1条</td><td>4/4</td><td colspan="3">抽查4处,合格4处</td><td>100%</td></tr>
<tr><td>2</td><td>导线与设备或器具的连接</td><td>第17.2.2条</td><td>/</td><td colspan="3">/</td><td>/</td></tr>
<tr><td>3</td><td>截面6mm² 及以下铜芯导线间的连接</td><td>第17.2.3条</td><td>/</td><td colspan="3">/</td><td>/</td></tr>
<tr><td>4</td><td>铝/铝合金电缆头及端子压接</td><td>第17.2.4条</td><td>/</td><td colspan="3">/</td><td>/</td></tr>
<tr><td>5</td><td>螺纹形接线端子与导线连接</td><td>第17.2.5条</td><td>/</td><td colspan="3">/</td><td>/</td></tr>
<tr><td>6</td><td>绝缘导线、电缆的线芯连接金具</td><td>第17.2.6条</td><td>8/8</td><td colspan="3">抽查8处,合格8处</td><td>100%</td></tr>
<tr><td>7</td><td>当接线端子规格与电气器具规格不配套时,不应采取降容转接措施</td><td>第17.2.7条</td><td>/</td><td colspan="3">/</td><td>/</td></tr>
<tr><td colspan="3">施工单位检查结果</td><td colspan="6">符合要求
专业工长:×××
项目专业质量检查员:×××
××年×月×日</td></tr>
<tr><td colspan="3">监理单位验收结论</td><td colspan="6">合格
专业监理工程师:×××
××年×月×日</td></tr>
</table>

普通灯具安装检验批质量验收记录

07010801 001

单位(子单位)工程名称	××办公楼工程	分部(子分部)工程名称	建筑电气(电气照明)	分项工程名称	普通灯具安装
施工单位	××建设集团	项目负责人	×××	检验批容量	122 处
分包单位	/	分包单位项目负责人	×××	检验批部位	二层 1~8/A~G 轴
施工依据	《建筑电气施工工艺标准》QB—××××		验收依据	《建筑电气工程施工质量验收规范》(GB 50303—2015)	

		验收项目		设计要求及规范规定	最小/实际抽样数量	检查记录	检查结果
主控项目	1	灯具固定	灯具固定质量	第 18.1.1 条第 1 款	7/7	抽查 7 处,合格 7 处	√
			大于 10kg 的灯具,固定及悬吊装置的强度试验	第 18.1.1 条第 2 款	/	/	/
	2	悬吊式灯具安装		第 18.1.2 条	6/6	抽查 6 处,合格 6 处	√
	3	吸顶或墙画上安装的灯具固定		第 18.1.3 条	2/2	抽查 2 处,合格 2 处	√
	4	由线盒引至嵌入式灯具或槽灯的绝缘导线		第 18.1.4 条	2/2	抽查 2 处,合格 2 处	√
	5	普通灯具的 1 类灯具外露可导电部分的要求		第 18.1.5 条	6/6	抽查 6 处,合格 6 处	√
	6	敞开式灯具的灯头对地面距离		第 18.1.6 条	6/6	抽查 6 处,合格 6 处	√
	7	埋地灯安装		第 18.1.7 条	/	/	/
	8	庭院灯、建筑物附属路灯安装		第 18.1.8 条	/	/	/
	9	大型灯具的玻璃罩安装及防止玻璃罩向下溅落的措施		第 18.1.9 条	/	/	/
	10	LED 灯具安装		第 18.1.10 条	/	/	/
一般项目	1	引向单个灯具的绝缘导线截面积		≮1mm²	6/6	抽查 6 处,合格 6 处	100%
		绝缘铜芯导线的线芯截面积		第 18.2.1 条	/	/	/
	2	灯具的外形、灯头及其接线检查		第 18.2.2 条	7/7	抽查 7 处,合格 7 处	√
	3	灯具表面及其附件的高温部位靠近可燃物时采取的措施		第 18.2.3 条	/	/	/
	4	高低压配电设备、裸母线及电梯曳引机正上方不应安装灯具		第 18.2.4 条	/	/	/
	5	投光灯的底座及其支架、枢轴		第 18.2.5 条	/	/	/
	6	聚光灯和类似灯具出光口面与被照物体的最短距离		第 18.2.6 条	/	/	/
	7	导轨灯的灯具功率和载荷		第 18.2.7 条	/	/	/
	8	露天灯具的安装及防腐和防水措施		第 18.2.8 条	/	/	/
	9	槽盒底部的荧光灯的安装		第 18.2.9 条	/	/	/
	10	庭院灯、建筑物附属路灯安装		第 18.2.10 条	/	/	/

施工单位检查结果	符合要求 专业工长:××× 项目专业质量检查员:××× ××年×月×日
监理单位验收结论	合格 专业监理工程师:××× ××年×月×日

室外电气专用灯具安装检验批质量验收记录

07010901　001

<table>
<tr><td>单位(子单位)工程名称</td><td>××办公楼工程</td><td>分部(子分部)工程名称</td><td>建筑电气(室外电气)</td><td>分项工程名称</td><td colspan="2">专用灯具安装</td></tr>
<tr><td>施工单位</td><td>××建设集团</td><td>项目负责人</td><td>×××</td><td>检验批容量</td><td colspan="2">9处</td></tr>
<tr><td>分包单位</td><td>××建筑电气安装公司</td><td>分包单位项目负责人</td><td>×××</td><td>检验批部位</td><td colspan="2">建筑外墙装饰灯</td></tr>
<tr><td>施工依据</td><td colspan="2">《建筑电气施工工艺标准》QB—××××</td><td>验收依据</td><td colspan="3">《建筑电气工程施工质量验收规范》(GB 50303—2015)</td></tr>
<tr><td colspan="3">验收项目</td><td>设计要求及规范规定</td><td>最小/实际抽样数量</td><td>检查记录</td><td>检查结果</td></tr>
<tr><td rowspan="12">主控项目</td><td>1</td><td>专用灯具与保护导体的可靠连接;接地标识及截面积</td><td>第19.1.1条</td><td>/</td><td>/</td><td>/</td></tr>
<tr><td>2</td><td>手术台无影灯安装</td><td>第19.1.2条</td><td>/</td><td>/</td><td>/</td></tr>
<tr><td rowspan="3">3</td><td>应急灯具安装</td><td>第19.1.3条
第1、3～7款</td><td>/</td><td>/</td><td>/</td></tr>
<tr><td>应急灯具、运行中温度大于60℃的灯具,应采取防火措施</td><td>第19.1.3条
第2款</td><td>/</td><td>/</td><td>/</td></tr>
<tr><td>消防应急照明线路,暗敷钢导管保护层厚度</td><td>第19.1.3条
第8款</td><td>/</td><td>/</td><td>/</td></tr>
<tr><td>4</td><td>霓虹灯安装</td><td>第19.1.4条</td><td>全/9</td><td>共9处,全部检查,合格9处</td><td>√</td></tr>
<tr><td>5</td><td>高压钠灯、金属卤化物灯安装</td><td>第19.1.5条</td><td>/</td><td>/</td><td>/</td></tr>
<tr><td>6</td><td>景观照明灯具安装</td><td>第19.1.6条</td><td>/</td><td>/</td><td>/</td></tr>
<tr><td>7</td><td>航空障碍标志灯安装</td><td>第19.1.7条</td><td>/</td><td>/</td><td>/</td></tr>
<tr><td>8</td><td>太阳能灯具安装</td><td>第19.1.8条</td><td>/</td><td>/</td><td>/</td></tr>
<tr><td>9</td><td>洁净场所灯具嵌入安装</td><td>第19.1.9条</td><td>/</td><td>/</td><td>/</td></tr>
<tr><td>10</td><td>游泳池和类似场所灯具安装</td><td>第19.1.10条</td><td>/</td><td>/</td><td>/</td></tr>
<tr><td rowspan="7">一般项目</td><td>1</td><td>手术台无影灯安装</td><td>第19.2.1条</td><td>/</td><td>/</td><td>/</td></tr>
<tr><td>2</td><td>当应急电源或镇流器与灯具分离安装时固定可靠;导线用金属导管保护、不外露</td><td>第19.2.2条</td><td>/</td><td>/</td><td>/</td></tr>
<tr><td>3</td><td>霓虹灯安装</td><td>第19.2.2条</td><td>1/1</td><td>抽查1处,合格1处</td><td>100%</td></tr>
<tr><td>4</td><td>高压钠灯、金属卤化物灯安装</td><td>第19.2.4条</td><td>/</td><td>/</td><td>/</td></tr>
<tr><td>5</td><td>建筑物景观照明灯具构架固定;外露绝缘导线或电缆的保护</td><td>第19.2.5条</td><td>/</td><td>/</td><td>/</td></tr>
<tr><td>6</td><td>航空障碍标志灯安装位置</td><td>第19.2.6条</td><td>/</td><td>/</td><td>/</td></tr>
<tr><td>7</td><td>太阳能灯具的安装固定</td><td>第19.2.7条</td><td>/</td><td>/</td><td>/</td></tr>
<tr><td colspan="2">施工单位检查结果</td><td colspan="5">符合要求
专业工长:×××
项目专业质量检查员:×××
××年×月×日</td></tr>
<tr><td colspan="2">监理单位验收结论</td><td colspan="5">合格
专业监理工程师:×××
××年×月×日</td></tr>
</table>

建筑照明通电试运行检验批质量验收记录

07011001 __001__

<table>
<tr><td colspan="3">单位(子单位)
工程名称</td><td>××办公楼工程</td><td>分部(子分部)
工程名称</td><td>建筑电气
(室外电气)</td><td>分项工程名称</td><td colspan="2">建筑照明
通电试运行</td></tr>
<tr><td colspan="3">施工单位</td><td>××建设集团</td><td>项目负责人</td><td>×××</td><td>检验批容量</td><td colspan="2">9处</td></tr>
<tr><td colspan="3">分包单位</td><td>××建筑电气
安装公司</td><td>分包单位项目
负责人</td><td>×××</td><td>检验批部位</td><td colspan="2">建筑外墙
装饰灯</td></tr>
<tr><td colspan="3">施工依据</td><td colspan="2">《建筑电气施工工艺标准》
QB—××××</td><td>验收依据</td><td colspan="3">《建筑电气工程施工质量验收规范》
(GB 50303—2015)</td></tr>
<tr><td colspan="4">验 收 项 目</td><td>设计要求及
规范规定</td><td>最小/实际
抽样数量</td><td colspan="2">检 查 记 录</td><td>检查
结果</td></tr>
<tr><td rowspan="3">主控项目</td><td>1</td><td colspan="2">灯具回路控制</td><td>第21.1.1条</td><td>1/1</td><td colspan="2">抽查1处,合格1处</td><td>√</td></tr>
<tr><td>2</td><td colspan="2">照明系统通电连续试运行</td><td>第21.1.2条</td><td>1/1</td><td colspan="2">抽查1处,合格1处</td><td>√</td></tr>
<tr><td>3</td><td colspan="2">照度测试</td><td>第21.1.3条</td><td>/</td><td colspan="2">/</td><td>/</td></tr>
<tr><td colspan="4">施工单位
检查结果</td><td colspan="5">符合要求

专业工长:×××
项目专业质量检查员:×××

××年×月×日</td></tr>
<tr><td colspan="4">监理单位
验收结论</td><td colspan="5">合格

专业监理工程师:×××

××年×月×日</td></tr>
</table>

接地装置安装检验批质量验收记录

07011101 001

<table>
<tr><td colspan="3">单位(子单位)工程名称</td><td>××办公楼工程</td><td>分部(子分部)工程名称</td><td>建筑电气(室外电气)</td><td>分项工程名称</td><td colspan="2">接地装置安装</td></tr>
<tr><td colspan="3">施工单位</td><td>××建设集团</td><td>项目负责人</td><td>×××</td><td>检验批容量</td><td colspan="2">6组</td></tr>
<tr><td colspan="3">分包单位</td><td>××建筑电气安装公司</td><td>分包单位项目负责人</td><td>×××</td><td>检验批部位</td><td colspan="2">基础底板</td></tr>
<tr><td colspan="3">施工依据</td><td colspan="2">《建筑电气施工工艺标准》QB—××××</td><td>验收依据</td><td colspan="3">《建筑电气工程施工质量验收规范》(GB 50303—2015)</td></tr>
<tr><td colspan="4">验收项目</td><td>设计要求及规范规定</td><td>最小/实际抽样数量</td><td colspan="2">检查记录</td><td>检查结果</td></tr>
<tr><td rowspan="4">主控项目</td><td>1</td><td colspan="2">接地装置在地面以上的部分测试点设置及标识</td><td>第22.1.1条</td><td>全/6</td><td colspan="2">共6处，全部检查，合格6处</td><td>√</td></tr>
<tr><td>2</td><td colspan="2">接地装置的接地电阻值</td><td>第22.1.2条</td><td>/</td><td colspan="2">合格，接地电阻测试记录编号：××××</td><td>√</td></tr>
<tr><td>3</td><td colspan="2">接地装置的材料规格、型号</td><td>第22.1.3条</td><td>全/6</td><td colspan="2">共6处，全部检查，合格6处</td><td>√</td></tr>
<tr><td>4</td><td colspan="2">当接地电阻达不到设计要求采取措施降低接地电阻</td><td>第22.1.4条</td><td>/</td><td colspan="2">/</td><td>/</td></tr>
<tr><td rowspan="5">一般项目</td><td rowspan="2">1</td><td colspan="2">接地装置埋设深度、间距</td><td>第22.2.1条</td><td>全/6</td><td colspan="2">共6处，全部检查，合格6处</td><td>100%</td></tr>
<tr><td colspan="2">人工接地体与建筑物外墙或基础的水平距离</td><td>≮1m</td><td>全/6</td><td colspan="2">共6处，全部检查，合格6处</td><td>100%</td></tr>
<tr><td>2</td><td colspan="2">接地装置的焊接及防腐</td><td>第22.2.2条</td><td>1/1</td><td colspan="2">抽查1处，合格1处</td><td>100%</td></tr>
<tr><td>3</td><td colspan="2">接地极为铜材和钢材组成连接，采用热剂焊时的表面质量</td><td>第22.2.3条</td><td>/</td><td colspan="2">/</td><td>/</td></tr>
<tr><td>4</td><td colspan="2">采取降阻措施的接地装置</td><td>第22.2.4条</td><td>/</td><td colspan="2">/</td><td>/</td></tr>
<tr><td colspan="3">施工单位检查结果</td><td colspan="6">符合要求
专业工长：×××
项目专业质量检查员：×××
××年×月×日</td></tr>
<tr><td colspan="3">监理单位验收结论</td><td colspan="6">合格
专业监理工程师：×××
××年×月×日</td></tr>
</table>

母线槽安装检验批质量验收记录

07020301 001

单位(子单位)工程名称	××办公楼工程	分部(子分部)工程名称	建筑电气(供电干线)	分项工程名称	母线槽安装
施工单位	××建设集团	项目负责人	×××	检验批容量	5处
分包单位	××建筑电气安装公司	分包单位项目负责人	×××	检验批部位	变配电室
施工依据	《建筑电气施工工艺标准》QB—××××		验收依据	《建筑电气工程施工质量验收规范》(GB 50303—2015)	

验收项目				设计要求及规范规定	最小/实际抽样数量	检查记录	检查结果
主控项目	1		母线槽的外露可导电部分与保护导体连接	第10.1.1条	全/5	共5处,全部检查,合格5处	√
	2		母线槽的金属外壳作为保护接地导体时的检查	第10.1.2条	全/5	共5处,全部检查,合格5处	√
	3		母线与母线、母线与电器设备接线端子螺栓搭接连接	第10.1.3条	1/1	抽查1处,合格1处	√
	4		母线槽不宜安装在水管正下方	第10.1.4条第1款	/	/	/
			母线槽安装	第10.1.4条第2～5款	1/1	抽查1处,合格1处	√
	5		母线槽通电运行前检验或试验	第10.1.5条	/	合格,绝缘电阻测试记录编号:××××	√
一般项目	1		除设计要求外,承力建筑钢构件上不得熔焊连接母线槽支架,且不得热加工开孔	第10.2.1条第1款	/	/	/
			母线槽支架的安装	第10.2.1条第2～4款	1/1	抽查1处,合格1处	100%
	2		母线与母线、母线与电器接线端子搭接或设备接线端子搭接面处理方式	第10.2.2条	1/1	抽查1处,合格1处	100%
	3		母线用螺栓搭接	第10.2.3条	/	/	/
	4		设计无要求时,母线的相序排列及涂色	第10.2.4条	1/1	抽查1处,合格1处	100%
	5	母线槽安装要求	水平或垂直敷设的母线槽固定点设置	第10.2.5条第1款	1/1	抽查1处,合格1处	100%
			母线槽段与段的连接口设置及防火封堵措施	第10.2.5条第2款	1/1	抽查1处,合格1处	100%
			跨越建筑物变形缝时,补偿装置的设置;直线敷设时伸缩节的设置	第10.2.5条第3款	/	/	/
			母线槽直线段安装质量	第10.2.5条第4款	1/1	抽查1处,合格1处	100%
			外壳与底座间、外壳各连接部位及母线的连接螺栓	第10.2.5条第5款	1/1	抽查1处,合格1处	100%
			母线槽的封堵	第10.2.5条第6款	全/5	共5处,全部检查,合格5处	100%
			母线槽与各类管道平行或交叉的净距	第10.2.5条第7款	/	/	/

施工单位检查结果	符合要求 专业工长:××× 项目专业质量检查员:××× ××年×月×日
监理单位验收结论	合格 专业监理工程师:××× ××年×月×日

接地干线敷设检验批质量验收记录

07020801 001

<table>
<tr><td colspan="3">单位(子单位)工程名称</td><td>××办公楼工程</td><td>分部(子分部)工程名称</td><td>建筑电气(变配电室)</td><td>分项工程名称</td><td colspan="2">接地干线敷设</td></tr>
<tr><td colspan="3">施工单位</td><td>××建设集团</td><td>项目负责人</td><td>×××</td><td>检验批容量</td><td colspan="2">3处</td></tr>
<tr><td colspan="3">分包单位</td><td>××建筑电气安装公司</td><td>分包单位项目负责人</td><td>×××</td><td>检验批部位</td><td colspan="2">B2层变配电室</td></tr>
<tr><td colspan="3">施工依据</td><td colspan="2">《建筑电气施工工艺标准》QB—××××</td><td>验收依据</td><td colspan="3">《建筑电气工程施工质量验收规范》(GB 50303—2015)</td></tr>
<tr><td colspan="4">验收项目</td><td>设计要求及规范规定</td><td>最小/实际抽样数量</td><td colspan="2">检查记录</td><td>检查结果</td></tr>
<tr><td rowspan="2">主控项目</td><td>1</td><td colspan="2">接地干线应与接地装置可靠连接</td><td>第23.1.1条</td><td>全/3</td><td colspan="2">共3处,全部检查,合格3处</td><td>√</td></tr>
<tr><td>2</td><td colspan="2">接地干线的材料型号、规格</td><td>第23.1.2条</td><td>/</td><td colspan="2">与设计相符,进场验收记录编号:××××;隐检记录编号:××××</td><td>√</td></tr>
<tr><td rowspan="6">一般项目</td><td>1</td><td colspan="2">接地干线的连接</td><td>第23.2.1条</td><td>2/2</td><td colspan="2">抽查2处,合格2处</td><td>100%</td></tr>
<tr><td>2</td><td colspan="2">明敷的室内接地干线支持件的固定及间距</td><td>第23.2.2条</td><td>1/1</td><td colspan="2">抽查1处,合格1处</td><td>100%</td></tr>
<tr><td>3</td><td colspan="2">接地干线在穿越墙壁、楼板和地坪处的保护套管及管口封堵</td><td>第23.2.3条</td><td>1/1</td><td colspan="2">抽查1处,合格1处</td><td>100%</td></tr>
<tr><td>4</td><td colspan="2">接地干线跨越变形缝的补偿措施</td><td>第23.2.4条</td><td>全/2</td><td colspan="2">共2处,全部检查,合格2处</td><td>100%</td></tr>
<tr><td>5</td><td colspan="2">接地干线的焊接接头防腐处理</td><td>第23.2.5条</td><td>2/2</td><td colspan="2">抽查2处,合格2处</td><td>100%</td></tr>
<tr><td>6</td><td colspan="2">室内明敷接地干线安装</td><td>第23.2.6条</td><td>/</td><td colspan="2">/</td><td>/</td></tr>
<tr><td colspan="3">施工单位检查结果</td><td colspan="6">符合要求
专业工长:×××
项目专业质量检查员:×××
××年×月×日</td></tr>
<tr><td colspan="3">监理单位验收结论</td><td colspan="6">合格
专业监理工程师:×××
××年×月×日</td></tr>
</table>

电气设备试验和试运行检验批质量验收记录

07030101 001

<table>
<tr><td colspan="2">单位(子单位)工程名称</td><td>××办公楼工程</td><td>分部(子分部)工程名称</td><td>建筑电气(接地干线)</td><td>分项工程名称</td><td colspan="2">电气设备试验和试运行</td></tr>
<tr><td colspan="2">施工单位</td><td>××建设集团</td><td>项目负责人</td><td>×××</td><td>检验批容量</td><td colspan="2">3台</td></tr>
<tr><td colspan="2">分包单位</td><td>《建筑电气施工工艺标准》QB—××××</td><td>分包单位项目负责人</td><td>×××</td><td>检验批部位</td><td colspan="2">B2层设备间</td></tr>
<tr><td colspan="2">施工依据</td><td colspan="2">《建筑电气施工工艺标准》QB—××××</td><td>验收依据</td><td colspan="3">《建筑电气工程施工质量验收规范》(GB 50303—2015)</td></tr>
<tr><td colspan="3">验收项目</td><td>设计要求及规范规定</td><td>最小/实际抽样数量</td><td colspan="2">检查记录</td><td>检查结果</td></tr>
<tr><td rowspan="3">主控项目</td><td>1</td><td>试运行前,相关电气设备和线路的试验</td><td>第9.1.1条</td><td>/</td><td colspan="2">合格,试验记录编号:××××</td><td>√</td></tr>
<tr><td>2</td><td>现场单独安装的低压电器交接试验</td><td>第9.1.2条</td><td>/</td><td colspan="2">合格,试验记录编号:××××</td><td>√</td></tr>
<tr><td>3</td><td>电动机试运行</td><td>第9.1.3条</td><td>/</td><td colspan="2">合格,电动机空载试运行记录编号:××××</td><td>√</td></tr>
<tr><td rowspan="2">一般项目</td><td>1</td><td>电气动力设备的运行</td><td>第9.2.1条</td><td>全/3</td><td colspan="2">共3处,全部检查,合格3处</td><td>100%</td></tr>
<tr><td>2</td><td>电动执行机构的动作方向及指示</td><td>第9.2.2条</td><td>1/1</td><td colspan="2">抽查1处,合格1处</td><td>100%</td></tr>
<tr><td colspan="2">施工单位检查结果</td><td colspan="6">符合要求
专业工长:×××
项目专业质量检查员:×××
××年×月×日</td></tr>
<tr><td colspan="2">监理单位验收结论</td><td colspan="6">合格
专业监理工程师:×××
××年×月×日</td></tr>
</table>

电动机、电加热器及电动执行机构检查接线检验批质量验收记录

07040201 001

<table>
<tr><td>单位(子单位)工程名称</td><td>××办公楼工程</td><td>分部(子分部)工程名称</td><td>建筑电气(电气动力)</td><td>分项工程名称</td><td colspan="2">电动机、电加热器及电动执行机构检查接线</td></tr>
<tr><td>施工单位</td><td>××建设集团</td><td>项目负责人</td><td>×××</td><td>检验批容量</td><td colspan="2">5台</td></tr>
<tr><td>分包单位</td><td>××建筑电气安装公司</td><td>分包单位项目负责人</td><td>×××</td><td>检验批部位</td><td colspan="2">水泵房</td></tr>
<tr><td>施工依据</td><td colspan="2">《建筑电气施工工艺标准》QB—××××</td><td>验收依据</td><td colspan="3">《建筑电气工程施工质量验收规范》(GB 50303—2015)</td></tr>
</table>

<table>
<tr><td colspan="3">验收项目</td><td>设计要求及规范规定</td><td>最小/实际抽样数量</td><td>检查记录</td><td>检查结果</td></tr>
<tr><td rowspan="3">主控项目</td><td>1</td><td>电动机、电加热器及电动执行机构的外露可导电部分与保护导体可靠连接</td><td>第6.1.1条</td><td>1/1</td><td>抽查1处,合格1处</td><td>√</td></tr>
<tr><td>2</td><td>低压电动机、电加热器及电动执行机构的绝缘电阻值</td><td>第6.1.2条</td><td>/</td><td>合格,绝缘电阻测试记录编号:××××</td><td>√</td></tr>
<tr><td>3</td><td>高压及100kW以上电动机的交接试验</td><td>第6.1.3条</td><td>/</td><td>/</td><td>/</td></tr>
<tr><td rowspan="5">一般项目</td><td>1</td><td>电气设备安装质量及密封处理</td><td>第6.2.1条</td><td>1/1</td><td>抽查1处,合格1处</td><td>100%</td></tr>
<tr><td>2</td><td>电动机检查</td><td>第6.2.2条</td><td>1/1</td><td>抽查1处,合格1处</td><td>100%</td></tr>
<tr><td>3</td><td>电动机抽芯检查</td><td>第6.2.3条</td><td>全/5</td><td>共5处,全部检查,合格5处</td><td>100%</td></tr>
<tr><td>4</td><td>电动机电源线与出线端子接触质量</td><td>第6.2.4条</td><td>全/5</td><td>共5处,全部检查,合格5处</td><td>100%</td></tr>
<tr><td>5</td><td>在设备接线盒内裸露的不同相间和相对地间电气间隙应符合产品技术文件要求,或采取绝缘防护措施</td><td>第6.2.5条</td><td>1/1</td><td>抽查1处,合格1处</td><td>100%</td></tr>
<tr><td colspan="3">施工单位检查结果</td><td colspan="4">符合要求
专业工长:×××
项目专业质量检查员:×××
××年×月×日</td></tr>
<tr><td colspan="3">监理单位验收结论</td><td colspan="4">合格
专业监理工程师:×××
××年×月×日</td></tr>
</table>

开关、插座、风扇安装检验批质量验收记录

07051101 001

<table>
<tr><td colspan="3">单位(子单位)工程名称</td><td>××办公楼工程</td><td>分部(子分部)工程名称</td><td>建筑电气(电气照明)</td><td>分项工程名称</td><td>开关、插座、风扇安装</td></tr>
<tr><td colspan="3">施工单位</td><td>××建设集团</td><td>项目负责人</td><td>×××</td><td>检验批容量</td><td>15 处</td></tr>
<tr><td colspan="3">分包单位</td><td>××建筑电气安装公司</td><td>分包单位项目负责人</td><td>×××</td><td>检验批部位</td><td>三层开关、插座</td></tr>
<tr><td colspan="3">施工依据</td><td colspan="2">《建筑电气施工工艺标准》QB—××××</td><td>验收依据</td><td colspan="2">《建筑电气工程施工质量验收规范》(GB 50303—2015)</td></tr>
<tr><td colspan="4">验收项目</td><td>设计要求及规范规定</td><td>最小/实际抽样数量</td><td>检查记录</td><td>检查结果</td></tr>
<tr><td rowspan="9">主控项目</td><td>1</td><td colspan="2">交流、直流或不同电压等级在同一场所的插座应有明显区别;配套插头按交流、直流或不同电压等级区分使用</td><td>第 20.1.1 条</td><td>/</td><td>/</td><td>/</td></tr>
<tr><td>2</td><td colspan="2">不间断电源插座及应急电源插座设置标识</td><td>第 20.1.2 条</td><td>2/2</td><td>抽查 2 处,合格 2 处</td><td>√</td></tr>
<tr><td>3</td><td colspan="2">插座接线</td><td>第 20.1.3 条</td><td>1/1</td><td>抽查 1 处,合格 1 处</td><td>√</td></tr>
<tr><td rowspan="3">4</td><td rowspan="3">照明开关安装</td><td>统一建筑物开关的品种、通断位置及操作</td><td>第 20.1.4 条第 1 款</td><td>1/1</td><td>抽查 1 处,合格 1 处</td><td>√</td></tr>
<tr><td>相线经开关控制</td><td>第 20.1.4 条第 2 款</td><td>1/1</td><td>抽查 1 处,合格 1 处</td><td>√</td></tr>
<tr><td>紫外线杀菌灯开关标识及位置</td><td>第 20.1.4 条第 3 款</td><td>/</td><td>/</td><td>/</td></tr>
<tr><td>5</td><td colspan="2">温控器接线、显示屏指示、温控器接线</td><td>第 20.1.5 条</td><td>/</td><td>/</td><td>/</td></tr>
<tr><td>6</td><td colspan="2">吊扇安装</td><td>第 20.1.6 条</td><td>/</td><td>/</td><td>/</td></tr>
<tr><td>7</td><td colspan="2">壁扇安装</td><td>第 20.1.7 条</td><td>/</td><td>/</td><td>/</td></tr>
<tr><td rowspan="7">一般项目</td><td>1</td><td colspan="2">暗装的插座盒或开关盒</td><td>第 20.2.1 条</td><td>1/1</td><td>抽查 1 处,合格 1 处</td><td>100%</td></tr>
<tr><td>2</td><td colspan="2">插座安装</td><td>第 20.2.2 条</td><td>1/1</td><td>抽查 1 处,合格 1 处</td><td>100%</td></tr>
<tr><td>3</td><td colspan="2">照明开关安装</td><td>第 20.2.3 条</td><td>1/1</td><td>抽查 1 处,合格 1 处</td><td>100%</td></tr>
<tr><td>4</td><td colspan="2">温控器安装</td><td>第 20.2.4 条</td><td>/</td><td>/</td><td>/</td></tr>
<tr><td>5</td><td colspan="2">吊扇安装</td><td>第 20.2.5 条</td><td>/</td><td>/</td><td>/</td></tr>
<tr><td>6</td><td colspan="2">壁扇安装</td><td>第 20.2.6 条</td><td>/</td><td>/</td><td>/</td></tr>
<tr><td>7</td><td colspan="2">换气扇安装</td><td>第 20.2.7 条</td><td>/</td><td>/</td><td>/</td></tr>
<tr><td colspan="4">施工单位检查结果</td><td colspan="4">符合要求
专业工长:×××
项目专业质量检查员:×××
××年×月×日</td></tr>
<tr><td colspan="4">监理单位验收结论</td><td colspan="4">合格
专业监理工程师:×××
××年×月×日</td></tr>
</table>

钢索配线检验批质量验收记录

07050701 001

<table>
<tr><td>单位(子单位)工程名称</td><td>××办公楼工程</td><td>分部(子分部)工程名称</td><td>建筑电气(电气照明)</td><td>分项工程名称</td><td colspan="2">钢索配线</td></tr>
<tr><td>施工单位</td><td>××建设集团</td><td>项目负责人</td><td>×××</td><td>检验批容量</td><td colspan="2">55m</td></tr>
<tr><td>分包单位</td><td>××建筑电气安装公司</td><td>分包单位项目负责人</td><td>×××</td><td>检验批部位</td><td colspan="2">室外照明</td></tr>
<tr><td>施工依据</td><td colspan="2">《建筑电气施工工艺标准》QB—××××</td><td>验收依据</td><td colspan="3">《建筑电气工程施工质量验收规范》(GB 50303—2015)</td></tr>
<tr><td colspan="3">验 收 项 目</td><td>设计要求及规范规定</td><td>最小/实际抽样数量</td><td>检 查 记 录</td><td>检查结果</td></tr>
<tr><td rowspan="4">主控项目</td><td>1</td><td>钢索配线所用材料及质量</td><td>第 16.1.1 条</td><td>/</td><td>合格，质量证明文件编号：××××；材料进场验收记录编号：××××</td><td>√</td></tr>
<tr><td>2</td><td>钢索与终端拉环套按要求及与保护导体的可靠连接</td><td>第 16.1.2 条</td><td>/</td><td>合格，隐蔽工程验收记录编号：××××</td><td>√</td></tr>
<tr><td>3</td><td>钢索终端拉环埋件的牢固性及拉环的过载试验</td><td>第 16.1.3 条</td><td>/</td><td>合格，过载试验记录编号：××××</td><td>√</td></tr>
<tr><td>4</td><td>钢索设索具螺旋扣紧固要求</td><td>第 16.1.4 条</td><td>全/6</td><td>共 6 处，全部检查，合格 6 处</td><td>√</td></tr>
<tr><td rowspan="3">一般项目</td><td>1</td><td>钢索中间吊架间距；吊架与钢索连接处的吊钩深度</td><td>第 16.2.1 条</td><td>2/2</td><td>抽查 2 处，合格 2 处</td><td>100%</td></tr>
<tr><td>2</td><td>绝缘导线和灯具在钢索上安装后质量</td><td>第 16.2.2 条</td><td>全/4</td><td>共 4 处，全部检查，合格 4 处</td><td>100%</td></tr>
<tr><td>3</td><td>钢索配线的支持件之间及支持件与灯头盒间最大距离</td><td>第 16.2.3 条</td><td>2/2</td><td>抽查 2 处，合格 2 处</td><td>1.00%</td></tr>
<tr><td colspan="2">施工单位检查结果</td><td colspan="5">符合要求
专业工长：×××
项目专业质量检查员：×××
××年×月×日</td></tr>
<tr><td colspan="2">监理单位验收结论</td><td colspan="5">合格
专业监理工程师：×××
××年×月×日</td></tr>
</table>

柴油发电机组安装检验批质量验收记录

07060201 001

单位(子单位)工程名称	××办公楼工程	分部(子分部)工程名称	建筑电气(备用和不间断电源安装)	分项工程名称	柴油发电机组安装
施工单位	××建设集团	项目负责人	×××	检验批容量	1组
分包单位	××建筑电气安装公司	分包单位项目负责人	×××	检验批部位	发电机组室
施工依据	《建筑电气施工工艺标准》QB—××××		验收依据	《建筑电气工程施工质量验收规范》(GB 50303—2015)	

验收项目			设计要求及规范规定	最小/实际抽样数量	检查记录	检查结果
主控项目	1	发电机的试验	第7.1.1条	/	合格,发电机交接试验记录编号:××××	√
	2	发电机组至配电柜馈电线路的相间、相对地间的绝缘电阻值	第7.1.2条	/	合格,绝缘电阻测试记录编号:××××	√
	3	柴油发电机馈电线路两端的相序	第7.1.3条	/	合格,绝缘电阻测试记录编号:××××	√
	4	柴油发电机并列运行	第7.1.4条	/	/	/
	5	发电机中性点接地连接方式及接地电阻值	第7.1.5条	/	合格,接地电阻测试记录编号:××××	√
	6	发电机本体和机械部分的外露部分可靠连接有标识	第7.1.6条	全/2	共2处,全部检查,2处合格	√
	7	燃油系统的设备及管道的防静电接地	第7.1.7条	全/2	共2处,全部检查,2处合格	√
一般项目	1	发电机组随机的配电柜、控制柜接线	第7.2.1条	全/3	共3处,全部检查,3处合格	100%
		发电机组随机的配电柜、控制柜接线、紧固件紧固状态		全/4	共4处,全部检查,4处合格	100%
		开关、保护装置的型号、规格		全/2	共2处,全部检查,2处合格	100%
		验证出厂试验的锁定标记		全/1	共1处,全部检查,1处合格	100%
	2	受电侧配电柜的开关设备、自动或手动切换装置和保护装置等试验	第7.2.2条	/	合格,电器设备试验记录编号:××××	100%
		机组负荷试验		/	合格,发电机负荷试运行记录编号:××××	100%

施工单位检查结果	符合要求 专业工长:××× 项目专业质量检查员:××× ××年×月×日
监理单位验收结论	合格 专业监理工程师:××× ××年×月×日

不间断电源装置及应急电源装置安装检验批质量验收记录

07060301 001

单位(子单位)工程名称	××办公楼工程	分部(子分部)工程名称	建筑电气(备用和不间断电源)	分项工程名称	不间断电源装置及应急电源装置安装
施工单位	××建设集团	项目负责人	×××	检验批容量	2组
分包单位	××建筑电气安装公司	分包单位项目负责人	×××	检验批部位	变配电室
施工依据	《建筑电气施工工艺标准》QB—××××		验收依据	《建筑电气工程施工质量验收规范》(GB 50303—2015)	

验收项目				设计要求及规范规定	最小/实际抽样数量	检查记录	检查结果
主控项目	1	UPS及EPS的整流、逆变、静态开关、储能电池或蓄电池组的规格型号		第8.1.1条	全/2	共2处，全部检查，合格2处	√
		内部接线及紧固件			全/2	共2处，全部检查，合格2处	√
	2	UPS及EPS的极性及各项技术性能指标试验		第8.1.2条	/	合格，试验调整记录编号：××××	√
	3	EPS进场检查		第8.1.3条	/	合格，试验记录编号：××××	√
	4	UPS及EPS的绝缘电阻值	UPS的输入端、输出端对地间绝缘电阻值	≮2MΩ	/	合格，绝缘电阻测试记录编号：××××	√
			UPS及EPS连线及出线的线间、线对地的电阻值	≮0.5MΩ	/	合格，绝缘电阻测试记录编号：××××	√
	5	UPS输出端的系统接地连接方式		第8.1.5条	全/1	共1处，全部检查，合格1处	√
一般项目	1	安放UPS的机架或金属底座的组装质量		第8.2.1条	1/1	抽查1处，合格1处	100%
	2	引入或引出UPS及EPS的主回路绝缘导线、电缆和控制导线、电缆的连接情况		第8.2.2条	1/1	抽查1处，合格1处	100%
	3	UPS及EPS的外露部分与保护导体可靠连接应有标识		第8.2.3条	1/1	抽查1处，合格1处	100%
	4	UPS正常运行时的产生的A声级噪声		第8.2.4条	全/1	共1处，全部检查，合格1处	1.00%

施工单位检查结果	符合要求 专业工长：××× 项目专业质量检查员：××× ××年×月×日
监理单位验收结论	合格 专业监理工程师：××× ××年×月×日

防雷引下线及接闪器安装检验批质量验收记录

07070201 001

<table>
<tr><td>单位(子单位)工程名称</td><td>××办公楼工程</td><td>分部(子分部)工程名称</td><td>建筑电气(防雷及接地)</td><td>分项工程名称</td><td>防雷引下线及接闪器安装</td></tr>
<tr><td>施工单位</td><td>××建设集团</td><td>项目负责人</td><td>×××</td><td>检验批容量</td><td>6处</td></tr>
<tr><td>分包单位</td><td>××建筑电气安装公司</td><td>分包单位项目负责人</td><td>×××</td><td>检验批部位</td><td>屋面接闪器</td></tr>
<tr><td>施工依据</td><td colspan="2">《建筑电气施工工艺标准》QB—××××</td><td>验收依据</td><td colspan="2">《建筑电气工程施工质量验收规范》(GB 50303—2015)</td></tr>
</table>

<table>
<tr><td colspan="4">验收项目</td><td>设计要求及规范规定</td><td>最小/实际抽样数量</td><td>检查记录</td><td>检查结果</td></tr>
<tr><td rowspan="6">主控项目</td><td rowspan="2">1</td><td rowspan="2">防雷引下线的布置、安装数量和连接方式</td><td>明敷</td><td rowspan="2">第24.1.1条</td><td>/</td><td>/</td><td>/</td></tr>
<tr><td>结构或抹灰层内敷设</td><td>2/2</td><td>抽查2处，合格2处</td><td>√</td></tr>
<tr><td>2</td><td colspan="2">接闪器的布置、规格及数量</td><td>第24.1.2条</td><td>全/6</td><td>共6处，全部检查，合格6处</td><td>√</td></tr>
<tr><td rowspan="2">3</td><td colspan="2">接闪器与防雷引下线连接</td><td rowspan="2">第24.1.3条</td><td>全/6</td><td>共6处，全部检查，合格6处</td><td>√</td></tr>
<tr><td colspan="2">防雷引下线与接地装置连接</td><td>/</td><td>/</td><td>/</td></tr>
<tr><td>4</td><td colspan="2">永久性金属物做接闪器时的材质及截面要求及各部件间连接</td><td>第24.1.4条</td><td>/</td><td>/</td><td>/</td></tr>
<tr><td rowspan="9">一般项目</td><td rowspan="2">1</td><td colspan="2">暗敷在建筑物抹灰层内的引下线的固定</td><td rowspan="2">第24.2.1条</td><td>2/2</td><td>抽查2处，合格2处</td><td>100%</td></tr>
<tr><td colspan="2">明敷引下线敷设质量及固定方式；焊接处的防腐</td><td>/</td><td>/</td><td>/</td></tr>
<tr><td>2</td><td colspan="2">设计要求接地的幕墙金属框架和建筑物的金属门窗防雷引下线连接及防腐</td><td>第24.2.2条</td><td>/</td><td>/</td><td>/</td></tr>
<tr><td>3</td><td colspan="2">接闪杆、接闪线、接闪带安装位置及安装方式</td><td>第24.2.3条</td><td>全/6</td><td>共6处，全部检查，合格6处</td><td>100%</td></tr>
<tr><td>4</td><td colspan="2">防雷引下线、接闪线、接闪网和接闪带的焊接连接搭接长度及要求</td><td>第24.2.4条</td><td>全/6</td><td>共6处，全部检查，合格6处</td><td>100%</td></tr>
<tr><td rowspan="3">5</td><td rowspan="3">接闪线和接闪带安装</td><td>安装及固定质量</td><td>第24.2.5条第1款</td><td>全/6</td><td>共6处，全部检查，合格6处</td><td>100%</td></tr>
<tr><td>固定支架的最小高度及间距</td><td>第24.2.5条第2款</td><td>全/6</td><td>共6处，全部检查，合格6处</td><td>100%</td></tr>
<tr><td>每个固定支架应能承受49N的垂直拉力</td><td>第24.2.5条第3款</td><td>3/3</td><td>抽查3处，合格3处</td><td>100%</td></tr>
<tr><td>6</td><td colspan="2">接闪带或接闪网在变形缝处的补偿措施</td><td>第24.2.6条</td><td>全/2</td><td>共2处，全部检查，合格2处</td><td>100%</td></tr>
<tr><td colspan="3">施工单位检查结果</td><td colspan="5">符合要求
专业工长：×××
项目专业质量检查员：×××
××年×月×日</td></tr>
<tr><td colspan="3">监理单位验收结论</td><td colspan="5">合格
专业监理工程师：×××
××年×月×日</td></tr>
</table>

建筑物等电位连接检验批质量验收记录

07070301 001

<table>
<tr><td>单位(子单位)
工程名称</td><td>××办公楼工程</td><td>分部(子分部)
工程名称</td><td>建筑电气
(防雷及接地)</td><td>分项工程名称</td><td>建筑物等
电位联结</td></tr>
<tr><td>施工单位</td><td>××建设集团</td><td>项目负责人</td><td>×××</td><td>检验批容量</td><td>8处</td></tr>
<tr><td>分包单位</td><td>××建筑电气
安装公司</td><td>分包单位项目
负责人</td><td>×××</td><td>检验批部位</td><td>三层</td></tr>
<tr><td>施工依据</td><td colspan="2">《建筑电气施工工艺标准》
QB—××××</td><td>验收依据</td><td colspan="2">《建筑电气工程施工质量验收规范》
(GB 50303—2015)</td></tr>
</table>

<table>
<tr><td colspan="3">验 收 项 目</td><td>设计要求及
规范规定</td><td>最小/实际
抽样数量</td><td>检 查 记 录</td><td>检查
结果</td></tr>
<tr><td rowspan="2">主控项目</td><td>1</td><td>建筑物等电位联结的范围、型式、方法、部件及联结导体的材料和截面积</td><td>第25.1.1条</td><td>全/8</td><td>共8处,全部检查,合格8处</td><td>√</td></tr>
<tr><td>2</td><td>等电位联结的外露可导电部分或外界可导电部分连接</td><td>第25.1.2条</td><td>1/1</td><td>抽查1处,合格1处</td><td>√</td></tr>
<tr><td rowspan="3">一般项目</td><td rowspan="2">1</td><td>卫生间内金属部件或零件的外界可导电部分与等电位连接导体的连接及标识</td><td rowspan="2">第25.2.1条</td><td>1/1</td><td>抽查1处,合格1处</td><td>100%</td></tr>
<tr><td>连接处螺帽的固定</td><td>1/1</td><td>抽查1处,合格1处</td><td>100%</td></tr>
<tr><td>2</td><td>当等电位联结导体在地下暗敷时,导体间的连接</td><td>第25.2.2条</td><td>/</td><td>/</td><td>/</td></tr>
</table>

<table>
<tr><td>施工单位
检查结果</td><td>符合要求

专业工长:×××
项目专业质量检查员:×××

××年×月×日</td></tr>
<tr><td>监理单位
验收结论</td><td>合格

专业监理工程师:×××

××年×月×日</td></tr>
</table>

6.1.2 《分项工程质量验收记录》填写范例

表 F ＿电线导管、电缆导管和线槽敷设＿分项工程质量验收记录

编号：×××

<table>
<tr><td colspan="2">单位(子单位)
工程名称</td><td colspan="2">××大厦</td><td>分部(子分部)
工程名称</td><td colspan="3">火灾自动报警系统</td></tr>
<tr><td colspan="2">分项工程数量</td><td colspan="2">2</td><td>检验批数量</td><td colspan="3">30</td></tr>
<tr><td colspan="2">施工单位</td><td colspan="2">××建设有限公司</td><td>项目负责人</td><td>×××</td><td>项目技术负责人</td><td>×××</td></tr>
<tr><td colspan="2">分名单位</td><td colspan="2">/</td><td>分包单位
项目负责人</td><td>/</td><td>分包内容</td><td>/</td></tr>
<tr><td>序号</td><td>检验批名称</td><td>检验批容量</td><td>部位/区段</td><td colspan="2">施工单位检查结果</td><td colspan="2">监理单位验收结论</td></tr>
<tr><td>1</td><td>电线导管、电缆导管和线槽敷设</td><td>××米</td><td>首层 1～7/A～B 顶板</td><td colspan="2">符合要求</td><td colspan="2">合格</td></tr>
<tr><td>2</td><td>电线导管、电缆导管和线槽敷设</td><td>××米</td><td>首层 7～13/A～B 顶板</td><td colspan="2">符合要求</td><td colspan="2">合格</td></tr>
<tr><td>3</td><td>电线导管、电缆导管和线槽敷设</td><td>××米</td><td>首层 1～7/B～H 墙</td><td colspan="2">符合要求</td><td colspan="2">合格</td></tr>
<tr><td>4</td><td>电线导管、电缆导管和线槽敷设</td><td>××米</td><td>首层 7～13/B～H 墙</td><td colspan="2">符合要求</td><td colspan="2">合格</td></tr>
<tr><td colspan="8">说明：
检验批质量验收记录资料齐全完整</td></tr>
<tr><td colspan="3">施工单位
检查结果</td><td colspan="5">符合要求
项目专业技术负责人：×××
××年××月××日</td></tr>
<tr><td colspan="3">监理单位
验收结论</td><td colspan="5">合格
专业监理工程师：×××
××年××月××日</td></tr>
</table>

6.1.3 《分部工程质量验收记录》填写范例

表G 建筑电气 分部工程质量验收记录

编号：007

<table>
<tr><td>单位(子单位)工程名称</td><td colspan="2">××大厦</td><td>子分部工程数量</td><td>5</td><td>分项工程数量</td><td>16</td></tr>
<tr><td>施工单位</td><td colspan="2">××建筑有限公司</td><td>项目负责人</td><td>×××</td><td>技术(质量)负责人</td><td>×××</td></tr>
<tr><td>分包单位</td><td colspan="2">/</td><td>分包单位负责人</td><td>/</td><td>分包内容</td><td>/</td></tr>
<tr><td>序号</td><td colspan="2">子分部工程名称</td><td>分项工程名称</td><td>检验批数量</td><td>施工单位检查结果</td><td>监理单位验收结论</td></tr>
<tr><td>1</td><td colspan="2">供电干线</td><td>导管敷设</td><td>5</td><td>符合要求</td><td>合格</td></tr>
<tr><td>2</td><td colspan="2"></td><td>电缆敷设</td><td>5</td><td>符合要求</td><td>合格</td></tr>
<tr><td>3</td><td colspan="2"></td><td>管内穿线和槽盒内敷线</td><td>5</td><td>符合要求</td><td>合格</td></tr>
<tr><td>4</td><td colspan="2"></td><td>电缆头制作</td><td>5</td><td>符合要求</td><td>合格</td></tr>
<tr><td>5</td><td colspan="2"></td><td>导线连接和线路绝缘测试</td><td>2</td><td>符合要求</td><td>合格</td></tr>
<tr><td>6</td><td colspan="2"></td><td>接地干线敷设</td><td>5</td><td>符合要求</td><td>合格</td></tr>
<tr><td>7</td><td colspan="2">电气动力</td><td>成套配电柜安装</td><td>2</td><td>符合要求</td><td>合格</td></tr>
<tr><td>8</td><td colspan="2"></td><td>导管敷设</td><td>2</td><td>符合要求</td><td>合格</td></tr>
<tr><td colspan="4">质量控制资料</td><td colspan="2">检查21项，齐全有效</td><td>合格</td></tr>
<tr><td colspan="4">安全和功能检验结果</td><td colspan="2">检查6项，符合要求</td><td>合格</td></tr>
<tr><td colspan="4">观感质量检验结果</td><td colspan="3">好</td></tr>
<tr><td colspan="2">综合验收结论</td><td colspan="5">建筑电气分部工程验收合格</td></tr>
<tr><td colspan="2">施工单位
项目负责人：×××
××年×月×日</td><td colspan="2">勘察单位
项目负责人：
年 月 日</td><td>设计单位
项目负责人：×××
××年×月×日</td><td colspan="2">监理单位
总监理工程师：×××
××年×月×日</td></tr>
</table>

注：①地基与基础分部工程的验收应由施工、勘察、设计单位项目负责人和总监理工程师参加并签字；
②主体结构、节能分部工程的验收应由施工、设计单位项目负责人和总监理工程师参加并签字。

表G 建筑电气 分部工程质量验收记录

编号：007

<table>
<tr><td>单位(子单位)工程名称</td><td colspan="2">××大厦</td><td>子分部工程数量</td><td>5</td><td>分项工程数量</td><td>16</td></tr>
<tr><td>施工单位</td><td colspan="2">××建筑有限公司</td><td>项目负责人</td><td>×××</td><td>技术(质量)负责人</td><td>×××</td></tr>
<tr><td>分包单位</td><td colspan="2">/</td><td>分包单位负责人</td><td>/</td><td>分包内容</td><td>/</td></tr>
<tr><td>序号</td><td>子分部工程名称</td><td colspan="2">分项工程名称</td><td>检验批数量</td><td>施工单位检查结果</td><td>监理单位验收结论</td></tr>
<tr><td>9</td><td>电气动力</td><td colspan="2">电缆敷设</td><td>2</td><td>符合要求</td><td>合格</td></tr>
<tr><td>10</td><td></td><td colspan="2">管内穿线和槽盒内敷线</td><td>2</td><td>符合要求</td><td>合格</td></tr>
<tr><td>11</td><td></td><td colspan="2">电缆头制作</td><td>2</td><td>符合要求</td><td>合格</td></tr>
<tr><td>12</td><td></td><td colspan="2">导线连接和线路绝缘测试</td><td>2</td><td>符合要求</td><td>合格</td></tr>
<tr><td>13</td><td>电气照明</td><td colspan="2">成套配电柜安装</td><td>5</td><td>符合要求</td><td>合格</td></tr>
<tr><td>14</td><td></td><td colspan="2">导管敷设</td><td>5</td><td>符合要求</td><td>合格</td></tr>
<tr><td>15</td><td></td><td colspan="2">管内穿线和槽盒内敷线</td><td>5</td><td>符合要求</td><td>合格</td></tr>
<tr><td>16</td><td></td><td colspan="2">电缆头制作、导线连接和线路绝缘测试</td><td>5</td><td>符合要求</td><td>合格</td></tr>
<tr><td colspan="4">质量控制资料</td><td colspan="2">检查21项，齐全有效</td><td>合格</td></tr>
<tr><td colspan="4">安全和功能检验结果</td><td colspan="2">检查6项，符合要求</td><td>合格</td></tr>
<tr><td colspan="4">观感质量检验结果</td><td colspan="3">好</td></tr>
<tr><td colspan="2">综合验收结论</td><td colspan="5">建筑电气分部工程验收合格</td></tr>
<tr><td colspan="2">施工单位
项目负责人：×××
××年×月×日</td><td colspan="2">勘察单位
项目负责人：
年 月 日</td><td colspan="2">设计单位
项目负责人：×××
××年×月×日</td><td>监理单位
总监理工程师：×××
××年×月×日</td></tr>
</table>

注：①地基与基础分部工程的验收应由施工、勘察、设计单位项目负责人和总监理工程师参加并签字；

②主体结构、节能分部工程的验收应由施工、设计单位项目负责人和总监理工程师参加并签字。

续表

序号	子分部工程名称	分项工程名称	检验批数量	施工单位检查结果	监理单位验收结论
17	电气照明	普通灯具安装	5	符合要求	合格
18		专用灯具安装	5	符合要求	合格
19		开关插座,风扇安装	5	符合要求	合格
20		建筑照明试运行	1	符合要求	合格
21	备用和不间断供电电源	成套配电柜安装	2	符合要求	合格
22		不间断供电电源装置及应急电源装置安装	2	符合要求	合格
23		接地装置安装	2	符合要求	合格
24	防雷及接地	接地装置安装	6	符合要求	合格
质量控制资料			检查21项,齐全有效		合格
安全和功能检验结果			检查6项,符合要求		合格
观感质量检验结果			好		
综合验收结论	建筑电气分部工程验收合格				
施工单位 项目负责人:××× ××年×月×日	勘察单位 项目负责人: 年　月　日	设计单位 项目负责人:××× ××年×月×日	监理单位 总监理工程师:××× ××年×月×日		

注:①地基与基础分部工程的验收应由施工、勘察、设计单位项目负责人和总监理工程师参加并签字;

②主体结构、节能分部工程的验收应由施工、设计单位项目负责人和总监理工程师参加并签字。

表G 建筑电气 分部工程质量验收记录

编号： 007

单位(子单位)工程名称	××大厦	子分部工程数量	5	分项工程数量	16
施工单位	××建筑有限公司	项目负责人	×××	技术(质量)负责人	×××
分包单位	/	分包单位负责人	/	分包内容	/

序号	子分部工程名称	分项工程名称	检验批数量	施工单位检查结果	监理单位验收结论
25	防雷及接地	防雷引下线及接闪器安装	5	符合要求	合格
26		建筑物等电位安装	5	符合要求	合格
27		浪涌保护器安装	5	符合要求	合格
28					
29					
30					
31					
32					
质量控制资料			检查21项，齐全有效		合格
安全和功能检验结果			检查6项，符合要求		合格
观感质量检验结果			好		

综合验收结论	建筑电气分部工程验收合格		
施工单位 项目负责人：××× ××年×月×日	勘察单位 项目负责人： 年 月 日	设计单位 项目负责人：××× ××年×月×日	监理单位 总监理工程师：××× ××年×月×日

注：①地基与基础分部工程的验收应由施工、勘察、设计单位项目负责人和总监理工程师参加并签字；

②主体结构、节能分部工程的验收应由施工、设计单位项目负责人和总监理工程师参加并签字。

6.2 智能建筑工程质量验收资料

6.2.1 《检验批质量验收记录》填写范例

安装场地检查检验批质量验收记录

08060101 001

<table>
<tr><td>单位(子单位)
工程名称</td><td colspan="2">××大厦</td><td>分部(子分部)
工程名称</td><td>智能建筑/移动通信室内信号覆盖系统</td><td>分项工程名称</td><td colspan="2">安装场地检查</td></tr>
<tr><td>施工单位</td><td colspan="2">××建设有限公司</td><td>项目负责人</td><td>×××</td><td>检验批容量</td><td colspan="2">12套</td></tr>
<tr><td>分包单位</td><td colspan="2">××建筑工程有限公司</td><td>分包单位项目负责人</td><td>×××</td><td>检验批部位</td><td colspan="2">一层弱电机房</td></tr>
<tr><td>施工依据</td><td colspan="3">《智能建筑工程施工规范》(GB 50606—2010)</td><td>验收依据</td><td colspan="3">《智能建筑工程质量验收规范》(GB 50339—2013)</td></tr>
<tr><td colspan="3">验收项目</td><td>设计要求及规范规定</td><td>最小/实际抽样数量</td><td colspan="2">检查记录</td><td>检查结果</td></tr>
<tr><td rowspan="5">主控项目</td><td>1</td><td>信息接入系统的检查和验收范围应符合设计要求</td><td>第5.0.2条</td><td>全/10</td><td colspan="2">共10处,全部检查,合格10处</td><td>√</td></tr>
<tr><td>2</td><td>机房的净高、地面防静电、电源、照明、温湿度、防尘、防水、消防和接地等应符合通信工程设计要求</td><td>第5.0.3条
第9.0.2条
第10.0.2条</td><td>全/10</td><td colspan="2">共10处,全部检查,合格10处</td><td>√</td></tr>
<tr><td>3</td><td>预留孔洞位置、尺寸和承重荷载应符合通信工程设计要求</td><td>第5.0.4条
第9.0.3条
第10.0.3条</td><td>全/10</td><td colspan="2">共10处,全部检查,合格10处</td><td>√</td></tr>
<tr><td>4</td><td>屋顶楼板孔洞防水处理应符合设计要求</td><td>第10.0.3条</td><td>全/10</td><td colspan="2">共10处,全部检查,合格10处</td><td>√</td></tr>
<tr><td>5</td><td>预埋天线的安装加固件、防雷和接地装置的位置和尺寸应符合设计要求</td><td>第10.0.4条</td><td>全/10</td><td colspan="2">共10处,全部检查,合格10处</td><td>√</td></tr>
<tr><td colspan="3">施工单位
检查结果</td><td colspan="5">符合要求
专业工长:×××
项目专业质量检查员:×××
××年×月×日</td></tr>
<tr><td colspan="3">监理单位
验收结论</td><td colspan="5">合格
专业监理工程师:×××
××年×月×日</td></tr>
</table>

梯架、托盘、槽盒和导管安装检验批质量验收记录

08050101 001

<table>
<tr><td colspan="3">单位(子单位)
工程名称</td><td>××大厦</td><td>分部(子分部)
工程名称</td><td>智能建筑/
综合布线系统</td><td>分项工程名称</td><td colspan="2">梯架、托盘、
槽盒和
导管安装</td></tr>
<tr><td colspan="3">施工单位</td><td>××建设有限公司</td><td>项目负责人</td><td>×××</td><td>检验批容量</td><td colspan="2">1套</td></tr>
<tr><td colspan="3">分包单位</td><td>××建筑工程
有限公司</td><td>分包单位项目
负责人</td><td>×××</td><td>检验批部位</td><td colspan="2">首层1~8/
A~C轴</td></tr>
<tr><td colspan="3">施工依据</td><td colspan="2">《智能建筑工程施工规范》
(GB 50606—2010)</td><td>验收依据</td><td colspan="3">《智能建筑工程施工规范》
(GB 50606—2010)</td></tr>
<tr><td colspan="4">验收项目</td><td>设计要求及
规范规定</td><td>最小/实际
抽样数量</td><td colspan="2">检查记录</td><td>检查
结果</td></tr>
<tr><td rowspan="7">主控项目</td><td>1</td><td colspan="2">材料、器具、设备进场质量检测</td><td>第3.5.1条</td><td>/</td><td colspan="2">质量证明文件齐全,通过进场验收</td><td>√</td></tr>
<tr><td>2</td><td colspan="2">敷设在竖井内和穿越不同防火分区的桥架及线管的孔洞,应有防火封堵</td><td>第4.5.1条
第1款</td><td>全/5</td><td colspan="2">共5处,全部检查,合格5处</td><td>√</td></tr>
<tr><td>3</td><td colspan="2">桥架、线管经过建筑物的变形缝处应设置补偿装置,线缆应留余量</td><td>第4.5.1条
第2款</td><td>全/5</td><td colspan="2">共5处,全部检查,合格5处</td><td>√</td></tr>
<tr><td>4</td><td colspan="2">桥架、线管及接线盒应可靠接地;当采用联合接地时,接地电阻不应大于1Ω</td><td>第4.5.1条
第4款</td><td>全/5</td><td colspan="2">共5处,全部检查,合格5处</td><td>√</td></tr>
<tr><td>5</td><td colspan="2">火灾自动报警系统的材料必须符合防火设计要求,并按规定验收</td><td>第13.1.3条
第3款</td><td>/</td><td colspan="2">检验合格,资料齐全</td><td>√</td></tr>
<tr><td>6</td><td colspan="2">火灾自动报警系统应使用桥架和专用线管</td><td>第13.2.1条
第1款</td><td>全/5</td><td colspan="2">共5处,全部检查,合格5处</td><td>√</td></tr>
<tr><td>7</td><td colspan="2">桥架、金属线管应作保护接地</td><td>第13.2.1条
第3款</td><td>全/5</td><td colspan="2">共5处,全部检查,合格5处</td><td>√</td></tr>
<tr><td rowspan="6">一般项目</td><td>1</td><td colspan="2">桥架切割和钻孔后,应采取防腐措施,支吊架应做防腐处理</td><td>第4.5.2条
第1款</td><td>全/5</td><td colspan="2">共5处,全部检查,合格5处</td><td>100%</td></tr>
<tr><td>2</td><td colspan="2">线管两端应设有标志,并应穿带线</td><td>第4.5.2条
第2款</td><td>全/5</td><td colspan="2">共5处,全部检查,合格5处</td><td>100%</td></tr>
<tr><td>3</td><td colspan="2">线管与控制箱、接线箱、拉线盒等连接时应采用锁母,线管、箱盒应固定牢固</td><td>第4.5.2条
第3款</td><td>全/5</td><td colspan="2">共5处,全部检查,合格5处</td><td>100%</td></tr>
<tr><td>4</td><td colspan="2">吊顶内配管,宜使用单独的支吊架固定,支吊架不得架设在龙骨或其他管道上</td><td>第4.5.2条
第4款</td><td>全/5</td><td colspan="2">共5处,全部检查,合格5处</td><td>100%</td></tr>
<tr><td>5</td><td colspan="2">套接紧定式钢管连接处应采取密封措施</td><td>第4.5.2条
第5款</td><td>全/5</td><td colspan="2">共5处,全部检查,合格5处</td><td>100%</td></tr>
<tr><td>6</td><td colspan="2">桥架应安装牢固、横平竖直,无扭曲变形</td><td>第4.5.2条
第6款</td><td>全/5</td><td colspan="2">共5处,全部检查,合格5处</td><td>100%</td></tr>
<tr><td colspan="4">施工单位
检查结果</td><td colspan="5">符合要求
专业工长:×××
项目专业质量检查员:×××
××年×月×日</td></tr>
<tr><td colspan="4">监理单位
验收结论</td><td colspan="5">合格
专业监理工程师:×××
××年×月×日</td></tr>
</table>

线缆敷设检验批质量验收记录

08030101　001

单位(子单位)工程名称	××大厦	分部(子分部)工程名称	智能建筑/用户电话交换系统	分项工程名称	线缆敷设
施工单位	××建设有限公司	项目负责人	×××	检验批容量	1套
分包单位	××建筑工程有限公司	分包单位项目负责人	×××	检验批部位	首层1～8/A～C轴
施工依据	《智能建筑工程施工规范》(GB 50606—2010)		验收依据	《智能建筑工程施工规范》(GB 50606—2010)	

验收项目			设计要求及规范规定	最小/实际抽样数量	检查记录	检查结果
主控项目	1	材料、器具、设备进场质量检测	第3.5.1条	/	质量证明文件齐全，通过进场验收	√
	2	线缆两端应有防水、耐摩擦的永久性标签，标签书写应清晰、准确	第4.5.1条第3款	/	检验合格，资料齐全	√
	3	报警线缆连接应在端子箱或分支盒内进行，导线连接应采用可靠压接或焊接	第13.2.1条第2款	全/10	共10处，全部检查，合格10处	√
	4	火灾自动报警系统的线缆应符合防火设计要求	第13.1.3条第3款	/	检验合格，资料齐全	√
	5	火灾自动报警系统，按规范检查线缆的种类、电压等级	第13.1.3条第4款	/	检验合格，资料齐全	√
一般项目	1	桥架、线管内线缆间不应拧绞，线缆间不得有接头	第4.5.2条第7款	全/10	共10处，全部检查，合格10处	100%
	2	线缆的最小允许弯曲半径应符合国家标准规定	第4.4.3条	全/10	共10处，全部检查，合格10处	100%
	3	线管出线口与设备接线端子之间，应采用金属软管连接，金属软管长度不宜超过2m，不得将线裸露	第4.4.4条	全/10	共10处，全部检查，合格10处	100%
	4	桥架内线缆应排列整齐，不得拧绞；在线缆进出桥架部位、转弯处应绑扎固定；垂直桥架内线缆绑扎固定点间隔不宜大于1.5m	第4.4.5条	全/10	共10处，全部检查，合格10处	100%
	5	线缆穿越建筑物变形缝时应留置相适应的补偿余量	第4.4.6条	全/1	共1处，全部检查，合格1处	100%

线缆敷设检验批质量验收记录

08030101 __001__

<table>
<tr><th colspan="4">验收项目</th><th>设计要求及规范规定</th><th>最小/实际抽样数量</th><th>检查记录</th><th>检查结果</th></tr>
<tr><td rowspan="10">一般项目</td><td rowspan="10">6</td><td rowspan="10">综合布线</td><td>线缆布放应自然平直，不应受外力挤压和损伤</td><td>第5.2.1条第1款</td><td>全/10</td><td>共10处，全部检查，合格10处</td><td>100%</td></tr>
<tr><td>线缆布放宜留不小于0.15m余量</td><td>第5.2.1条第2款</td><td>全/10</td><td>共10处，全部检查，合格10处</td><td>100%</td></tr>
<tr><td>从配线架引向工作区各信息端口4对对绞电缆的长度不应大于90m</td><td>第5.2.1条第3款</td><td>全/10</td><td>共10处，全部检查，合格10处</td><td>100%</td></tr>
<tr><td>线缆敷设拉力及其他保护措施应符合产品厂家的施工要求</td><td>第5.2.1条第4款</td><td>全/10</td><td>共10处，全部检查，合格10处</td><td>100%</td></tr>
<tr><td>线缆弯曲半径宜符合规定</td><td>第5.2.1条第5款</td><td>全/10</td><td>共10处，全部检查，合格10处</td><td>100%</td></tr>
<tr><td>线缆间净距应符合规定</td><td>第5.2.1条第6款</td><td>全/10</td><td>共10处，全部检查，合格10处</td><td>100%</td></tr>
<tr><td>室内光缆桥架内敷设时宜在绑扎固定处加装垫套</td><td>第5.2.1条第7款</td><td>全/10</td><td>共10处，全部检查，合格10处</td><td>100%</td></tr>
<tr><td>线缆敷设施工时，现场应安装稳固的临时线号标签，线缆上配线架、打模块前应安装永久线号标签</td><td>第5.2.1条第8款</td><td>全/10</td><td>共10处，全部检查，合格10处</td><td>100%</td></tr>
<tr><td>线缆经过桥架、管线拐弯处，应保证线缆紧贴底部，且不应悬空、不受牵引力。在桥架的拐弯处应采取绑扎或其他形式固定</td><td>第5.2.1条第9款</td><td>全/10</td><td>共10处，全部检查，合格10处</td><td>100%</td></tr>
<tr><td>距信息点最近的一个过线盒穿线时应宜留有不小于0.15m的余量</td><td>第5.2.1条第10款</td><td>全/10</td><td>共10处，全部检查，合格10处</td><td>100%</td></tr>
<tr><td colspan="4">施工单位检查结果</td><td colspan="4">符合要求
专业工长：×××
项目专业质量检查员：×××
××年×月×日</td></tr>
<tr><td colspan="4">监理单位验收结论</td><td colspan="4">合格
专业监理工程师：×××
××年×月×日</td></tr>
</table>

软件安装检验批质量验收记录

08010201 001

<table>
<tr><td colspan="3">单位(子单位)工程名称</td><td>××大厦</td><td>分部(子分部)工程名称</td><td>智能建筑/智能化集成系统</td><td>分项工程名称</td><td colspan="2">软件安装</td></tr>
<tr><td colspan="3">施工单位</td><td>××建设有限公司</td><td>项目负责人</td><td>×××</td><td>检验批容量</td><td colspan="2">5套</td></tr>
<tr><td colspan="3">分包单位</td><td>××建筑工程有限公司</td><td>分包单位项目负责人</td><td>×××</td><td>检验批部位</td><td colspan="2">首层1~8/A~C轴</td></tr>
<tr><td colspan="3">施工依据</td><td colspan="2">《智能建筑工程施工规范》(GB 50606—2010)</td><td>验收依据</td><td colspan="3">《智能建筑工程施工规范》(GB 50606—2010)</td></tr>
<tr><td colspan="3">验收项目</td><td>设计要求及规范规定</td><td>最小/实际抽样数量</td><td colspan="2">检查记录</td><td colspan="2">检查结果</td></tr>
<tr><td rowspan="8">主控项目</td><td>1</td><td>软件产品质量检查应符合规定</td><td>第3.5.5条</td><td>/</td><td colspan="2">质量证明文件齐全,通过进场验收</td><td colspan="2">√</td></tr>
<tr><td>2</td><td>应为操作系统、数据库、防病毒软件安装最新版本的补丁程序</td><td>第11.4.1条</td><td>全/5</td><td colspan="2">共5处,全部检查,合格5处</td><td colspan="2">√</td></tr>
<tr><td>3</td><td>软件和设备在启动、运行和关闭过程中不应出现运行时错误</td><td>第11.4.1条</td><td>全/5</td><td colspan="2">共5处,全部检查,合格5处</td><td colspan="2">√</td></tr>
<tr><td>4</td><td>软件修改后,应通过系统测试和回归测试</td><td>第11.4.1条</td><td>全/5</td><td colspan="2">共5处,全部检查,合格5处</td><td colspan="2">√</td></tr>
<tr><td>5</td><td>软件在启动、运行和关闭过程中不应出现运行时错误</td><td>第15.3.1条第2款</td><td>全/5</td><td colspan="2">共5处,全部检查,合格5处</td><td colspan="2">√</td></tr>
<tr><td>6</td><td>通信接口软件修改后,应通过系统测试和回归测试</td><td>第15.3.1条第3款</td><td>全/5</td><td colspan="2">共5处,全部检查,合格5处</td><td colspan="2">√</td></tr>
<tr><td>7</td><td>应根据集成子系统的通信接口、工程资料和设备实际运行情况,对运行数据进行核对</td><td>第15.3.1条第4款</td><td>全/5</td><td colspan="2">共5处,全部检查,合格5处</td><td colspan="2">√</td></tr>
<tr><td>8</td><td>系统应能正确实现经会审批准的智能化集成系统的联动功能</td><td>第15.3.1条第5款</td><td>全/5</td><td colspan="2">共5处,全部检查,合格5处</td><td colspan="2">√</td></tr>
<tr><td rowspan="10">一般项目</td><td>1</td><td>应按设计文件为设备安装相应软件系统,系统安装应完整</td><td>第6.2.2条</td><td>全/5</td><td colspan="2">共5处,全部检查,合格5处</td><td colspan="2">100%</td></tr>
<tr><td>2</td><td>应提供正版软件技术手册</td><td>第6.2.2条</td><td>全/5</td><td colspan="2">共5处,全部检查,合格5处</td><td colspan="2">100%</td></tr>
<tr><td>3</td><td>服务器不应安装与本系统无关的软件</td><td>第6.2.2条</td><td>全/5</td><td colspan="2">共5处,全部检查,合格5处</td><td colspan="2">100%</td></tr>
<tr><td>4</td><td>操作系统、防病毒软件应设置为自动更新方式</td><td>第6.2.2条</td><td>全/5</td><td colspan="2">共5处,全部检查,合格5处</td><td colspan="2">100%</td></tr>
<tr><td>5</td><td>软件系统安装后应能够正常启动、运行和退出</td><td>第6.2.2条</td><td>全/5</td><td colspan="2">共5处,全部检查,合格5处</td><td colspan="2">100%</td></tr>
<tr><td>6</td><td>在网络安全检验后,服务器方可以在安全系统的保护下与互联网相联,并应对操作系统、防病毒软件升级及更新相应的补丁程序</td><td>第6.2.2条</td><td>全/5</td><td colspan="2">共5处,全部检查,合格5处</td><td colspan="2">100%</td></tr>
<tr><td>7</td><td>应检验软件系统的操作界面,操作命令不得有二义性</td><td>第6.3.2条</td><td>全/5</td><td colspan="2">共5处,全部检查,合格5处</td><td colspan="2">100%</td></tr>
<tr><td>8</td><td>应检验软件系统的可扩展性、可容错性和可维护性</td><td>第6.3.2条</td><td>全/5</td><td colspan="2">共5处,全部检查,合格5处</td><td colspan="2">100%</td></tr>
<tr><td>9</td><td>应检验网络安全管理制度、机房的环境条件、防泄露与保密措施</td><td>第6.3.2条</td><td>全/5</td><td colspan="2">共5处,全部检查,合格5处</td><td colspan="2">100%</td></tr>
<tr><td>10</td><td>服务器和工作站上应安装防病毒软件,应使其始终处于启用状态</td><td>第11.3.7条</td><td>全/5</td><td colspan="2">共5处,全部检查,合格5处</td><td colspan="2">100%</td></tr>
</table>

软件安装检验批质量验收记录

08010201 001

验收项目				设计要求及规范规定	最小/实际抽样数量	检查记录	检查结果
一般项目	11	用户密码	密码长度不应少于8位	第11.3.7条	/5	共5处，全部检查，合格5处	100%
			密码宜为大写字母、小写字母、数字、标点符号的组合	第11.3.7条	/5	共5处，全部检查，合格5处	100%
	12	多台服务器与工作站之间或多个软件之间不得使用完全相同的用户名和密码组合		第11.3.7条	/5	共5处，全部检查，合格5处	100%
	13	应定期对服务器和工作站进行病毒查杀和恶意软件查杀操作		第11.3.7条	/5	共5处，全部检查，合格5处	100%
	14	应依据网络规划和配置方案，配置服务器、工作站等设备的网络地址		第11.4.2条	全/5	共5处，全部检查，合格5处	100%
	15	操作系统、数据库等基础平台软件、防病毒软件应具有正式软件使用(授权)许可证		第11.4.2条	/全	有正版软件使用(授权)许可证，符合规定	√
	16	服务器、工作站的操作系统和防病毒软件应设置为自动更新的运行方式		第11.4.2条	全/	共5处，全部检查，合格5处	100%
	17	应记录服务器、工作站等设备的配置参数		第11.4.2条	全/5	共5处，全部检查，合格5处	100%
	18	应依据网络规划和配置方案，配置服务器、工作站、通信接口转换器、视频编解码器等设备的网络地址		第15.3.2条第1款	全/5	共5处，全部检查，合格5处	100%
	19	操作系统、数据库等基础平台软件、防病毒软件应具有正式软件使用(授权)许可证		第15.3.2条第2款	/全	有正版软件使用(授权)许可证，符合规定	√
	20	服务器、工作站的操作系统应设置为自动更新的运行方式		第15.3.2条第3款	全/5	共5处，全部检查，合格5处	100%
	21	服务器、工作站上应安装防病毒软件，并应设置为自动更新的运行方式		第15.3.2条第4款	全/5	共5处，全部检查，合格5处	100%
	22	应记录服务器、工作站、通信接口转换器、视频编解码器等设备的配置参数		第15.3.2条第5款	全/5	共5处，全部检查，合格5处	100%
施工单位检查结果	符合要求 专业工长：××× 项目专业质量检查员：××× ××年×月×日						
监理单位验收结论	合格 专业监理工程师：××× ××年×月×日						

系统试运行检验批质量验收记录

08010401 001

<table>
<tr><td>单位(子单位)工程名称</td><td>××大厦</td><td>分部(子分部)工程名称</td><td colspan="2">智能建筑/智能化集成系统</td><td>分项工程名称</td><td colspan="2">系统试运行</td></tr>
<tr><td>施工单位</td><td>××建筑有限公司</td><td>项目负责人</td><td colspan="2">×××</td><td>检验批容量</td><td colspan="2">1套</td></tr>
<tr><td>分包单位</td><td>××建筑工程有限公司</td><td>分包单位项目负责人</td><td colspan="2">×××</td><td>检验批部位</td><td colspan="2">首层1~8/A~C轴</td></tr>
<tr><td>施工依据</td><td colspan="2">《智能建筑工程施工规范》(GB 50606—2010)</td><td colspan="2">验收依据</td><td colspan="3">《智能建筑工程质量验收规范》(GB 50339—2013)</td></tr>
<tr><td colspan="3">验收项目</td><td>设计要求及规范规定</td><td>最小/实际抽样数量</td><td colspan="2">检查记录</td><td>检查结果</td></tr>
<tr><td rowspan="3">主控项目</td><td>1</td><td>系统试运行应连续进行120h</td><td>第3.1.3条</td><td>/</td><td colspan="2">连续运行满120h,符合规定</td><td>√</td></tr>
<tr><td>2</td><td>试运行中出现系统故障时,应重新开始计时,直至连续运行满120h</td><td>第3.1.3条</td><td>/</td><td colspan="2">/</td><td></td></tr>
<tr><td>3</td><td>系统功能符合设计要求</td><td>设计要求</td><td>全/1</td><td colspan="2">共1处,全部检查,合格1处</td><td>√</td></tr>
<tr><td>施工单位检查结果</td><td colspan="7">符合要求
专业工长:×××
项目专业质量检查员:×××
××年×月×日</td></tr>
<tr><td>监理单位验收结论</td><td colspan="7">合格
专业监理工程师:×××
××年×月×日</td></tr>
</table>

智能化集成系统接口及系统调试检验批质量验收记录

08010301 001

<table>
<tr><td>单位(子单位)工程名称</td><td>××大厦</td><td>分部(子分部)工程名称</td><td colspan="2">智能建筑/智能化集成系统</td><td>分项工程名称</td><td colspan="2">接口及系统调试</td></tr>
<tr><td>施工单位</td><td>××建筑有限公司</td><td>项目负责人</td><td colspan="2">×××</td><td>检验批容量</td><td colspan="2">1套</td></tr>
<tr><td>分包单位</td><td>××建筑工程有限公司</td><td>分包单位项目负责人</td><td colspan="2">×××</td><td>检验批部位</td><td colspan="2">首层1～8/A～C轴</td></tr>
<tr><td>施工依据</td><td colspan="2">《智能建筑工程施工规范》(GB 50606—2010)</td><td colspan="2">验收依据</td><td colspan="3">《智能建筑工程质量验收规范》(GB 50339—2013)</td></tr>
<tr><td colspan="3">验收项目</td><td>设计要求及规范规定</td><td>最小/实际抽样数量</td><td colspan="2">检查记录</td><td>检查结果</td></tr>
<tr><td rowspan="7">主控项目</td><td>1</td><td>接口功能</td><td>第4.0.4条</td><td>全/5</td><td colspan="2">共5处,全部检查,合格5处</td><td>√</td></tr>
<tr><td>2</td><td>集中监视、储存和统计功能</td><td>第4.0.5条</td><td>8/8</td><td colspan="2">抽查8处,合格8处</td><td>√</td></tr>
<tr><td>3</td><td>报警监视及处理功能</td><td>第4.0.6条</td><td>1/1</td><td colspan="2">抽查1处,合格1处</td><td>√</td></tr>
<tr><td>4</td><td>控制和调节功能</td><td>第4.0.7条</td><td>全/5</td><td colspan="2">共5处,全部检查,合格5处</td><td>√</td></tr>
<tr><td>5</td><td>联动配置及管理功能</td><td>第4.0.8条</td><td>全/5</td><td colspan="2">共5处,全部检查,合格5处</td><td>√</td></tr>
<tr><td>6</td><td>权限管理功能</td><td>第4.0.9条</td><td>全/5</td><td colspan="2">共5处,全部检查,合格5处</td><td>√</td></tr>
<tr><td>7</td><td>冗余功能</td><td>第4.0.10条</td><td>全/5</td><td colspan="2">共5处,全部检查,合格5处</td><td>√</td></tr>
<tr><td rowspan="2">一般项目</td><td>1</td><td>文件报表生成和打印功能</td><td>第4.0.11条</td><td>全/5</td><td colspan="2">共5处,全部检查,合格5处</td><td>100%</td></tr>
<tr><td>2</td><td>数据分析功能</td><td>第4.0.12条</td><td>全/5</td><td colspan="2">共5处,全部检查,合格5处</td><td>100%</td></tr>
<tr><td>施工单位检查结果</td><td colspan="7">符合要求
专业工长:×××
项目专业质量检查员:×××
××年×月×日</td></tr>
<tr><td>监理单位验收结论</td><td colspan="7">合格
专业监理工程师:×××
××年×月×日</td></tr>
</table>

用户电话交换系统接口及系统调试检验批质量验收记录

08030401 001

单位(子单位)工程名称	××大厦	分部(子分部)工程名称	智能建筑/用户电话交换系统	分项工程名称	接口及系统调试
施工单位	××建筑有限公司	项目负责人	×××	检验批容量	1套
分包单位	××建筑工程有限公司	分包单位项目负责人	×××	检验批部位	首层1～8/A～C轴
施工依据	《智能建筑工程施工规范》(GB 50606—2010)		验收依据	《智能建筑工程质量验收规范》(GB 50339—2013)	

验收项目			设计要求及规范规定	最小/实际抽样数量	检查记录	检查结果
主控项目	1	业务测试	第6.0.6条	全/10	共10处,全部检查,合格10处	√
	2	信令方式测试	第6.0.6条	全/10	共10处,全部检查,合格10处	√
	3	系统互通测试	第6.0.6条	全/10	共10处,全部检查,合格10处	√
	4	网络管理测试	第6.0.6条	全/10	共10处,全部检查,合格10处	√
	5	计费功能测试	第6.0.6条	全/10	共10处,全部检查,合格10处	√
施工单位检查结果	符合要求 专业工长:××× 项目专业质量检查员:××× ××年×月×日					
监理单位验收结论	合格 专业监理工程师:××× ××年×月×日					

信息网络系统调试检验批质量验收记录

08040501 001

<table>
<tr><td>单位(子单位)工程名称</td><td>××大厦</td><td>分部(子分部)工程名称</td><td>智能建筑/信息网络系统</td><td>分项工程名称</td><td>系统调试</td></tr>
<tr><td>施工单位</td><td>××建筑有限公司</td><td>项目负责人</td><td>×××</td><td>检验批容量</td><td>1套</td></tr>
<tr><td>分包单位</td><td>××建筑工程有限公司</td><td>分包单位项目负责人</td><td>×××</td><td>检验批部位</td><td>首层1～8/A～C轴</td></tr>
<tr><td>施工依据</td><td colspan="2">《智能建筑工程施工规范》(GB 50606—2010)</td><td>验收依据</td><td colspan="2">《智能建筑工程质量验收规范》(GB 50339—2013)</td></tr>
</table>

<table>
<tr><td colspan="3">验收项目</td><td>设计要求及规范规定</td><td>最小/实际抽样数量</td><td>检查记录</td><td>检查结果</td></tr>
<tr><td rowspan="11">主控项目</td><td>1</td><td>计算机网络系统连通性</td><td>第7.2.3条</td><td>2/2</td><td>抽查2处,合格2处</td><td>√</td></tr>
<tr><td>2</td><td>计算机网络系统传输时延和丢包率</td><td>第7.2.4条</td><td>3/3</td><td>抽查3处,合格3处</td><td>√</td></tr>
<tr><td>3</td><td>计算机网络系统路由</td><td>第7.2.5条</td><td>全/5</td><td>共5处,全部检查,合格5处</td><td>√</td></tr>
<tr><td>4</td><td>计算机网络系统组播功能</td><td>第7.2.6条</td><td>全/5</td><td>共5处,全部检查,合格5处</td><td>√</td></tr>
<tr><td>5</td><td>计算机网络系统 QoS 功能</td><td>第7.2.7条</td><td>全/5</td><td>共5处,全部检查,合格5处</td><td>√</td></tr>
<tr><td>6</td><td>计算机网络系统容错功能</td><td>第7.2.8条</td><td>7/7</td><td>抽查7处,合格7处</td><td>√</td></tr>
<tr><td>7</td><td>计算机网络系统无线局域网的功能</td><td>第7.2.9条</td><td>全/5</td><td>共5处,全部检查,合格5处</td><td>√</td></tr>
<tr><td>8</td><td>网络安全系统安全保护技术措施</td><td>第7.3.2条</td><td>全/5</td><td>共5处,全部检查,合格5处</td><td>√</td></tr>
<tr><td>9</td><td>网络安全系统安全审计功能</td><td>第7.3.3条</td><td>全/5</td><td>共5处,全部检查,合格5处</td><td>√</td></tr>
<tr><td>10</td><td>网络安全系统有物理隔离要求的网络的物理隔离检测</td><td>第7.3.4条</td><td>全/5</td><td>共5处,全部检查,合格5处</td><td>√</td></tr>
<tr><td>11</td><td>网络安全系统无线接入认证的控制策略</td><td>第7.3.5条</td><td>全/5</td><td>共5处,全部检查,合格5处</td><td>√</td></tr>
<tr><td rowspan="2">一般项目</td><td>1</td><td>计算机网络系统网络管理功能</td><td>第7.2.10条</td><td>全/5</td><td>共5处,全部检查,合格5处</td><td>100%</td></tr>
<tr><td>2</td><td>网络安全系统远程管理时,防窃听措施</td><td>第7.3.6条</td><td>全/5</td><td>共5处,全部检查,合格5处</td><td>100%</td></tr>
</table>

<table>
<tr><td>施工单位检查结果</td><td>符合要求
专业工长:×××
项目专业质量检查员:×××
××年×月×日</td></tr>
<tr><td>监理单位验收结论</td><td>合格
专业监理工程师:×××
××年×月×日</td></tr>
</table>

综合布线系统调试检验批质量验收记录

08050701 001

<table>
<tr><td>单位(子单位)
工程名称</td><td colspan="2">××大厦</td><td>分部(子分部)
工程名称</td><td>智能建筑/综合
布线系统</td><td>分项工程名称</td><td colspan="2">系统调试</td></tr>
<tr><td>施工单位</td><td colspan="2">××建筑有限公司</td><td>项目负责人</td><td>×××</td><td>检验批容量</td><td colspan="2">1套</td></tr>
<tr><td>分包单位</td><td colspan="2">××建筑工程有限公司</td><td>分包单位
项目负责人</td><td>×××</td><td>检验批部位</td><td colspan="2">首层1~8/
A~C轴</td></tr>
<tr><td>施工依据</td><td colspan="3">《智能建筑工程施工规范》
(GB 50606—2010)</td><td>验收依据</td><td colspan="3">《智能建筑工程质量验收规范》
(GB 50339—2013)</td></tr>
<tr><td colspan="3">验收项目</td><td>设计要求及
规范规定</td><td>最小/实际
抽样数量</td><td colspan="2">检 查 记 录</td><td>检查
结果</td></tr>
<tr><td>主控项目</td><td>1</td><td>对绞电缆链路或信道和光纤链路或信道的检测</td><td>第8.0.5条</td><td>1/1</td><td colspan="2">抽查1处,合格1处</td><td>√</td></tr>
<tr><td rowspan="2">一般项目</td><td>1</td><td>标签和标识检测,综合布线管理软件功能</td><td>第8.0.6条</td><td>1/1</td><td colspan="2">抽查1处,合格1处</td><td>100%</td></tr>
<tr><td>2</td><td>电子配线架管理软件</td><td>第8.0.7条</td><td>1/1</td><td colspan="2">抽查1处,合格1处</td><td>100%</td></tr>
<tr><td>施工单位
检查结果</td><td colspan="7">符合要求

专业工长:×××
项目专业质量检查员:×××
××年×月×日</td></tr>
<tr><td>监理单位
验收结论</td><td colspan="7">合格

专业监理工程师:×××
××年×月×日</td></tr>
</table>

有线电视及卫星电视接收系统调试检验批质量验收记录

08080501 001

<table>
<tr><td>单位(子单位)工程名称</td><td>××大厦</td><td>分部(子分部)工程名称</td><td colspan="2">智能建筑/有线电视及卫星电视接收系统</td><td>分项工程名称</td><td colspan="2">有线电视及卫星电视接收系统调试</td></tr>
<tr><td>施工单位</td><td>××建筑有限公司</td><td>项目负责人</td><td colspan="2">×××</td><td>检验批容量</td><td colspan="2">6套</td></tr>
<tr><td>分包单位</td><td>××建筑工程有限公司</td><td>分包单位项目负责人</td><td colspan="2">×××</td><td>检验批部位</td><td colspan="2">首层1～8/A～C轴</td></tr>
<tr><td>施工依据</td><td colspan="2">《智能建筑工程施工规范》(GB 50606—2010)</td><td colspan="2">验收依据</td><td colspan="3">《智能建筑工程质量验收规范》(GB 50339—2013)</td></tr>
<tr><td colspan="3">验收项目</td><td>设计要求及规范规定</td><td>最小/实际抽样数量</td><td colspan="2">检查记录</td><td>检查结果</td></tr>
<tr><td rowspan="2">主控项目</td><td>1</td><td>客观测试</td><td>第11.0.3条</td><td>全/6</td><td colspan="2">共6处，全部检查，合格6处</td><td>√</td></tr>
<tr><td>2</td><td>主观评价</td><td>第11.0.4条</td><td>全/6</td><td colspan="2">共6处，全部检查，合格6处</td><td>√</td></tr>
<tr><td rowspan="3">一般项目</td><td>1</td><td>HFC网络和双向数字电视系统下行指标的测试</td><td>第11.0.5条</td><td>全/6</td><td colspan="2">共6处，全部检查，合格6处</td><td>100%</td></tr>
<tr><td>2</td><td>HFC网络和双向数字电视系统上行指标的测试</td><td>第11.0.6条</td><td>全/6</td><td colspan="2">共6处，全部检查，合格6处</td><td>100%</td></tr>
<tr><td>3</td><td>有线数字电视主观评价</td><td>第11.0.7条</td><td>全/6</td><td colspan="2">共6处，全部检查，合格6处</td><td>100%</td></tr>
<tr><td>施工单位检查结果</td><td colspan="7">符合要求
专业工长：×××
项目专业质量检查员：×××
××年×月×日</td></tr>
<tr><td>监理单位验收结论</td><td colspan="7">合格
专业监理工程师：×××
××年×月×日</td></tr>
</table>

公共广播系统调试检验批质量验收记录

08090501 001

<table>
<tr><td>单位(子单位)工程名称</td><td colspan="3">××大厦</td><td>分部(子分部)工程名称</td><td>智能建筑/公共广播系统</td><td>分项工程名称</td><td>系统调试</td></tr>
<tr><td>施工单位</td><td colspan="3">××建筑有限公司</td><td>项目负责人</td><td>×××</td><td>检验批容量</td><td>5套</td></tr>
<tr><td>分包单位</td><td colspan="3">××建筑工程有限公司</td><td>分包单位项目负责人</td><td>×××</td><td>检验批部位</td><td>首层A～C/1～8轴</td></tr>
<tr><td>施工依据</td><td colspan="4">《智能建筑工程施工规范》(GB 50606—2010)</td><td>验收依据</td><td colspan="2">《智能建筑工程质量验收规范》(GB 50339—2013)</td></tr>
<tr><td colspan="3">验收项目</td><td>设计要求及规范规定</td><td>最小/实际抽样数量</td><td colspan="2">检查记录</td><td>检查结果</td></tr>
<tr><td rowspan="4">主控项目</td><td>1</td><td>当紧急广播系统具有火灾应急广播功能时,应检查传输线缆、槽盒和导管的防火保护措施</td><td>第12.0.2条</td><td>全/5</td><td colspan="2">共5处,全部检查,合格5处</td><td>√</td></tr>
<tr><td>2</td><td>公共广播系统的应备声压级</td><td>第12.0.4条</td><td>全/5</td><td colspan="2">共5处,全部检查,合格5处</td><td>√</td></tr>
<tr><td>3</td><td>主观评价</td><td>第12.0.5条</td><td>全/5</td><td colspan="2">共5处,全部检查,合格5处</td><td>√</td></tr>
<tr><td>4</td><td>紧急广播的功能和性能</td><td>第12.0.6条</td><td>全/5</td><td colspan="2">共5处,全部检查,合格5处</td><td>√</td></tr>
<tr><td rowspan="3">一般项目</td><td>1</td><td>业务广播和背景广播的功能</td><td>第12.0.7条</td><td>全/5</td><td colspan="2">共5处,全部检查,合格5处</td><td>100%</td></tr>
<tr><td>2</td><td>公共广播系统的声场不均匀度、漏出声衰减及系统设备信噪比</td><td>第12.0.8条</td><td>全/5</td><td colspan="2">共5处,全部检查,合格5处</td><td>100%</td></tr>
<tr><td>3</td><td>公共广播系统的扬声器分布</td><td>第12.0.9条</td><td>全/5</td><td colspan="2">共5处,全部检查,合格5处</td><td>100%</td></tr>
<tr><td>施工单位检查结果</td><td colspan="7">符合要求
专业工长:×××
项目专业质量检查员:×××
××年×月×日</td></tr>
<tr><td>监理单位验收结论</td><td colspan="7">合格
专业监理工程师:×××
××年×月×日</td></tr>
</table>

会议系统调试检验批质量验收记录

08100501 001

<table>
<tr><td>单位(子单位)工程名称</td><td colspan="2">××大厦</td><td colspan="2">分部(子分部)工程名称</td><td>智能建筑/会议系统</td><td>分项工程名称</td><td colspan="2">系统调试</td></tr>
<tr><td>施工单位</td><td colspan="2">××建筑有限公司</td><td colspan="2">项目负责人</td><td>×××</td><td>检验批容量</td><td colspan="2">5套</td></tr>
<tr><td>分包单位</td><td colspan="2">××建筑工程有限公司</td><td colspan="2">分包单位项目负责人</td><td>×××</td><td>检验批部位</td><td colspan="2">首层1~8/A~C轴</td></tr>
<tr><td>施工依据</td><td colspan="4">《智能建筑工程施工规范》(GB 50606—2010)</td><td>验收依据</td><td colspan="3">《智能建筑工程质量验收规范》(GB 50339—2013)</td></tr>
<tr><td colspan="3">验收项目</td><td>设计要求及规范规定</td><td colspan="2">最小/实际抽样数量</td><td colspan="2">检查记录</td><td>检查结果</td></tr>
<tr><td rowspan="4">主控项目</td><td>1</td><td>会议扩声系统声学特性指标</td><td>第13.0.5条</td><td colspan="2">全/5</td><td colspan="2">共5处，全部检查，合格5处</td><td>√</td></tr>
<tr><td>2</td><td>会议视频显示系统显示特性指标</td><td>第13.0.6条</td><td colspan="2">全/5</td><td colspan="2">共5处，全部检查，合格5处</td><td>√</td></tr>
<tr><td>3</td><td>具有会议电视功能的会议灯光系统的平均照度值</td><td>第13.0.7条</td><td colspan="2">全/5</td><td colspan="2">共5处，全部检查，合格5处</td><td>√</td></tr>
<tr><td>4</td><td>与火灾自动报警系统的联动功能</td><td>第13.0.8条</td><td colspan="2">全/5</td><td colspan="2">共5处，全部检查，合格5处</td><td>√</td></tr>
<tr><td rowspan="2">一般项目</td><td>1</td><td>会议电视系统检测</td><td>第13.0.9条</td><td colspan="2">全/5</td><td colspan="2">共5处，全部检查，合格5处</td><td>100%</td></tr>
<tr><td>2</td><td>其他系统检测</td><td>第13.0.10条</td><td colspan="2">全/5</td><td colspan="2">共5处，全部检查，合格5处</td><td>100%</td></tr>
<tr><td>施工单位检查结果</td><td colspan="8">符合要求
专业工长：×××
项目专业质量检查员：×××
××年×月×日</td></tr>
<tr><td>监理单位验收结论</td><td colspan="8">合格
专业监理工程师：×××
××年×月×日</td></tr>
</table>

信息导引及发布系统显示设备安装检验批质量验收记录

08110301 001

<table>
<tr><td>单位(子单位)
工程名称</td><td>××大厦</td><td>分部(子分部)
工程名称</td><td colspan="2">智能建筑/信息引导及发布系统</td><td>分项工程名称</td><td colspan="2">显示设备安装</td></tr>
<tr><td>施工单位</td><td>××建筑有限公司</td><td>项目负责人</td><td colspan="2">×××</td><td>检验批容量</td><td colspan="2">5台</td></tr>
<tr><td>分包单位</td><td>××建筑工程有限公司</td><td>分包单位
项目负责人</td><td colspan="2">×××</td><td>检验批部位</td><td colspan="2">首层1~8/A~C轴</td></tr>
<tr><td>施工依据</td><td colspan="2">《智能建筑工程施工规范》(GB 50606—2010)</td><td colspan="2">验收依据</td><td colspan="3">《智能建筑工程施工规范》(GB 50606—2010)</td></tr>
<tr><td colspan="3">验收项目</td><td>设计要求及规范规定</td><td>最小/实际抽样数量</td><td colspan="2">检查记录</td><td>检查结果</td></tr>
<tr><td rowspan="3">主控项目</td><td>1</td><td>材料、器具、设备进场质量检测</td><td>第3.5.1条</td><td>/</td><td colspan="2">质量证明文件齐全,通过进场验收</td><td>√</td></tr>
<tr><td>2</td><td>多媒体显示屏安装必须牢固</td><td>第10.3.1条</td><td>全/5</td><td colspan="2">共5处,全部检查,合格5处</td><td>√</td></tr>
<tr><td>3</td><td>供电和通信传输系统必须连接可靠,确保应用要求</td><td>第10.3.1条</td><td>全/5</td><td colspan="2">共5处,全部检查,合格5处</td><td>√</td></tr>
<tr><td rowspan="7">一般项目</td><td>1</td><td>设备、线缆标识应清晰、明确</td><td>第10.3.2条</td><td>全/5</td><td colspan="2">共5处,全部检查,合格5处</td><td>100%</td></tr>
<tr><td>2</td><td>各设备、器件、盒、箱、线缆等的安装应符合设计要求,并应做到布局合理、排列整齐、牢固可靠、线缆连接正确、压接牢固</td><td>第10.3.2条</td><td>全/5</td><td colspan="2">共5处,全部检查,合格5处</td><td>100%</td></tr>
<tr><td>3</td><td>馈线连接头应牢固安装,接触应良好,并应采取防雨、防腐措施</td><td>第10.3.2条</td><td>全/5</td><td colspan="2">共5处,全部检查,合格5处</td><td>100%</td></tr>
<tr><td>4</td><td>触摸屏与显示屏的安装位置应对人行通道无影响</td><td>第10.2.3条</td><td>全/5</td><td colspan="2">共5处,全部检查,合格5处</td><td>100%</td></tr>
<tr><td>5</td><td>触摸屏、显示屏应安装在没有强电磁辐射源及干燥的地方</td><td>第10.2.3条</td><td>全/5</td><td colspan="2">共5处,全部检查,合格5处</td><td>100%</td></tr>
<tr><td>6</td><td>与相关专业协调并在现场确定落地式显示屏安装钢架的承重能力应满足设计要求</td><td>第10.2.3条</td><td>全/5</td><td colspan="2">共5处,全部检查,合格5处</td><td>100%</td></tr>
<tr><td>7</td><td>室外安装的显示屏应做好防漏电、防雨措施,并应满足IP65防护等级标准</td><td>第10.2.3条</td><td>全/5</td><td colspan="2">共5处,全部检查,合格5处</td><td>100%</td></tr>
<tr><td colspan="2">施工单位
检查结果</td><td colspan="6">符合要求
专业工长:×××
项目专业质量检查员:×××
××年×月×日</td></tr>
<tr><td colspan="2">监理单位
验收结论</td><td colspan="6">合格
专业监理工程师:×××
××年×月×日</td></tr>
</table>

时钟系统调试检验批质量验收记录

08120501 001

<table>
<tr><td>单位(子单位)
工程名称</td><td colspan="2">××大厦</td><td>分部(子分部)
工程名称</td><td>智能建筑/时钟系统</td><td>分项工程名称</td><td colspan="2">系统调试</td></tr>
<tr><td>施工单位</td><td colspan="2">××建筑有限公司</td><td>项目负责人</td><td>×××</td><td>检验批容量</td><td colspan="2">5套</td></tr>
<tr><td>分包单位</td><td colspan="2">××建筑工程有限公司</td><td>分包单位
项目负责人</td><td>×××</td><td>检验批部位</td><td colspan="2">首层1～8/A～C轴</td></tr>
<tr><td>施工依据</td><td colspan="3">《智能建筑工程施工规范》(GB 50606—2010)</td><td>验收依据</td><td colspan="3">《智能建筑工程质量验收规范》(GB 50339—2013)</td></tr>
<tr><td colspan="3">验收项目</td><td>设计要求及规范规定</td><td>最小/实际抽样数量</td><td colspan="2">检查记录</td><td>检查结果</td></tr>
<tr><td rowspan="4">主控项目</td><td>1</td><td>母钟与时标信号接收器同步、母钟对子钟同步校时的功能</td><td>第15.0.3条</td><td>全/5</td><td colspan="2">共5处，全部检查，合格5处</td><td>√</td></tr>
<tr><td>2</td><td>平均瞬时日差指标</td><td>第15.0.4条</td><td>全/5</td><td colspan="2">共5处，全部检查，合格5处</td><td>√</td></tr>
<tr><td>3</td><td>时钟显示的同步偏差</td><td>第15.0.5条</td><td>全/5</td><td colspan="2">共5处，全部检查，合格5处</td><td>√</td></tr>
<tr><td>4</td><td>授时校准功能</td><td>第15.0.6条</td><td>全/5</td><td colspan="2">共5处，全部检查，合格5处</td><td>√</td></tr>
<tr><td rowspan="4">一般项目</td><td>1</td><td>母钟、子钟和时间服务器等运行状态的监测功能</td><td>第15.0.7条</td><td>全/5</td><td colspan="2">共5处，全部检查，合格5处</td><td>100%</td></tr>
<tr><td>2</td><td>自动恢复功能</td><td>第15.0.8条</td><td>全/5</td><td colspan="2">共5处，全部检查，合格5处</td><td>100%</td></tr>
<tr><td>3</td><td>系统的使用可靠性</td><td>第15.0.9条</td><td>全/5</td><td colspan="2">共5处，全部检查，合格5处</td><td>100%</td></tr>
<tr><td>4</td><td>有日历显示的时钟换历功能</td><td>第15.0.10条</td><td>全/5</td><td colspan="2">共5处，全部检查，合格5处</td><td>100%</td></tr>
<tr><td>施工单位
检查结果</td><td colspan="7">符合要求
专业工长：×××
项目专业质量检查员：×××
××年×月×日</td></tr>
<tr><td>监理单位
验收结论</td><td colspan="7">合格
专业监理工程师：×××
××年×月×日</td></tr>
</table>

信息化应用系统调试检验批质量验收记录

08130501 001

<table>
<tr><td>单位(子单位)工程名称</td><td>××大厦</td><td>分部(子分部)工程名称</td><td colspan="2">智能建筑/信息化应用系统</td><td>分项工程名称</td><td colspan="2">系统调试</td></tr>
<tr><td>施工单位</td><td>××建筑有限公司</td><td>项目负责人</td><td colspan="2">×××</td><td>检验批容量</td><td colspan="2">5套</td></tr>
<tr><td>分包单位</td><td>××建筑工程有限公司</td><td>分包单位项目负责人</td><td colspan="2">×××</td><td>检验批部位</td><td colspan="2">首层1～8/A～C轴</td></tr>
<tr><td>施工依据</td><td colspan="2">《智能建筑工程施工规范》(GB 50606—2010)</td><td colspan="2">验收依据</td><td colspan="3">《智能建筑工程质量验收规范》(GB 50339—2013)</td></tr>
<tr><td colspan="3">验收项目</td><td>设计要求及规范规定</td><td>最小/实际抽样数量</td><td colspan="2">检查记录</td><td>检查结果</td></tr>
<tr><td rowspan="4">主控项目</td><td>1</td><td>检查设备的性能指标</td><td>第16.0.4条</td><td>全/5</td><td colspan="2">共5处,全部检查,合格5处</td><td>√</td></tr>
<tr><td>2</td><td>业务功能和业务流程</td><td>第16.0.5条</td><td>全/5</td><td colspan="2">共5处,全部检查,合格5处</td><td>√</td></tr>
<tr><td>3</td><td>应用软件功能和性能测试</td><td>第16.0.6条</td><td>全/5</td><td colspan="2">共5处,全部检查,合格5处</td><td>√</td></tr>
<tr><td>4</td><td>应用软件修改后回归测试</td><td>第16.0.7条</td><td>全/5</td><td colspan="2">共5处,全部检查,合格5处</td><td>√</td></tr>
<tr><td rowspan="2">一般项目</td><td>1</td><td>应用软件功能和性能测试</td><td>第16.0.8条</td><td>全/5</td><td colspan="2">共5处,全部检查,合格5处</td><td>100%</td></tr>
<tr><td>2</td><td>运行软件产品的设备中与应用软件无关的软件检查</td><td>第16.0.9条</td><td>全/5</td><td colspan="2">共5处,全部检查,合格5处</td><td>100%</td></tr>
<tr><td>施工单位检查结果</td><td colspan="7">符合要求
专业工长:×××
项目专业质量检查员:×××
××年×月×日</td></tr>
<tr><td>监理单位验收结论</td><td colspan="7">合格
专业监理工程师:×××
××年×月×日</td></tr>
</table>

建筑设备监控系统调试检验批质量验收记录

08140801 001

<table>
<tr><td>单位(子单位)工程名称</td><td colspan="2">××大厦</td><td>分部(子分部)工程名称</td><td>智能建筑/建筑设备监控系统</td><td>分项工程名称</td><td colspan="2">系统调试分项</td></tr>
<tr><td>施工单位</td><td colspan="2">××建筑有限公司</td><td>项目负责人</td><td>×××</td><td>检验批容量</td><td colspan="2">1套</td></tr>
<tr><td>分包单位</td><td colspan="2">××建筑工程有限公司</td><td>分包单位项目负责人</td><td>×××</td><td>检验批部位</td><td colspan="2">首层1~8/A~C轴</td></tr>
<tr><td>施工依据</td><td colspan="3">《智能建筑工程施工规范》(GB 50606—2010)</td><td>验收依据</td><td colspan="3">《智能建筑工程质量验收规范》(GB 50339—2013)</td></tr>
<tr><td colspan="3">验收项目</td><td>设计要求及规范规定</td><td>最小/实际抽样数量</td><td colspan="2">检 查 记 录</td><td>检查结果</td></tr>
<tr><td rowspan="9">主控项目</td><td>1</td><td>暖通空调监控系统的功能</td><td>第17.0.5条</td><td>全/5</td><td colspan="2">共5处,全部检查,合格5处</td><td>√</td></tr>
<tr><td>2</td><td>变配电监测系统的功能</td><td>第17.0.6条</td><td>10/10</td><td colspan="2">抽查10处,合格10处</td><td>√</td></tr>
<tr><td>3</td><td>公共照明监控系统的功能</td><td>第17.0.7条</td><td>9/9</td><td colspan="2">抽查9处,合格9处</td><td>√</td></tr>
<tr><td>4</td><td>给排水监控系统的功能</td><td>第17.0.8条</td><td>8/8</td><td colspan="2">抽查8处,合格8处</td><td>√</td></tr>
<tr><td>5</td><td>电梯和自动扶梯监测系统启停、上下行、位置、故障等运行状态显示功能</td><td>第17.0.9条</td><td>全/5</td><td colspan="2">共5处,全部检查,合格5处</td><td>√</td></tr>
<tr><td>6</td><td>能耗监测系统能耗数据的显示、记录、统计、汇总及趋势分析等功能</td><td>第17.0.10条</td><td>全/5</td><td colspan="2">共5处,全部检查,合格5处</td><td>√</td></tr>
<tr><td>7</td><td>中央管理工作站与操作分站功能及权限</td><td>第17.0.11条</td><td>5/5</td><td colspan="2">共5处,全部检查,合格5处</td><td>√</td></tr>
<tr><td>8</td><td>系统实时性</td><td>第17.0.12条</td><td>4/4</td><td colspan="2">抽查4处,合格4处</td><td>√</td></tr>
<tr><td>9</td><td>系统可靠性</td><td>第17.0.13条</td><td>全/5</td><td colspan="2">共5处,全部检查,合格5处</td><td>√</td></tr>
<tr><td rowspan="2">一般项目</td><td>1</td><td>系统可维护性</td><td>第17.0.14条</td><td>全/5</td><td colspan="2">共5处,全部检查,合格5处</td><td>100%</td></tr>
<tr><td>2</td><td>系统性能评测项目</td><td>第17.0.15条</td><td>全/5</td><td colspan="2">共5处,全部检查,合格5处</td><td>100%</td></tr>
<tr><td>施工单位检查结果</td><td colspan="7">符合要求
专业工长:×××
项目专业质量检查员:×××
××年×月×日</td></tr>
<tr><td>监理单位验收结论</td><td colspan="7">合格
专业监理工程师:×××
××年×月×日</td></tr>
</table>

火灾自动报警系统调试检验批质量验收记录

08150701 001

<table>
<tr><td>单位(子单位)工程名称</td><td>××大厦</td><td>分部(子分部)工程名称</td><td>智能建筑/火灾自动报警系统</td><td>分项工程名称</td><td colspan="2">火灾自动报警系统调试</td></tr>
<tr><td>施工单位</td><td>××建筑有限公司</td><td>项目负责人</td><td>×××</td><td>检验批容量</td><td colspan="2">1套</td></tr>
<tr><td>分包单位</td><td>××建筑工程有限公司</td><td>分包单位项目负责人</td><td>×××</td><td>检验批部位</td><td colspan="2">首层1~8/A~C轴</td></tr>
<tr><td>施工依据</td><td colspan="2">《智能建筑工程施工规范》(GB 50606—2010)</td><td>验收依据</td><td colspan="3">《智能建筑工程质量验收规范》(GB 50339—2013)</td></tr>
<tr><td colspan="3">验收项目</td><td>设计要求及规范规定</td><td>最小/实际抽样数量</td><td>检查记录</td><td>检查结果</td></tr>
<tr><td rowspan="21">主控项目</td><td>1</td><td>火灾报警控制器调试</td><td>第18.0.2条</td><td>全/60</td><td>共60处,全部检查,合格60处</td><td>√</td></tr>
<tr><td>2</td><td>点型感烟、感温火灾探测器调试</td><td>第18.0.2条</td><td>全/55</td><td>共55处,全部检查,合格55处</td><td>√</td></tr>
<tr><td>3</td><td>红外光束感烟火灾探测器调试</td><td>第18.0.2条</td><td>全/32</td><td>共32处,全部检查,合格32处</td><td>√</td></tr>
<tr><td>4</td><td>线型感温火灾探测器调试</td><td>第18.0.2条</td><td>全/31</td><td>共31处,全部检查,合格31处</td><td>√</td></tr>
<tr><td>5</td><td>红外光束感烟火灾探测器调试</td><td>第18.0.2条</td><td>/</td><td>/</td><td></td></tr>
<tr><td>6</td><td>通过管路采样的吸气式火灾探测器调试</td><td>第18.0.2条</td><td>/</td><td>/</td><td></td></tr>
<tr><td>7</td><td>点型火焰探测器和图象型火灾探测器调试</td><td>第18.0.2条</td><td>全/13</td><td>共13处,全部检查,合格13处</td><td>√</td></tr>
<tr><td>8</td><td>手动火灾报警按钮调试</td><td>第18.0.2条</td><td>全/11</td><td>共11处,全部检查,合格11处</td><td>√</td></tr>
<tr><td>9</td><td>消防联动控制器调试</td><td>第18.0.2条</td><td>全/16</td><td>共16处,全部检查,合格16处</td><td>√</td></tr>
<tr><td>10</td><td>区域显示器(火灾显示盘)调试</td><td>第18.0.2条</td><td>全/3</td><td>共3处,全部检查,合格3处</td><td>√</td></tr>
<tr><td>11</td><td>可燃气体报警控制器调试</td><td>第18.0.2条</td><td>全/2</td><td>共2处,全部检查,合格2处</td><td>√</td></tr>
<tr><td>12</td><td>可燃气体探测器调试</td><td>第18.0.2条</td><td>全/12</td><td>共12处,全部检查,合格12处</td><td>√</td></tr>
<tr><td>13</td><td>消防电话调试</td><td>第18.0.2条</td><td>全/16</td><td>共16处,全部检查,合格16处</td><td>√</td></tr>
<tr><td>14</td><td>消防应急广播设备调试</td><td>第18.0.2条</td><td>全/18</td><td>共18处,全部检查,合格18处</td><td>√</td></tr>
<tr><td>15</td><td>系统备用电源调试</td><td>第18.0.2条</td><td>全/3</td><td>共3处,全部检查,合格3处</td><td>√</td></tr>
<tr><td>16</td><td>消防设备应急电源调试</td><td>第18.0.2条</td><td>全/3</td><td>共3处,全部检查,合格3处</td><td>√</td></tr>
<tr><td>17</td><td>消防控制中心图形显示装置调试</td><td>第18.0.2条</td><td>全/3</td><td>共3处,全部检查,合格3处</td><td>√</td></tr>
<tr><td>18</td><td>气体灭火控制器调试</td><td>第18.0.2条</td><td>全/12</td><td>共12处,全部检查,合格12处</td><td>√</td></tr>
<tr><td>19</td><td>防火卷帘控制器调试</td><td>第18.0.2条</td><td>全/2</td><td>共2处,全部检查,合格2处</td><td>√</td></tr>
<tr><td>20</td><td>其他受控部件调试</td><td>第18.0.2条</td><td>全/3</td><td>共3处,全部检查,合格3处</td><td>√</td></tr>
<tr><td>21</td><td>火灾自动报警系统的系统性能调试</td><td>第18.0.2条</td><td>全/5</td><td>共5处,全部检查,合格5处</td><td>√</td></tr>
<tr><td>施工单位检查结果</td><td colspan="6">符合要求
专业工长:×××
项目专业质量检查员:×××
××年×月×日</td></tr>
<tr><td>监理单位验收结论</td><td colspan="6">合格
专业监理工程师:×××
××年×月×日</td></tr>
</table>

安全技术防范系统调试检验批质量验收记录

08160501 001

<table>
<tr><td>单位(子单位)工程名称</td><td>××大厦</td><td>分部(子分部)工程名称</td><td>智能建筑/安全技术防范系统</td><td>分项工程名称</td><td colspan="2">安全技术防范系统调试</td></tr>
<tr><td>施工单位</td><td>××建筑有限公司</td><td>项目负责人</td><td>×××</td><td>检验批容量</td><td colspan="2">5套</td></tr>
<tr><td>分包单位</td><td>××建筑工程有限公司</td><td>分包单位项目负责人</td><td>×××</td><td>检验批部位</td><td colspan="2">首层1~8/A~C轴</td></tr>
<tr><td>施工依据</td><td colspan="2">《智能建筑工程施工规范》(GB 50606—2010)</td><td>验收依据</td><td colspan="3">《智能建筑工程质量验收规范》(GB 50339—2013)</td></tr>
<tr><td colspan="3">验收项目</td><td>设计要求及规范规定</td><td>最小/实际抽样数量</td><td>检查记录</td><td>检查结果</td></tr>
<tr><td rowspan="6">主控项目</td><td>1</td><td>安全防范综合管理系统的功能</td><td>第19.0.5条</td><td>全/5</td><td>共5处，全部检查，合格5处</td><td>√</td></tr>
<tr><td>2</td><td>视频安防监控系统控制功能、监视功能、显示功能、存储功能、回放功能、报警联动功能和图像丢失报警功能</td><td>第19.0.6条</td><td>全/5</td><td>共5处，全部检查，合格5处</td><td>√</td></tr>
<tr><td>3</td><td>入侵报警系统的入侵报警功能、防破坏及故障报警功能、记录及显示功能、系统自检功能、系统报警响应时间、报警复核功能、报警声级、报警优先功能</td><td>第19.0.7条</td><td>全/5</td><td>共5处，全部检查，合格5处</td><td>√</td></tr>
<tr><td>4</td><td>出入口控制系统的出入目标识读装置功能、信息处理/控制设备功能、执行机构功能、报警功能和访客对讲功能</td><td>第19.0.8条</td><td>全/5</td><td>共5处，全部检查，合格5处</td><td>√</td></tr>
<tr><td>5</td><td>电子巡查系统的巡查设置功能、记录打印功能、管理功能</td><td>第19.0.9条</td><td>全/5</td><td>共5处，全部检查，合格5处</td><td>√</td></tr>
<tr><td>6</td><td>停车库(场)管理系统的识别功能、控制功能、报警功能、出票验票功能、管理功能和显示功能</td><td>第19.0.10条</td><td>全/5</td><td>共5处，全部检查，合格5处</td><td>√</td></tr>
<tr><td rowspan="2">一般项目</td><td>1</td><td>监控中心管理软件中电子地图显示的设备位置</td><td>第19.0.11条</td><td>全/5</td><td>共5处，全部检查，合格5处</td><td>100%</td></tr>
<tr><td>2</td><td>安全性及电磁兼容性</td><td>第19.0.12条</td><td>全/5</td><td>共5处，全部检查，合格5处</td><td>100%</td></tr>
<tr><td>施工单位检查结果</td><td colspan="6">符合要求
专业工长：×××
项目专业质量检查员：×××
××年×月×日</td></tr>
<tr><td>监理单位验收结论</td><td colspan="6">合格
专业监理工程师：×××
××年×月×日</td></tr>
</table>

应急响应系统调试检验批质量验收记录

08170301 001

单位(子单位)工程名称	××大厦		分部(子分部)工程名称	智能建筑/应急响应系统	分项工程名称		系统调试
施工单位	××建筑有限公司		项目负责人	×××	检验批容量		1套
分包单位	××建筑工程有限公司		分包单位项目负责人	×××	检验批部位		首层1～8/A～C轴
施工依据	《智能建筑工程施工规范》(GB 50606—2010)			验收依据	《智能建筑工程质量验收规范》(GB 50339—2013)		
验收项目			设计要求及规范规定	最小/实际抽样数量	检查记录		检查结果
主控项目	1	功能检测	第20.0.2条	全/1	共1处，全部检查，合格1处		√
施工单位检查结果	符合要求 专业工长：××× 项目专业质量检查员：××× ××年×月×日						
监理单位验收结论	合格 专业监理工程师：××× ××年×月×日						

机房工程系统调试检验批质量验收记录

08181001 001

<table>
<tr><td>单位(子单位)工程名称</td><td colspan="2">××大厦</td><td>分部(子分部)工程名称</td><td>智能建筑/机房</td><td>分项工程名称</td><td colspan="2">系统调试</td></tr>
<tr><td>施工单位</td><td colspan="2">××建筑有限公司</td><td>项目负责人</td><td>×××</td><td>检验批容量</td><td colspan="2">1套</td></tr>
<tr><td>分包单位</td><td colspan="2">××建筑工程有限公司</td><td>分包单位项目负责人</td><td>×××</td><td>检验批部位</td><td colspan="2">首层1～8/A～C轴</td></tr>
<tr><td>施工依据</td><td colspan="3">《智能建筑工程施工规范》(GB 50606—2010)</td><td>验收依据</td><td colspan="3">《智能建筑工程质量验收规范》(GB 50339—2013)</td></tr>
<tr><td colspan="3">验收项目</td><td>设计要求及规范规定</td><td>最小/实际抽样数量</td><td colspan="2">检查记录</td><td>检查结果</td></tr>
<tr><td rowspan="5">主控项目</td><td>1</td><td>供配电系统的输出电能质量</td><td>第21.0.4条</td><td>全/2</td><td colspan="2">共2处，全部检查，合格2处</td><td>√</td></tr>
<tr><td>2</td><td>不间断电源的供电时延</td><td>第21.0.5条</td><td>全/3</td><td colspan="2">共3处，全部检查，合格3处</td><td>√</td></tr>
<tr><td>3</td><td>静电防护措施</td><td>第21.0.6条</td><td>全/5</td><td colspan="2">共5处，全部检查，合格5处</td><td>√</td></tr>
<tr><td>4</td><td>弱电间检测</td><td>第21.0.7条</td><td>全/2</td><td colspan="2">共2处，全部检查，合格2处</td><td>√</td></tr>
<tr><td>5</td><td>机房供配电系统、防雷与接地系统、空气调节系统、给水排水系统、综合布线系统、监控与安全防范系统、消防系统、室内装饰装修和电磁屏蔽等系统检测</td><td>第21.0.8条</td><td>全/9</td><td colspan="2">共9处，全部检查，合格9处</td><td>√</td></tr>
<tr><td>施工单位检查结果</td><td colspan="7">符合要求
专业工长：×××
项目专业质量检查员：×××
××年×月×日</td></tr>
<tr><td>监理单位验收结论</td><td colspan="7">合格
专业监理工程师：×××
××年×月×日</td></tr>
</table>

机房防雷与接地系统检验批质量验收记录

08180201 __001__

<table>
<tr><td>单位(子单位)
工程名称</td><td>××大厦</td><td>分部(子分部)
工程名称</td><td>智能建筑/机房</td><td>分项工程名称</td><td>防雷与接地系统</td></tr>
<tr><td>施工单位</td><td>××建筑有限公司</td><td>项目负责人</td><td>×××</td><td>检验批容量</td><td>1套</td></tr>
<tr><td>分包单位</td><td>××建筑工程有限公司</td><td>分包单位
项目负责人</td><td>×××</td><td>检验批部位</td><td>首层1～8/A～C轴</td></tr>
<tr><td>施工依据</td><td colspan="2">《智能建筑工程施工规范》
(GB 50606—2010)</td><td>验收依据</td><td colspan="2">《智能建筑工程施工规范》
(GB 50606—2010)</td></tr>
</table>

<table>
<tr><td colspan="4">验收项目</td><td>设计要求及
规范规定</td><td>最小/实际
抽样数量</td><td>检 查 记 录</td><td>检查
结果</td></tr>
<tr><td rowspan="7">主控项目</td><td>1</td><td colspan="2">材料、器具、设备进场质量检测</td><td>第3.5.1条</td><td>/</td><td>质量证明文件齐全,通过进场验收</td><td>√</td></tr>
<tr><td rowspan="6">2</td><td rowspan="6">材料、器具、设备进场质量检测</td><td>接地装置的结构、材质、连接方法、安装位置、埋设间距、深度及安装方法应符合设计要求</td><td>第17.2.3条</td><td>全/5</td><td>共5处,全部检查,合格5处</td><td>√</td></tr>
<tr><td>接地装置的外露接点外观检查应符合规定</td><td>第17.2.3条</td><td>全/5</td><td>共5处,全部检查,合格5处</td><td>√</td></tr>
<tr><td>浪涌保护器的规格、型号应符合设计要求;安装位置和方式应符合设计要求或产品安装说明书的要求</td><td>第17.2.3条</td><td>全/3</td><td>共3处,全部检查,合格3处</td><td>√</td></tr>
<tr><td>接地线规格、敷设方法及其与等电位金属带的连接方法应符合设计要求</td><td>第17.2.3条</td><td>全/3</td><td>共3处,全部检查,合格3处</td><td>√</td></tr>
<tr><td>等电位联接金属带的规格、敷设方法应符合设计要求</td><td>第17.2.3条</td><td>全/7</td><td>共7处,全部检查,合格7处</td><td>√</td></tr>
<tr><td>接地装置的接地电阻值应符合设计要求</td><td>第17.2.3条</td><td>全/3</td><td>共3处,全部检查,合格3处</td><td>√</td></tr>
<tr><td colspan="2">施工单位
检查结果</td><td colspan="6">符合要求

专业工长:×××
项目专业质量检查员:×××
××年×月×日</td></tr>
<tr><td colspan="2">监理单位
验收结论</td><td colspan="6">合格

专业监理工程师:×××
××年×月×日</td></tr>
</table>

设备安装检验批质量验收记录

08010101 001

单位(子单位)工程名称	××大厦	分部(子分部)工程名称	智能建筑/智能化集成系统	分项工程名称	设备安装
施工单位	××建筑有限公司	项目负责人	×××	检验批容量	5台
分包单位	××建筑工程有限公司	分包单位项目负责人	×××	检验批部位	首层1~8/A~C轴
施工依据	《智能建筑工程施工规范》(GB 50606—2010)		验收依据	《智能建筑工程施工规范》(GB 50606—2010)	

验收项目			设计要求及规范规定	最小/实际抽样数量	检查记录	检查结果
主控项目	1	材料、器具、设备进场质量检测	第3.5.1条	/	质量证明文件齐全,通过进场验收	√
	2	系统安全专用产品必须具有公安部计算机管理监察部门审批颁发的计算机信息系统安全专用产品销售许可证	第6.1.2条	/	具备安全专用产品销售许可证,编号为××××	√
	3	集成子系统提供的技术文件应符合规定,产品资料内容齐全	第15.1.2条	/	文件符合规定,资料齐全	√
一般项目	1	安装位置应符合设计要求,安装应平稳牢固,并应便于操作维护	第6.2.1条	全/5	共5处,全部检查,合格5处	100%
	2	机柜内安装的设备应有通风散热措施,内部接插件与设备连接应牢固	第6.2.1条	全/5	共5处,全部检查,合格5处	100%
	3	承重要求大于600kg/m² 的设备应单独制作设备基座,不应直接安装在抗静电地板上	第6.2.1条	全/5	共5处,全部检查,合格5处	100%
	4	对有序列号的设备应登记设备的序列号	第6.2.1条	全/5	共5处,全部检查,合格5处	100%
	5	应对有源设备进行通电检查,设备应工作正常	第6.2.1条	全/5	共5处,全部检查,合格5处	100%
	6	跳线连接应规范,线缆排列应有序,线缆上应有正确牢固的标签	第6.2.1条	全/5	共5处,全部检查,合格5处	100%
	7	设备安装机柜应张贴设备系统连线示意图	第6.2.1条	全/5	共5处,全部检查,合格5处	100%
	8	网络安全设备安装应符合设计要求	设计要求	全/5	共5处,全部检查,合格5处	100%
	9	集成子系统的硬线连接和设备接口连接应符合规定	第15.3.1条第1款	全/5	共5处,全部检查,合格5处	100%
	10	设备在启动、运行和关闭过程中不应出现运行时错误	第15.3.1条第2款	全/5	共5处,全部检查,合格5处	100%
	11	应急响应系统设备安装应符合设计要求	设计要求	全/5	共5处,全部检查,合格5处	100%

施工单位检查结果	符合要求 专业工长:××× 项目专业质量检查员:××× ××年×月×日
监理单位验收结论	合格 专业监理工程师:××× ××年×月×日

用户电话交换系统设备安装检验批质量验收记录

08030201 001

单位(子单位)工程名称	××大厦	分部(子分部)工程名称	智能建筑/用户电话交换系统	分项工程名称	设备安装
施工单位	××建筑有限公司	项目负责人	×××	检验批容量	5套
分包单位	××建筑工程有限公司	分包单位项目负责人	×××	检验批部位	首层1～8/A～C轴
施工依据	《智能建筑工程施工规范》(GB 50606—2010)		验收依据	《智能建筑工程施工规范》(GB 50606—2010)	

验收项目			设计要求及规范规定	最小/实际抽样数量	检查记录	检查结果
主控项目	1	材料、器具、设备进场质量检测	第3.5.1条	/	质量证明文件齐全，通过进场验收	√
一般项目	1	机房的环境条件进行检查	第10.2.1条	全/5	共5处，全部检查，合格5处	100%
	2	交换机机柜，上下两端垂直偏差	≤3mm	全/5	共5处，全部检查，合格5处	100%
	3	机柜应排列成直线，每5m误差	≤5mm	全/5	共5处，全部检查，合格5处	100%
	4	各种配线架各直列上下两端垂直偏差	≤3mm	全/5	共5处，全部检查，合格5处	100%
	5	各种配线架底座水平误差(每米)	≤2mm	全/5	共5处，全部检查，合格5处	100%
	6	机架、配线架应按施工图的抗震要求进行加固	第10.2.1条	全/5	共5处，全部检查，合格5处	100%
	7	直流电源线连同所接的列内电源线，应测试正负线间和负线对地间的绝缘电阻，绝缘电阻均不得小于1MΩ	第10.2.1条	全/5	共5处，全部检查，合格5处	100%
	8	交换系统使用的交流电源线芯线间和芯线对地的绝缘电阻均不得小于1MΩ	第10.2.1条	全/5	共5处，全部检查，合格5处	100%
	9	交换系统用的交流电源线应有保护接地线	第10.2.1条	全/5	共5处，全部检查，合格5处	100%

用户电话交换系统设备安装检验批质量验收记录

08030201 001

验收项目				设计要求及规范规定	最小/实际抽样数量	检查记录	检查结果
一般项目	10	交换机设备通电前检查	各种电路板数量、规格、接线及机架的安装位置、标识	第10.2.1条	全/5	共5处，全部检查，合格5处	100%
	11		各机架所有的熔断器规格应符合要求，检查各功能单元电源开关应处于关闭状态	第10.2.1条	全/5	共5处，全部检查，合格5处	100%
	12		设备的各种选择开关应置于初始位置	第10.2.1条	全/5	共5处，全部检查，合格5处	100%
	13		设备的供电电源线，接地线规格应符合设计要求，并端接应正确、牢固	第10.2.1条	全/5	共5处，全部检查，合格5处	100%
	14	应测量机房主电源输入电压，确定正常后，方可进行通电测试		第10.2.1条	全/5	共5处，全部检查，合格5处	100%
	15	设备、线缆标识应清晰、明确		第10.3.2条	全/5	共5处，全部检查，合格5处	100%
	16	电话交换系统安装各种业务板及业务板电缆，信号线和电源应分别引入		第10.3.2条	全/5	共5处，全部检查，合格5处	100%
	17	各设备、器件、盒、箱、线缆等的安装应符合设计要求，并应做到布局合理、排列整齐、牢固可靠、线缆连接正确、压接牢固		第10.3.2条	全/5	共5处，全部检查，合格5处	100%
	18	馈线连接头应牢固安装，接触应良好，并应采取防雨、防腐措施		第10.3.2条	全/5	共5处，全部检查，合格5处	100%
施工单位检查结果	符合要求 专业工长：××× 项目专业质量检查员：××× ××年×月×日						
监理单位验收结论	合格 专业监理工程师：××× ××年×月×日						

机柜、机架、配线架安装检验批质量验收记录

08050301 001

单位(子单位)工程名称	××大厦	分部(子分部)工程名称	智能建筑/综合布线系统	分项工程名称	机柜、机架、配线架安装
施工单位	××建筑有限公司	项目负责人	×××	检验批容量	5件
分包单位	××建筑工程有限公司	分包单位项目负责人	×××	检验批部位	首层1～8/A～C轴
施工依据	《智能建筑工程施工规范》(GB 50606—2010)		验收依据	《智能建筑工程施工规范》(GB 50606—2010)	

验收项目			设计要求及规范规定	最小/实际抽样数量	检查记录	检查结果
主控项目	1	材料、器具、设备进场质量检测	第3.5.1条	/	质量证明文件齐全，通过进场验收	√
	2	机柜应可靠接地	第5.2.5条	全/5	共5处，全部检查，合格5处	√
	3	机柜、机架、配线设备箱体、电缆桥架及线槽等设备的安装应牢固，如有抗震要求，应按抗震设计进行加固	第5.3.1条	全/5	共5处，全部检查，合格5处	√
一般项目	1	机柜、机架安装位置应符合设计要求	第5.3.1条	全/5	共5处，全部检查，合格5处	100%
	2	机柜、机架安装垂直度	≤3mm	全/5	共5处，全部检查，合格5处	100%
	3	机柜、机架上的各种零件不得脱落或碰坏	第5.3.1条	全/5	共5处，全部检查，合格5处	100%
	4	漆面不应有脱落及划痕，各种标志应完整、清晰	第5.3.1条	全/5	共5处，全部检查，合格5处	100%
	5	配线部件应完整，安装就位，标志齐全	第5.3.1条	全/5	共5处，全部检查，合格5处	100%
	6	安装螺丝必须拧紧，面板应保持在一个平面上	第5.3.1条	全/5	共5处，全部检查，合格5处	100%

施工单位检查结果	符合要求 专业工长：××× 项目专业质量检查员：××× ××年×月×日
监理单位验收结论	合格 专业监理工程师：××× ××年×月×日

信息插座安装检验批质量验收记录

08050401 001

单位(子单位)工程名称	××大厦	分部(子分部)工程名称	智能建筑/综合布线系统	分项工程名称	信息插座安装
施工单位	××建筑有限公司	项目负责人	×××	检验批容量	5件
分包单位	××建筑工程有限公司	分包单位项目负责人	×××	检验批部位	首层1～8/A～C轴
施工依据	《智能建筑工程施工规范》(GB 50606—2010)		验收依据	《智能建筑工程施工规范》(GB 50606—2010)	

验收项目			设计要求及规范规定	最小/实际抽样数量	检查记录	检查结果
主控项目	1	材料、器具、设备进场质量检测	第3.5.1条	/	质量证明文件齐全，通过进场验收	√
一般项目	1	信息插座模块、多用户信息插座、集合点配线模块安装位置和高度应符合设计要求	第5.3.1条	全/5	共5处，全部检查，合格5处	100%
	2	安装在活动地板内或地面上时，应固定在接线盒内，插座面板采用直立和水平等形式；接线盒盖面应与地面齐平	第5.3.1条	全/5	共5处，全部检查，合格5处	100%
	3	接线盒盖可开启，并应具有防水、防尘、抗压功能	第5.3.1条	全/5	共5处，全部检查，合格5处	100%
	4	信息插座底盒同时安装信息插座模块和电源插座时，间距及采取的防护措施应符合设计要求	第5.3.1条	全/5	共5处，全部检查，合格5处	100%
	5	信息插座模块明装底盒的固定方法根据施工现场条件而定	第5.3.1条	全/5	共5处，全部检查，合格5处	100%
	6	固定螺丝需拧紧，不应产生松动现象	第5.3.1条	全/5	共5处，全部检查，合格5处	100%
	7	各种插座面板应有标识，以颜色、图形、文字表示所接终端设备业务类型	第5.3.1条	全/5	共5处，全部检查，合格5处	100%
	8	工作区内终接光缆的光纤连接器件及适配器安装底盒应具有足够的空间，并应符合设计要求	第5.3.1条	全/5	共5处，全部检查，合格5处	100%
施工单位检查结果		符合要求 专业工长：××× 项目专业质量检查员：××× ××年×月×日				
监理单位验收结论		合格 专业监理工程师：××× ××年×月×日				

铁路或信道测试检验批质量验收记录

08050501 001

<table>
<tr><td>单位(子单位)
工程名称</td><td colspan="2">××大厦</td><td>分部(子分部)
工程名称</td><td>智能建筑/综合
布线系统</td><td>分项工程名称</td><td>链路或信道测试</td></tr>
<tr><td>施工单位</td><td colspan="2">××建筑有限公司</td><td>项目负责人</td><td>×××</td><td>检验批容量</td><td>5组</td></tr>
<tr><td>分包单位</td><td colspan="2">××建筑工程有限公司</td><td>分包单位
项目负责人</td><td>×××</td><td>检验批部位</td><td>首层1～8/
A～C轴</td></tr>
<tr><td>施工依据</td><td colspan="3">《智能建筑工程施工规范》
(GB 50606—2010)</td><td>验收依据</td><td colspan="2">《智能建筑工程施工规范》
(GB 50606—2010)</td></tr>
<tr><td colspan="3">验收项目</td><td>设计要求及
规范规定</td><td>最小/实际
抽样数量</td><td>检 查 记 录</td><td>检查
结果</td></tr>
<tr><td rowspan="2">主控项目</td><td>1</td><td>线缆永久链路的技术指标应符合现行国家标准《综合布线系统工程设计规范》GB 50311 的有关规定</td><td>第5.4.1条</td><td>全/5</td><td>共5处，全部检查，合格5处</td><td>√</td></tr>
<tr><td>2</td><td>电缆电气性能测试及光纤系统性能测试应符合现行国家标准《综合布线系统工程验收规范》GB 50312 的有关规定</td><td>第5.4.2条</td><td>全/5</td><td>共5处，全部检查，合格5处</td><td>√</td></tr>
<tr><td colspan="2">施工单位
检查结果</td><td colspan="5">符合要求
专业工长：×××
项目专业质量检查员：×××
××年×月×日</td></tr>
<tr><td colspan="2">监理单位
验收结论</td><td colspan="5">合格
专业监理工程师：×××
××年×月×日</td></tr>
</table>

有线电视及卫星电视接收系统设备安装检验批质量验收记录

08080301 001

<table>
<tr><td>单位(子单位)工程名称</td><td colspan="2">××大厦</td><td>分部(子分部)工程名称</td><td>智能建筑/有线电视及卫星电视接收系统</td><td>分项工程名称</td><td>设备安装</td></tr>
<tr><td>施工单位</td><td colspan="2">××建筑有限公司</td><td>项目负责人</td><td>×××</td><td>检验批容量</td><td>5台</td></tr>
<tr><td>分包单位</td><td colspan="2">××建筑工程有限公司</td><td>分包单位项目负责人</td><td>×××</td><td>检验批部位</td><td>首层1~8/A~C轴</td></tr>
<tr><td>施工依据</td><td colspan="3">《智能建筑工程施工规范》(GB 50606—2010)</td><td>验收依据</td><td colspan="2">《智能建筑工程施工规范》(GB 50606—2010)</td></tr>
<tr><td colspan="3">验收项目</td><td>设计要求及规范规定</td><td>最小/实际抽样数量</td><td>检查记录</td><td>检查结果</td></tr>
<tr><td rowspan="7">主控项目</td><td>1</td><td>材料、器具、设备进场质量检测</td><td>第3.5.1条</td><td>/</td><td>质量证明文件齐全，通过进场验收</td><td>√</td></tr>
<tr><td>2</td><td>有源设备均应通电检查</td><td>第7.1.3条</td><td>全/5</td><td>共5处，全部检查，合格5处</td><td>√</td></tr>
<tr><td>3</td><td>主要设备和器材，应选用具有国家广播电影电视总局或有资质检测机构颁发的有效认定标识的产品</td><td>第7.1.3条</td><td>/</td><td>检验合格，资料齐全</td><td>√</td></tr>
<tr><td>4</td><td>天线系统的接地与避雷系统的接地应分开，设备接地与防雷系统接地应分开</td><td>第7.3.1条</td><td>全/5</td><td>共5处，全部检查，合格5处</td><td>√</td></tr>
<tr><td>5</td><td>卫星天线馈电端、阻抗匹配器、天线避雷器、高频连接器和放大器应连接牢固，并应采取防雨、防腐措施</td><td>第7.3.1条</td><td>全/5</td><td>共5处，全部检查，合格5处</td><td>√</td></tr>
<tr><td>6</td><td>卫星接收天线应在避雷针保护范围内，天线底座接地电阻应小于4Ω</td><td>第7.3.1条</td><td>全/5</td><td>共5处，全部检查，合格5处</td><td>√</td></tr>
<tr><td>7</td><td>卫星接收天线应安装牢固</td><td>第7.3.1条</td><td>全/5</td><td>共5处，全部检查，合格5处</td><td>√</td></tr>
<tr><td rowspan="4">一般项目</td><td>1</td><td>有线电视系统各设备、器件、盒、箱、电缆等的安装应符合设计要求，应做到布局合理，排列整齐，牢固可靠，线缆连接正确，压接牢固</td><td>第7.3.2条</td><td>全/5</td><td>共5处，全部检查，合格5处</td><td>100%</td></tr>
<tr><td>2</td><td>放大器箱体内门板内侧应贴箱内设备的接线图，并应标明电缆的走向及信号输入、输出电平</td><td>第7.3.2条</td><td>全/5</td><td>共5处，全部检查，合格5处</td><td>100%</td></tr>
<tr><td>3</td><td>暗装的用户盒面板应紧贴墙面，四周应无缝隙，安装应端正、牢固</td><td>第7.3.2条</td><td>全/5</td><td>共5处，全部检查，合格5处</td><td>100%</td></tr>
<tr><td>4</td><td>分支分配器与同轴电缆应连接可靠</td><td>第7.3.2条</td><td>全/5</td><td>共5处，全部检查，合格5处</td><td>100%</td></tr>
<tr><td>施工单位检查结果</td><td colspan="6">符合要求
专业工长：×××
项目专业质量检查员：×××
××年×月×日</td></tr>
<tr><td>监理单位验收结论</td><td colspan="6">合格
专业监理工程师：×××
××年×月×日</td></tr>
</table>

公共广播系统设备安装检验批质量验收记录

08090301 001

<table>
<tr><td>单位(子单位)工程名称</td><td colspan="2">××大厦</td><td>分部(子分部)工程名称</td><td>智能建筑/公共广播系统</td><td>分项工程名称</td><td colspan="2">设备安装</td></tr>
<tr><td>施工单位</td><td colspan="2">××建筑有限公司</td><td>项目负责人</td><td>×××</td><td>检验批容量</td><td colspan="2">6台</td></tr>
<tr><td>分包单位</td><td colspan="2">××建筑工程有限公司</td><td>分包单位项目负责人</td><td>×××</td><td>检验批部位</td><td colspan="2">首层1~8/A~C轴</td></tr>
<tr><td>施工依据</td><td colspan="3">《智能建筑工程施工规范》(GB 50606—2010)</td><td>验收依据</td><td colspan="3">《智能建筑工程施工规范》(GB 50606—2010)</td></tr>
<tr><td colspan="3">验收项目</td><td>设计要求及规范规定</td><td>最小/实际抽样数量</td><td colspan="2">检查记录</td><td>检查结果</td></tr>
<tr><td rowspan="6">主控项目</td><td>1</td><td>材料、器具、设备进场质量检测</td><td>第3.5.1条</td><td>/</td><td colspan="2">质量证明文件齐全,通过进场验收</td><td>√</td></tr>
<tr><td>2</td><td>扬声器、控制器、插座板等设备安装应牢固可靠,导线连接应排列整齐,线号应正确清晰</td><td>第9.3.1条</td><td>全/6</td><td colspan="2">共6处,全部检查,合格6处</td><td>√</td></tr>
<tr><td>3</td><td>当广播系统具有紧急广播功能时,其紧急广播应由消防分机控制,并应具有最高优先权</td><td>第9.3.1条</td><td>全/6</td><td colspan="2">共6处,全部检查,合格6处</td><td>√</td></tr>
<tr><td>4</td><td>在火灾和突发事故发生时,应能强制切换为紧急广播并以最大音量播出</td><td>第9.3.1条</td><td>全/6</td><td colspan="2">共6处,全部检查,合格6处</td><td>√</td></tr>
<tr><td>5</td><td>系统应能在手动或警报信号触发的10s内,向相关广播区播放警示信号(含警笛)、警报语声文件或实时指挥语声</td><td>第9.3.1条</td><td>全/6</td><td colspan="2">共6处,全部检查,合格6处</td><td>√</td></tr>
<tr><td>6</td><td>以现场环境噪声为基准,紧急广播的信噪比不应小于15dB</td><td>第9.3.1条</td><td>全/6</td><td colspan="2">共6处,全部检查,合格6处</td><td>√</td></tr>
<tr><td rowspan="6">一般项目</td><td>1</td><td>同一室内的吸顶扬声器应排列均匀</td><td>第9.3.2条</td><td>全/6</td><td colspan="2">共6处,全部检查,合格6处</td><td>100%</td></tr>
<tr><td>2</td><td>扬声器箱、控制器、插座等标高应一致、平整牢固</td><td>第9.3.2条</td><td>全/6</td><td colspan="2">共6处,全部检查,合格6处</td><td>100%</td></tr>
<tr><td>3</td><td>扬声器周围不应有破口现象,装饰罩不应有损伤且应平整</td><td>第9.3.2条</td><td>全/6</td><td colspan="2">共6处,全部检查,合格6处</td><td>100%</td></tr>
<tr><td>4</td><td>各设备导线连接应正确、可靠、牢固</td><td>第9.3.2条</td><td>全/6</td><td colspan="2">共6处,全部检查,合格6处</td><td>100%</td></tr>
<tr><td>5</td><td>箱内电缆(线)应排列整齐,线路编号应正确清晰</td><td>第9.3.2条</td><td>全/6</td><td colspan="2">共6处,全部检查,合格6处</td><td>100%</td></tr>
<tr><td>6</td><td>线路较多时应绑扎成束,并应在箱(盒)内留有适当空间</td><td>第9.3.2条</td><td>全/6</td><td colspan="2">共6处,全部检查,合格6处</td><td>100%</td></tr>
<tr><td>施工单位检查结果</td><td colspan="7">符合要求
专业工长:×××
项目专业质量检查员:×××
××年×月×日</td></tr>
<tr><td>监理单位验收结论</td><td colspan="7">合格
专业监理工程师:×××
××年×月×日</td></tr>
</table>

会议系统设备安装检验批质量验收记录

08100301 001

<table>
<tr><td>单位(子单位)工程名称</td><td>××大厦</td><td>分部(子分部)工程名称</td><td colspan="2">智能建筑/会议系统</td><td>分项工程名称</td><td colspan="2">会议系统设备安装</td></tr>
<tr><td>施工单位</td><td>××建筑有限公司</td><td>项目负责人</td><td colspan="2">×××</td><td>检验批容量</td><td colspan="2">6台</td></tr>
<tr><td>分包单位</td><td>××建筑工程有限公司</td><td>分包单位项目负责人</td><td colspan="2">×××</td><td>检验批部位</td><td colspan="2">首层1~8/A~C轴</td></tr>
<tr><td>施工依据</td><td colspan="2">《智能建筑工程施工规范》(GB 50606—2010)</td><td colspan="2">验收依据</td><td colspan="3">《智能建筑工程质量验收规范》(GB 50339—2013)</td></tr>
<tr><td colspan="3">验收项目</td><td>设计要求及规范规定</td><td>最小/实际抽样数量</td><td colspan="2">检 查 记 录</td><td>检查结果</td></tr>
<tr><td rowspan="5">主控项目</td><td>1</td><td>材料、器具、设备进场质量检测</td><td>第3.5.1条</td><td>/</td><td colspan="2">质量证明文件齐全,通过进场验收</td><td>√</td></tr>
<tr><td>2</td><td>应保证机柜内设备安装的水平度,不得在有尘、不洁环境下施工</td><td>第8.3.1条</td><td>全/6</td><td colspan="2">共6处,全部检查,合格6处</td><td>√</td></tr>
<tr><td>3</td><td>设备安装应牢固</td><td>第8.3.1条</td><td>全/6</td><td colspan="2">共6处,全部检查,合格6处</td><td>√</td></tr>
<tr><td>4</td><td>信号电缆长度不得超过设计要求</td><td>第8.3.1条</td><td>全/6</td><td colspan="2">共6处,全部检查,合格6处</td><td>√</td></tr>
<tr><td>5</td><td>视频会议应具有较高的语言清晰度和合适的混响时间</td><td>第8.3.1条</td><td>全/6</td><td colspan="2">共6处,全部检查,合格6处</td><td>√</td></tr>
<tr><td rowspan="2">一般项目</td><td>1</td><td>电缆敷设前应作整体通路检测</td><td>第8.3.2条</td><td>全/6</td><td colspan="2">共6处,全部检查,合格6处</td><td>100%</td></tr>
<tr><td>2</td><td>设备安装前应通电预检,有故障的设备应及时处理</td><td>第8.3.2条</td><td>全/6</td><td colspan="2">共6处,全部检查,合格6处</td><td>100%</td></tr>
<tr><td>施工单位检查结果</td><td colspan="7">符合要求
专业工长:×××
项目专业质量检查员:×××
××年×月×日</td></tr>
<tr><td>监理单位验收结论</td><td colspan="7">合格
专业监理工程师:×××
××年×月×日</td></tr>
</table>

信息导引及发布系统显示设备安装检验批质量验收记录

08110301 001

<table>
<tr><td>单位(子单位)工程名称</td><td>××大厦</td><td>分部(子分部)工程名称</td><td colspan="2">智能建筑/信息引导及发布系统</td><td>分项工程名称</td><td colspan="2">显示设备安装</td></tr>
<tr><td>施工单位</td><td>××建筑有限公司</td><td>项目负责人</td><td colspan="2">×××</td><td>检验批容量</td><td colspan="2">5台</td></tr>
<tr><td>分包单位</td><td>××建筑工程有限公司</td><td>分包单位项目负责人</td><td colspan="2">×××</td><td>检验批部位</td><td colspan="2">首层1~8/A~C轴</td></tr>
<tr><td>施工依据</td><td colspan="2">《智能建筑工程施工规范》(GB 50606—2010)</td><td colspan="2">验收依据</td><td colspan="3">《智能建筑工程施工规范》(GB 50606—2010)</td></tr>
<tr><td colspan="3">验收项目</td><td>设计要求及规范规定</td><td>最小/实际抽样数量</td><td colspan="2">检查记录</td><td>检查结果</td></tr>
<tr><td rowspan="3">主控项目</td><td>1</td><td>材料、器具、设备进场质量检测</td><td>第3.5.1条</td><td>/</td><td colspan="2">质量证明文件齐全，通过进场验收</td><td>√</td></tr>
<tr><td>2</td><td>多媒体显示屏安装必须牢固</td><td>第10.3.1条</td><td>全/5</td><td colspan="2">共5处，全部检查，合格5处</td><td>√</td></tr>
<tr><td>3</td><td>供电和通信传输系统必须连接可靠，确保应用要求</td><td>第10.3.1条</td><td>全/5</td><td colspan="2">共5处，全部检查，合格5处</td><td>√</td></tr>
<tr><td rowspan="7">一般项目</td><td>1</td><td>设备、线缆标识应清晰、明确</td><td>第10.3.2条</td><td>全/5</td><td colspan="2">共5处，全部检查，合格5处</td><td>100%</td></tr>
<tr><td>2</td><td>各设备、器件、盒、箱、线缆等的安装应符合设计要求，并应做到布局合理、排列整齐、牢固可靠、线缆连接正确、压接牢固</td><td>第10.3.2条</td><td>全/5</td><td colspan="2">共5处，全部检查，合格5处</td><td>100%</td></tr>
<tr><td>3</td><td>馈线连接头应牢固安装，接触应良好，并应采取防雨、防腐措施</td><td>第10.3.2条</td><td>全/5</td><td colspan="2">共5处，全部检查，合格5处</td><td>100%</td></tr>
<tr><td>4</td><td>触摸屏与显示屏的安装位置应对人行通道无影响</td><td>第10.2.3条</td><td>全/5</td><td colspan="2">共5处，全部检查，合格5处</td><td>100%</td></tr>
<tr><td>5</td><td>触摸屏、显示屏应安装在没有强电磁辐射源及干燥的地方</td><td>第10.2.3条</td><td>全/5</td><td colspan="2">共5处，全部检查，合格5处</td><td>100%</td></tr>
<tr><td>6</td><td>与相关专业协调开在现场确定落地式显示屏安装钢架的承重能力应满足设计要求</td><td>第10.2.3条</td><td>全/5</td><td colspan="2">共5处，全部检查，合格5处</td><td>100%</td></tr>
<tr><td>7</td><td>室外安装的显示屏应做好防漏电、防雨措施，并应满足IP65防护等级标准</td><td>第10.2.3条</td><td>全/5</td><td colspan="2">共5处，全部检查，合格5处</td><td>100%</td></tr>
<tr><td>施工单位检查结果</td><td colspan="7">符合要求
专业工长：×××
项目专业质量检查员：×××
××年×月×日</td></tr>
<tr><td>监理单位验收结论</td><td colspan="7">合格
专业监理工程师：×××
××年×月×日</td></tr>
</table>

时钟系统设备安装检验批质量验收记录

08120301 001

<table>
<tr><td colspan="3">单位(子单位)工程名称</td><td colspan="2">××大厦</td><td>分部(子分部)工程名称</td><td>智能建筑/时钟系统</td><td>分项工程名称</td><td colspan="2">设备安装</td></tr>
<tr><td colspan="3">施工单位</td><td colspan="2">××建筑有限公司</td><td>项目负责人</td><td>×××</td><td>检验批容量</td><td colspan="2">5台</td></tr>
<tr><td colspan="3">分包单位</td><td colspan="2">××建筑工程有限公司</td><td>分包单位项目负责人</td><td>×××</td><td>检验批部位</td><td colspan="2">首层1～8/A～C轴</td></tr>
<tr><td colspan="3">施工依据</td><td colspan="3">《智能建筑工程施工规范》(GB 50606—2010)</td><td>验收依据</td><td colspan="3">《智能建筑工程质量验收规范》(GB 50339—2013)</td></tr>
<tr><td colspan="4">验收项目</td><td>设计要求及规范规定</td><td>最小/实际抽样数量</td><td colspan="3">检查记录</td><td>检查结果</td></tr>
<tr><td rowspan="2">主控项目</td><td>1</td><td colspan="2">材料、器具、设备进场质量检测</td><td>第3.5.1条</td><td>/5</td><td colspan="3">共5处,全部检查,合格5处</td><td>√</td></tr>
<tr><td>2</td><td colspan="2">时钟系统的时间信息设备、母钟、子钟时间控制必须准确、同步</td><td>第10.3.1条</td><td>/5</td><td colspan="3">共5处,全部检查,合格5处</td><td>√</td></tr>
<tr><td rowspan="13">一般项目</td><td>1</td><td colspan="2">设备、线缆标识应清晰、明确</td><td>第10.3.2条</td><td>全/5</td><td colspan="3">共5处,全部检查,合格5处</td><td>100%</td></tr>
<tr><td>2</td><td colspan="2">各设备、器件、盒、箱、线缆等的安装应符合设计要求,并应做到布局合理、排列整齐、牢固可靠、线缆连接正确、压接牢固</td><td>第10.3.2条</td><td>全/5</td><td colspan="3">共5处,全部检查,合格5处</td><td>100%</td></tr>
<tr><td>3</td><td colspan="2">馈线连接头应牢固安装,接触应良好,并应采取防雨、防腐措施</td><td>第10.3.2条</td><td>全/5</td><td colspan="3">共5处,全部检查,合格5处</td><td>100%</td></tr>
<tr><td>4</td><td rowspan="3">中心母钟、时间服务器,监控计算机、分路输出接口箱</td><td>应安装于机房的机柜内</td><td>第10.2.2条</td><td>全/5</td><td colspan="3">共5处,全部检查,合格5处</td><td>100%</td></tr>
<tr><td>5</td><td>按设计及设备安装图,应将分路接口与子钟等设备连接</td><td>第10.2.2条</td><td>全/5</td><td colspan="3">共5处,全部检查,合格5处</td><td>100%</td></tr>
<tr><td>6</td><td>中心母钟机柜安装位置与GPS天线距离不宜大于300m</td><td>第10.2.2条</td><td>全/5</td><td colspan="3">共5处,全部检查,合格5处</td><td>100%</td></tr>
<tr><td>7</td><td colspan="2">时间服务器、监控计算机的安装应符合本规范第6.2.1、第6.2.2条的规定</td><td>第10.2.2条</td><td>全/5</td><td colspan="3">共5处,全部检查,合格5处</td><td>100%</td></tr>
<tr><td>8</td><td colspan="2">子钟安装应牢固,安装高度符合要求</td><td>第10.2.2条</td><td>全/5</td><td colspan="3">共5处,全部检查,合格5处</td><td>100%</td></tr>
<tr><td>9</td><td colspan="2">天线应安装于室外,至少应有三面无遮挡,且应在建筑物避雷区域内</td><td>第10.2.2条</td><td>全/5</td><td colspan="3">共5处,全部检查,合格5处</td><td>100%</td></tr>
<tr><td>10</td><td colspan="2">天线应固定在墙画或屋顶上的金属底座上</td><td>第10.2.2条</td><td>全/5</td><td colspan="3">共5处,全部检查,合格5处</td><td>100%</td></tr>
<tr><td>11</td><td rowspan="3">大型室外钟的安装</td><td>支撑架安装方式符合规定</td><td>第10.2.2条</td><td>全/5</td><td colspan="3">共5处,全部检查,合格5处</td><td>100%</td></tr>
<tr><td>12</td><td>应按设计要求安装防雷击装置</td><td>第10.2.2条</td><td>全/5</td><td colspan="3">共5处,全部检查,合格5处</td><td>100%</td></tr>
<tr><td>13</td><td>应做好防漏、防雨的密封措施</td><td>第10.2.2条</td><td>全/5</td><td colspan="3">共5处,全部检查,合格5处</td><td>100%</td></tr>
<tr><td colspan="3">施工单位检查结果</td><td colspan="7">符合要求
专业工长:×××
项目专业质量检查员:×××
××年×月×日</td></tr>
<tr><td colspan="3">监理单位验收结论</td><td colspan="7">合格
专业监理工程师:×××
××年×月×日</td></tr>
</table>

建筑设备监控系统设备安装检验批质量验收记录

08140301 001

<table>
<tr><td>单位(子单位)工程名称</td><td>××大厦</td><td>分部(子分部)工程名称</td><td>智能建筑/建筑设备监控系统</td><td>分项工程名称</td><td colspan="2">传感器安装</td></tr>
<tr><td>施工单位</td><td>××建筑有限公司</td><td>项目负责人</td><td>×××</td><td>检验批容量</td><td colspan="2">1台</td></tr>
<tr><td>分包单位</td><td>××建筑工程有限公司</td><td>分包单位项目负责人</td><td>×××</td><td>检验批部位</td><td colspan="2">首层1～8/A～C轴</td></tr>
<tr><td>施工依据</td><td colspan="2">《智能建筑工程施工规范》(GB 50606—2010)</td><td>验收依据</td><td colspan="3">《智能建筑工程施工规范》(GB 50606—2010)</td></tr>
</table>

<table>
<tr><td colspan="3">验收项目</td><td>设计要求及规范规定</td><td>最小/实际抽样数量</td><td>检查记录</td><td>检查结果</td></tr>
<tr><td rowspan="8">主控项目</td><td>1</td><td>材料、器具、设备进场质量检测</td><td>第3.5.1条</td><td>/</td><td>质量证明文件齐全，通过进场验收</td><td>√</td></tr>
<tr><td>2</td><td>电动阀和温度、压力、流量、电量等计量器具(仪表)进场检验</td><td>第12.1.1条</td><td>/</td><td>质量证明文件齐全，通过进场验收</td><td>√</td></tr>
<tr><td>3</td><td>传感器的焊接安装应符合标准规定</td><td>第12.3.1条第1款</td><td>全/5</td><td>共5处，全部检查，合格5处</td><td>√</td></tr>
<tr><td>4</td><td>传感器、执行器接线盒的引入口不宜朝上，当不可避免时，应采取密封措施</td><td>第12.3.1条第2款</td><td>全/5</td><td>共5处，全部检查，合格5处</td><td>√</td></tr>
<tr><td>5</td><td>传感器、执行器的安装应严格按照说明书的要求进行，接线应按照接线图和设备说明书进行，配线应整齐，不宜交叉，并应固定牢靠，端部均应标明编号</td><td>第12.3.1条第3款</td><td>全/5</td><td>共5处，全部检查，合格5处</td><td>√</td></tr>
<tr><td>6</td><td>水管型温度传感器、水管压力传感器、水流开关、水管流量计应安装在水流平稳的直管段，应避开水流流束死角，且不宜安装在管道焊缝处</td><td>第12.3.1条第4款</td><td>全/5</td><td>共5处，全部检查，合格5处</td><td>√</td></tr>
<tr><td>7</td><td>风管型温、湿度传感器、压力传感器、空气质量传感器应安装在风管的直管段且气流流束稳定的位置，且应避开风管内通风死角</td><td>第12.3.1条第5款</td><td>全/5</td><td>共5处，全部检查，合格5处</td><td>√</td></tr>
<tr><td>8</td><td>仪表电缆电线的屏蔽层，应在控制室仪表盘柜侧接地，同一回路的屏蔽层应具有可靠的电气连续性，不应浮空或重复接地</td><td>第12.3.1条第6款</td><td>全/5</td><td>共5处，全部检查，合格5处</td><td>√</td></tr>
<tr><td rowspan="4">一般项目</td><td>1</td><td>现场设备(如传感器、执行器、控制箱柜)的安装质量应符合设计要求</td><td>第12.3.2条第1款</td><td>全/5</td><td>共5处，全部检查，合格5处</td><td>100%</td></tr>
<tr><td>2</td><td>控制器箱接线端子板的每个接线端子，接线不得超过两根</td><td>第12.3.2条第2款</td><td>全/5</td><td>共5处，全部检查，合格5处</td><td>100%</td></tr>
<tr><td>3</td><td>传感器、执行器均不应被保温材料遮盖</td><td>第12.3.2条第3款</td><td>全/5</td><td>共5处，全部检查，合格5处</td><td>100%</td></tr>
<tr><td>4</td><td>风管压力、温度、湿度、空气质量、空气速度等传感器和压差开关应在风管保温完成并经吹扫后安装</td><td>第12.3.2条第4款</td><td>全/5</td><td>共5处，全部检查，合格5处</td><td>100%</td></tr>
</table>

建筑设备监控系统设备安装检验批质量验收记录

08140301 001

<table>
<tr><th colspan="4">验收项目</th><th>设计要求及规范规定</th><th>最小/实际抽样数量</th><th>检查记录</th><th>检查结果</th></tr>
<tr><td rowspan="9">一般项目</td><td>5</td><td colspan="2">传感器、执行器宜安装在光线充足、方便操作的位置；应避免安装在有振动、潮湿、易受机械损伤、有强电磁场干扰、高温的位置</td><td>第12.3.2条第5款</td><td>全/5</td><td>共5处，全部检查，合格5处</td><td>100%</td></tr>
<tr><td>6</td><td colspan="2">传感器、执行器安装过程中不应敲击、震动，安装应牢固、平正；安装传感器、执行器的各种构件间应连接牢固、受力均匀，并应作防锈处理</td><td>第12.3.2条第6款</td><td>全/5</td><td>共5处，全部检查，合格5处</td><td>100%</td></tr>
<tr><td>7</td><td colspan="2">水管型温度传感器、水管型压力传感器、蒸汽压力传感器、水流开关的安装宜与工艺管道安装同时进行</td><td>第12.3.2条第7款</td><td>全/5</td><td>共5处，全部检查，合格5处</td><td>100%</td></tr>
<tr><td>8</td><td colspan="2">水管型压力、压差、蒸汽压力传感器、水流开关、水管流量计等安装套管的开孔与焊接，应在工艺管道的防腐、衬里、吹扫和压力试验前进行</td><td>第12.3.2条第8款</td><td>全/5</td><td>共5处，全部检查，合格5处</td><td>100%</td></tr>
<tr><td>9</td><td rowspan="2">风机盘管温控器安装</td><td>与其他开关并列安装时，高度差</td><td><1mm</td><td>全/5</td><td>共5处，全部检查，合格5处</td><td>100%</td></tr>
<tr><td>10</td><td>在同一室内，其高度差</td><td><5mm</td><td>全/5</td><td>共5处，全部检查，合格5处</td><td>100%</td></tr>
<tr><td>11</td><td colspan="2">安装于室外的阀门及执行器应有防晒、防雨措施</td><td>第12.3.2条第10款</td><td>全/5</td><td>共5处，全部检查，合格5处</td><td>100%</td></tr>
<tr><td>12</td><td colspan="2">用电仪表的外壳、仪表箱和电缆槽、支架、底座等正常不带电的金属部分，均应做保护接地</td><td>第12.3.2条第11款</td><td>全/5</td><td>共5处，全部检查，合格5处</td><td>100%</td></tr>
<tr><td>13</td><td colspan="2">仪表及控制系统的信号回路接地、屏蔽接地应共用接地</td><td>第12.3.2条第12款</td><td>全/5</td><td>共5处，全部检查，合格5处</td><td>100%</td></tr>
<tr><td colspan="2">施工单位检查结果</td><td colspan="6">符合要求
专业工长：×××
项目专业质量检查员：×××
××年×月×日</td></tr>
<tr><td colspan="2">监理单位验收结论</td><td colspan="6">合格
专业监理工程师：×××
××年×月×日</td></tr>
</table>

火灾自动报警系统设备安装检验批质量验收记录

08150301 001

<table>
<tr><td colspan="2">单位(子单位)工程名称</td><td>××大厦</td><td>分部(子分部)工程名称</td><td>智能建筑/火灾自动报警系统</td><td>分项工程名称</td><td colspan="2">探测器类设备安装分项/控制器等</td></tr>
<tr><td colspan="2">施工单位</td><td>××建筑有限公司</td><td>项目负责人</td><td>×××</td><td>检验批容量</td><td colspan="2">1台</td></tr>
<tr><td colspan="2">分包单位</td><td>××建筑工程有限公司</td><td>分包单位项目负责人</td><td>×××</td><td>检验批部位</td><td colspan="2">首层1～8/A～C轴</td></tr>
<tr><td colspan="2">施工依据</td><td colspan="2">《智能建筑工程施工规范》(GB 50606—2010)</td><td>验收依据</td><td colspan="3">《智能建筑工程施工规范》(GB 50606—2010)</td></tr>
<tr><td colspan="4">验收项目</td><td>设计要求及规范规定</td><td>最小/实际抽样数量</td><td>检查记录</td><td>检查结果</td></tr>
<tr><td rowspan="7">主控项目</td><td>1</td><td colspan="2">材料、器具、设备进场质量检测</td><td>第3.5.1条</td><td>/</td><td>质量证明文件齐全,通过进场验收</td><td>√</td></tr>
<tr><td>2</td><td colspan="2">火灾自动报警系统的材料必须符合防火设计要求,开按规定验收</td><td>第13.1.3条第3款</td><td>/</td><td>质量证明文件齐全,通过进场验收</td><td>√</td></tr>
<tr><td>3</td><td colspan="2">探测器、模块、报警按钮等类别、型号、位置、数量、功能等应符合设计要求</td><td>第13.3.1条第1款</td><td>全/5</td><td>共5处,全部检查,合格5处</td><td>√</td></tr>
<tr><td>4</td><td colspan="2">消防电话插孔型号、位置、数量、功能等应符合设计要求</td><td>第13.3.1条第2款</td><td>全/5</td><td>共5处,全部检查,合格5处</td><td>√</td></tr>
<tr><td>5</td><td colspan="2">火灾应急广播位置、数量、功能等应符合设计要求,且应能在手动或警报信号触发的10s内切断公共广播,播出火警广播</td><td>第13.3.1条第3款</td><td>全/5</td><td>共5处,全部检查,合格5处</td><td>√</td></tr>
<tr><td>6</td><td colspan="2">火灾报警控制器功能、型号应符合设计要求</td><td>第13.3.1条第4款</td><td>/</td><td>质量证明文件齐全,通过进场验收</td><td>√</td></tr>
<tr><td>7</td><td colspan="2">火灾自动报警系统与消防设备的联动应符合设计要求</td><td>第13.3.1条第5款</td><td>全/5</td><td>共5处,全部检查,合格5处</td><td>√</td></tr>
<tr><td rowspan="3">一般项目</td><td>1</td><td colspan="2">探测器、模块、报警按钮等安装应牢固、配件齐全,不应有损伤变形和破损</td><td>第13.3.2条第1款</td><td>全/5</td><td>共5处,全部检查,合格5处</td><td>100%</td></tr>
<tr><td>2</td><td colspan="2">探测器、模块、报警按钮等导线连接应可靠压接或焊接,外应有标志,外接导线应留余量</td><td>第13.3.2条第2款</td><td>全/5</td><td>共5处,全部检查,合格5处</td><td>100%</td></tr>
<tr><td>3</td><td colspan="2">探测器安装位置应符合保护半径、保护面积要求</td><td>第13.3.2条第3款</td><td>全/5</td><td>共5处,全部检查,合格5处</td><td>100%</td></tr>
<tr><td colspan="3">施工单位检查结果</td><td colspan="5">符合要求
专业工长:×××
项目专业质量检查员:×××
××年×月×日</td></tr>
<tr><td colspan="3">监理单位验收结论</td><td colspan="5">合格
专业监理工程师:×××
××年×月×日</td></tr>
</table>

安全技术防范系统设备安装检验批质量验收记录

08160301 001

<table>
<tr><td>单位(子单位)工程名称</td><td>××大厦</td><td>分部(子分部)工程名称</td><td>智能建筑/安全技术防范系统</td><td>分项工程名称</td><td colspan="2">安全技术防范系统设备安装</td></tr>
<tr><td>施工单位</td><td>××建筑有限公司</td><td>项目负责人</td><td>×××</td><td>检验批容量</td><td colspan="2">5台</td></tr>
<tr><td>分包单位</td><td>××建筑工程有限公司</td><td>分包单位项目负责人</td><td>×××</td><td>检验批部位</td><td colspan="2">首层1~8/A~C轴</td></tr>
<tr><td>施工依据</td><td colspan="2">《智能建筑工程施工规范》(GB 50606—2010)</td><td>验收依据</td><td colspan="3">《智能建筑工程施工规范》(GB 50606—2010)</td></tr>
<tr><td colspan="3">验收项目</td><td>设计要求及规范规定</td><td>最小/实际抽样数量</td><td>检查记录</td><td>检查结果</td></tr>
<tr><td rowspan="5">主控项目</td><td>1</td><td>材料、器具、设备进场质量检测</td><td>第3.5.1条</td><td>/</td><td>质量证明文件齐全,通过进场验收</td><td>√</td></tr>
<tr><td>2</td><td>各系统主要设备安装应安装牢固、接线正确,并应采取有效的抗干扰措施</td><td>第14.3.1条第1款</td><td>全/5</td><td>共5处,全部检查,合格5处</td><td>√</td></tr>
<tr><td>3</td><td>应检查系统的互联互通,子系统之间的联动应符合设计要求</td><td>第14.3.1条第2款</td><td>全/5</td><td>共5处,全部检查,合格5处</td><td>√</td></tr>
<tr><td>4</td><td>监控中心系统记录的图像质量和保存时间应符合设计要求</td><td>第14.3.1条第3款</td><td>全/5</td><td>共5处,全部检查,合格5处</td><td>√</td></tr>
<tr><td>5</td><td>监控中心接地应做等电位连接,接地电阻应符合设计要求</td><td>第14.3.1条第4款</td><td>全/5</td><td>共5处,全部检查,合格5处</td><td>√</td></tr>
<tr><td rowspan="3">一般项目</td><td>1</td><td>各设备、器件的端接应规范</td><td>第14.3.2条第1款</td><td>全/5</td><td>共5处,全部检查,合格5处</td><td>100%</td></tr>
<tr><td>2</td><td>视频图像应无干扰纹</td><td>第14.3.2条第2款</td><td>全/5</td><td>共5处,全部检查,合格5处</td><td>100%</td></tr>
<tr><td>3</td><td>防雷与接地工程应符合规定</td><td>第14.3.2条第3款</td><td>全/5</td><td>共5处,全部检查,合格5处</td><td>100%</td></tr>
<tr><td>施工单位检查结果</td><td colspan="6">符合要求
专业工长:×××
项目专业质量检查员:×××
××年×月×日</td></tr>
<tr><td>监理单位验收结论</td><td colspan="6">合格
专业监理工程师:×××
××年×月×日</td></tr>
</table>

机房供配电系统检验批质量验收记录

08180101 001

单位(子单位)工程名称	××大厦	分部(子分部)工程名称	智能建筑/机房	分项工程名称	供配电系统
施工单位	××建筑有限公司	项目负责人	×××	检验批容量	1套
分包单位	××建筑工程有限公司	分包单位项目负责人	×××	检验批部位	首层1~8/A~C轴
施工依据	《智能建筑工程施工规范》(GB 50606—2010)		验收依据	《智能建筑工程施工规范》(GB 50606—2010)	

验收项目				设计要求及规范规定	最小/实际抽样数量	检查记录	检查结果
主控项目	1	材料、器具、设备进场质量检测		第3.5.1条	/	质量证明文件齐全,通过进场验收	√
	2	系统测试应符合设计要求	电气装置与其他系统的联锁动作的正确性、响应时间及顺序	第17.2.2条	全/5	共5处,全部检查,合格5处	√
			电线、电缆及电气装置的相序的正确性	第17.2.2条	全/5	共5处,全部检查,合格5处	√
			柴油发电机组的启动时间,输出电压、电流及频率	第17.2.2条	全/1	共1处,全部检查,合格1处	√
			不间断电源的输出电压、电流、波形参数及切换时间	第17.2.2条	全/2	共2处,全部检查,合格2处	√
一般项目	1	配电柜和配电箱安装支架的制作尺寸应与配电柜和配电箱的尺寸匹配,安装应牢固,并应可靠接地		第17.2.2条第1款	全/5	共5处,全部检查,合格5处	100%
	2	线槽、线管和线缆的施工应符合本规范规定		第17.2.2条第2款	全/5	共5处,全部检查,合格5处	100%
	3	灯具、开关和各种电气控制装置以及各种插座安装	灯具、开关和插座安装应牢固,位置准确,开关位置应与灯位相对应	第17.2.2条第3款	全/57	共57处,全部检查,合格57处	100%
			同一房间,同一平面高度的插座面板应水平		全/22	共22处,全部检查,合格22处	100%
			灯具的支架、吊架、固定点位置的确定应符合牢固安全、整齐美观的原则		全/35	共35处,全部检查,合格35处	100%
			灯具、配电箱安装完毕后,每条支路进行绝缘摇测,绝缘电阻应大于1MΩ并应做好记录		全/5	共5处,全部检查,合格5处	100%
			机房地板应满足电池组的符合承重要求		全/5	共5处,全部检查,合格5处	100%
	4	不间断电源设备的安装	主机和电池柜应按设计要求和产品技术要求进行固定	第17.2.2条第4款	全/2	共2处,全部检查,合格2处	100%
			各类线缆的接线应牢固,正确,并应作标识		全/5	共5处,全部检查,合格5处	100%
			不间断电源电池组应接直流接地		全/2	共2处,全部检查,合格2处	100%
施工单位检查结果	符合要求 专业工长:××× 项目专业质量检查员:××× ××年×月×日						
监理单位验收结论	合格 专业监理工程师:××× ××年×月×日						

机房防雷与接地系统检验批质量验收记录

08180201 001

<table>
<tr><td>单位(子单位)工程名称</td><td>××大厦</td><td>分部(子分部)工程名称</td><td>智能建筑/机房</td><td>分项工程名称</td><td colspan="2">防雷与接地系统</td></tr>
<tr><td>施工单位</td><td>××建筑有限公司</td><td>项目负责人</td><td>×××</td><td>检验批容量</td><td colspan="2">1套</td></tr>
<tr><td>分包单位</td><td>××建筑工程有限公司</td><td>分包单位项目负责人</td><td>×××</td><td>检验批部位</td><td colspan="2">首层1~8/A~C轴</td></tr>
<tr><td>施工依据</td><td colspan="2">《智能建筑工程施工规范》(GB 50606—2010)</td><td>验收依据</td><td colspan="3">《智能建筑工程施工规范》(GB 50606—2010)</td></tr>
<tr><td colspan="3">验收项目</td><td>设计要求及规范规定</td><td>最小/实际抽样数量</td><td>检查记录</td><td>检查结果</td></tr>
<tr><td rowspan="7">主控项目</td><td>1</td><td>材料、器具、设备进场质量检测</td><td>第3.5.1条</td><td>/</td><td>质量证明文件齐全,通过进场验收</td><td>√</td></tr>
<tr><td rowspan="6">2 材料、器具、设备进场质量检测</td><td>接地装置的结构、材质、连接方法、安装位置、埋设间距、深度及安装方法应符合设计要求</td><td>第17.2.3条</td><td>全/5</td><td>共5处,全部检查,合格5处</td><td>√</td></tr>
<tr><td>接地装置的外露接点外观检查应符合规定</td><td>第17.2.3条</td><td>全/5</td><td>共5处,全部检查,合格5处</td><td>√</td></tr>
<tr><td>浪涌保护器的规格、型号应符合设计要求;安装位置和方式应符合设计要求或产品安装说明书的要求</td><td>第17.2.3条</td><td>全/3</td><td>共3处,全部检查,合格3处</td><td>√</td></tr>
<tr><td>接地线规格、敷设方法及其与等电位金属带的连接方法应符合设计要求</td><td>第17.2.3条</td><td>全/3</td><td>共3处,全部检查,合格3处</td><td>√</td></tr>
<tr><td>等电位联接金属带的规格、敷设方法应符合设计要求</td><td>第17.2.3条</td><td>全/7</td><td>共7处,全部检查,合格7处</td><td>√</td></tr>
<tr><td>接地装置的接地电阻值应符合设计要求</td><td>第17.2.3条</td><td>全/3</td><td>共3处,全部检查,合格3处</td><td>√</td></tr>
<tr><td colspan="2">施工单位检查结果</td><td colspan="5">符合要求
专业工长:×××
项目专业质量检查员:×××
××年×月×日</td></tr>
<tr><td colspan="2">监理单位验收结论</td><td colspan="5">合格
专业监理工程师:×××
××年×月×日</td></tr>
</table>

机房空气调节系统检验批质量验收记录

08180301 001

单位(子单位)工程名称	××大厦	分部(子分部)工程名称	智能建筑/机房	分项工程名称	空气调节系统
施工单位	××建筑有限公司	项目负责人	×××	检验批容量	1套
分包单位	××建筑工程有限公司	分包单位项目负责人	×××	检验批部位	首层1～8/A～C轴
施工依据	《智能建筑工程施工规范》(GB 50606—2010)		验收依据	《智能建筑工程施工规范》(GB 50606—2010)	

验收项目			设计要求及规范规定	最小/实际抽样数量	检查记录	检查结果
主控项目	1	材料、器具、设备进场质量检测	第3.5.1条	/	质量证明文件齐全,通过进场验收	√
	2	空调机组安装符合设计要求和规范规定	第17.2.6条	全/1	共1处,全部检查,合格1处	√
	3	管道安装符合设计要求和规范规定	第17.2.6条	全/5	共5处,全部检查,合格5处	√
	4	检漏及压力测试及清洗	第17.2.6条	/	检验合格,报告编号××××	√
	5	管道保温	第17.2.6条	全/5	共5处,全部检查,合格5处	√
	6	新风系统设备与管道安装符合设计要求,安装牢固	第17.2.6条	全/5	共5处,全部检查,合格5处	√
	7	管道防火阀和排烟防火阀应符合消防产品标准规定	第17.2.6条	全/5	共5处,全部检查,合格5处	√
	8	管道防火阀和排烟防火阀必须有产品合格证及性能检测报告	第17.2.6条	/	质量证明文件齐全,通过进场验收	√
	9	管道防火阀和排烟防火阀安装应牢固可靠、启闭灵活、关闭严密。阀门的驱动装置动作应正确可靠	第17.2.6条	全/5	共5处,全部检查,合格5处	√
	10	手动单叶片和多叶片调节阀的安装应牢固可靠、启闭灵活、调节方便	第17.2.6条	全/10	共10处,全部检查,合格10处	√
	11	风管、部件制作符合设计要求和规范规定	第17.2.6条	全/5	共5处,全部检查,合格5处	√
	12	风管、部件安装符合设计要求和规范规定	第17.2.6条	全/5	共5处,全部检查,合格5处	√
	13	系统调试应符合设计要求和规范规定	第17.2.6条	/	检验合格,报告编号××××	√

施工单位检查结果	符合要求 专业工长:××× 项目专业质量检查员:××× ××年×月×日
监理单位验收结论	合格 专业监理工程师:××× ××年×月×日

机房给水排水系统检验批质量验收记录

08180401 001

<table>
<tr><td>单位(子单位)工程名称</td><td colspan="2">××大厦</td><td>分部(子分部)工程名称</td><td>智能建筑/机房</td><td>分项工程名称</td><td colspan="2">给水排水系统</td></tr>
<tr><td>施工单位</td><td colspan="2">××建筑有限公司</td><td>项目负责人</td><td>×××</td><td>检验批容量</td><td colspan="2">1套</td></tr>
<tr><td>分包单位</td><td colspan="2">××建筑工程有限公司</td><td>分包单位项目负责人</td><td>×××</td><td>检验批部位</td><td colspan="2">首层1～8/A～C轴</td></tr>
<tr><td>施工依据</td><td colspan="3">《智能建筑工程施工规范》(GB 50606—2010)</td><td>验收依据</td><td colspan="3">《智能建筑工程施工规范》(GB 50606—2010)</td></tr>
<tr><td colspan="4">验收项目</td><td>设计要求及规范规定</td><td>最小/实际抽样数量</td><td>检查记录</td><td>检查结果</td></tr>
<tr><td rowspan="11">主控项目</td><td>1</td><td colspan="2">材料、器具、设备进场质量检测</td><td>第3.5.1条</td><td>/</td><td>质量证明文件齐全,通过进场验收</td><td>√</td></tr>
<tr><td>2</td><td colspan="2">镀锌管道连接方式符合规范规定</td><td>第17.2.7条</td><td>全/3</td><td>共3处,全部检查,合格3处</td><td>√</td></tr>
<tr><td>3</td><td colspan="2">管道弯制符合设计要求和规范规定</td><td>第17.2.7条</td><td>全/4</td><td>共4处,全部检查,合格4处</td><td>√</td></tr>
<tr><td>4</td><td colspan="2">管道支、吊、托架安装符合设计要求和规范规定</td><td>第17.2.7条</td><td>全/20</td><td>共20处,全部检查,合格20处</td><td>√</td></tr>
<tr><td>5</td><td colspan="2">水平排水管道应用3.5‰～5‰的坡度,并坡向排泄方向</td><td>第17.2.7条</td><td>全/5</td><td>共5处,全部检查,合格5处</td><td>√</td></tr>
<tr><td>6</td><td colspan="2">冷热水管道检漏和压力试验符合设计要求和规范规定</td><td>第17.2.7条</td><td>/</td><td>试验合格,报告编号××××</td><td>√</td></tr>
<tr><td>7</td><td colspan="2">保温应采用难燃材料,保温层应平整、密实,不得有裂缝、空隙。防潮层应紧贴在保温层上,并应封闭良好;表面层应光滑平整不起尘</td><td>第17.2.7条</td><td>全/5</td><td>共5处,全部检查,合格5处</td><td>√</td></tr>
<tr><td>8</td><td colspan="2">地面应坡向地漏处,坡度应不小于3‰;地漏顶面应低于地面5mm</td><td>第17.2.7条</td><td>全/15</td><td>共15处,全部检查,合格15处</td><td>√</td></tr>
<tr><td>9</td><td colspan="2">空调器冷凝水排水管应设有存水弯</td><td>第17.2.7条</td><td>全/5</td><td>共5处,全部检查,合格5处</td><td>√</td></tr>
<tr><td>10</td><td colspan="2">给水管道压力试验符合设计要求和规范规定</td><td>第17.2.7条</td><td>/</td><td>试验合格,报告编号××××</td><td>√</td></tr>
<tr><td>11</td><td colspan="2">排水管应只做通水试验,流水应畅通,不得渗漏</td><td>第17.2.7条</td><td>/</td><td>试验合格,报告编号××××</td><td>√</td></tr>
<tr><td colspan="2">施工单位检查结果</td><td colspan="6">符合要求
专业工长:×××
项目专业质量检查员:×××
××年×月×日</td></tr>
<tr><td colspan="2">监理单位验收结论</td><td colspan="6">合格
专业监理工程师:×××
××年×月×日</td></tr>
</table>

机房综合布线系统检验批质量验收记录

08180501 001

<table>
<tr><td>单位(子单位)工程名称</td><td colspan="2">××大厦</td><td>分部(子分部)工程名称</td><td>智能建筑/机房</td><td>分项工程名称</td><td colspan="2">综合布线系统</td></tr>
<tr><td>施工单位</td><td colspan="2">××建筑有限公司</td><td>项目负责人</td><td>×××</td><td>检验批容量</td><td colspan="2">1套</td></tr>
<tr><td>分包单位</td><td colspan="2">××建筑工程有限公司</td><td>分包单位项目负责人</td><td>×××</td><td>检验批部位</td><td colspan="2">首层1～8/A～C轴</td></tr>
<tr><td>施工依据</td><td colspan="3">《智能建筑工程施工规范》(GB 50606—2010)</td><td>验收依据</td><td colspan="3">《智能建筑工程施工规范》(GB 50606—2010)</td></tr>
<tr><td colspan="4">验 收 项 目</td><td>设计要求及规范规定</td><td>最小/实际抽样数量</td><td>检查记录</td><td>检查结果</td></tr>
<tr><td rowspan="6">主控项目</td><td>1</td><td colspan="2">材料、器具、设备进场质量检测</td><td>第3.5.1条</td><td>/</td><td>质量证明文件齐全,通过进场验收</td><td>√</td></tr>
<tr><td>2</td><td colspan="2">配线柜的安装及配线架的压接应符合规范规定</td><td>第17.2.4条</td><td>全/5</td><td>共5处,全部检查,合格5处</td><td>√</td></tr>
<tr><td>3</td><td colspan="2">走线架、槽的安装应符合规范规定</td><td>第17.2.4条</td><td>全/5</td><td>共5处,全部检查,合格5处</td><td>√</td></tr>
<tr><td>4</td><td colspan="2">线缆的敷设应符合设计要求和规范规定</td><td>第17.2.4条</td><td>全/5</td><td>共5处,全部检查,合格5处</td><td>√</td></tr>
<tr><td>5</td><td colspan="2">线缆标识应符合规范规定</td><td>第17.2.4条</td><td>全/122</td><td>共122处,全部检查,合格122处</td><td>√</td></tr>
<tr><td>6</td><td colspan="2">系统测试应符合设计要求和规范规定</td><td>第17.2.4条</td><td>/</td><td>试验合格,报告编号××××</td><td>√</td></tr>
<tr><td colspan="2">施工单位检查结果</td><td colspan="6">符合要求

专业工长:×××
项目专业质量检查员:×××
××年×月×日</td></tr>
<tr><td colspan="2">监理单位验收结论</td><td colspan="6">合格

专业监理工程师:×××
××年×月×日</td></tr>
</table>

机房监控与安全防范系统检验批质量验收记录

08180601 001

<table>
<tr><td>单位(子单位)
工程名称</td><td>××大厦</td><td>分部(子分部)
工程名称</td><td>智能建筑/机房</td><td>分项工程名称</td><td colspan="2">监控与安全
防范系统</td></tr>
<tr><td>施工单位</td><td>××建筑有限公司</td><td>项目负责人</td><td>×××</td><td>检验批容量</td><td colspan="2">1套</td></tr>
<tr><td>分包单位</td><td>××建筑工程有限公司</td><td>分包单位
项目负责人</td><td>×××</td><td>检验批部位</td><td colspan="2">首层1～8/A～C轴</td></tr>
<tr><td>施工依据</td><td colspan="2">《智能建筑工程施工规范》
(GB 50606—2010)</td><td>验收依据</td><td colspan="3">《智能建筑工程施工规范》
(GB 50606—2010)</td></tr>
<tr><td colspan="3">验收项目</td><td>设计要求及
规范规定</td><td>最小/实际
抽样数量</td><td>检查记录</td><td>检查
结果</td></tr>
<tr><td rowspan="6">主控项目</td><td>1</td><td>材料、器具、设备进场质量检测</td><td>第3.5.1条</td><td>/</td><td>质量证明文件齐全,通过进场验收</td><td>√</td></tr>
<tr><td>2</td><td>设备、装置及配件的安装应符合设计要求和规范规定</td><td>第17.2.5条</td><td>全/5</td><td>共5处,全部检查,合格5处</td><td>√</td></tr>
<tr><td>3</td><td>环境监控系统和场地设备监控系统的数据采集、传送、转化、控制功能应符合设计要求和规范规定</td><td>第17.2.5条</td><td>全/25</td><td>共25处,全部检查,合格25处</td><td>√</td></tr>
<tr><td>4</td><td>入侵报警系统的入侵报警功能、防破坏和故障报警功能、记录显示功能和系统自检功能应符合设计要求和规范规定</td><td>第17.2.5条</td><td>全/56</td><td>共56处,全部检查,合格56处</td><td>√</td></tr>
<tr><td>5</td><td>视频监控系统的控制功能、监视功能、显示功能、记录功能和报警联动功能应符合设计要求和规范规定</td><td>第17.2.5条</td><td>全/33</td><td>共33处,全部检查,合格33处</td><td>√</td></tr>
<tr><td>6</td><td>出入口控制系统的出入目标识读功能、信息处理和控制功能、执行机构功能应符合设计要求和规范规定</td><td>第17.2.5条</td><td>全/2</td><td>共2处,全部检查,合格2处</td><td>√</td></tr>
<tr><td colspan="2">施工单位
检查结果</td><td colspan="5">符合要求

专业工长:×××
项目专业质量检查员:×××
××年×月×日</td></tr>
<tr><td colspan="2">监理单位
验收结论</td><td colspan="5">合格

专业监理工程师:×××
××年×月×日</td></tr>
</table>

机房消防系统检验批质量验收记录

08180701 __001__

<table>
<tr><td>单位(子单位)工程名称</td><td colspan="2">××大厦</td><td>分部(子分部)工程名称</td><td>智能建筑/机房</td><td>分项工程名称</td><td colspan="3">消防系统</td></tr>
<tr><td>施工单位</td><td colspan="2">××建筑有限公司</td><td>项目负责人</td><td>×××</td><td>检验批容量</td><td colspan="3">1套</td></tr>
<tr><td>分包单位</td><td colspan="2">××建筑工程有限公司</td><td>分包单位项目负责人</td><td>×××</td><td>检验批部位</td><td colspan="3">首层1～8/A～C轴</td></tr>
<tr><td>施工依据</td><td colspan="3">《智能建筑工程施工规范》(GB 50606—2010)</td><td>验收依据</td><td colspan="4">《智能建筑工程施工规范》(GB 50606—2010)</td></tr>
<tr><td colspan="4">验 收 项 目</td><td>设计要求及规范规定</td><td>最小/实际抽样数量</td><td colspan="2">检查记录</td><td>检查结果</td></tr>
<tr><td rowspan="4">主控项目</td><td>1</td><td colspan="2">材料、器具、设备进场质量检测</td><td>第3.5.1条</td><td>/</td><td colspan="2">质量证明文件齐全，通过进场验收</td><td>√</td></tr>
<tr><td>2</td><td colspan="2">火灾自动报警与消防联动控制系统安装及功能应符合设计要求和规范规定</td><td>第17.2.9条</td><td>全/15</td><td colspan="2">共15处，全部检查，合格15处</td><td>√</td></tr>
<tr><td>3</td><td colspan="2">气体灭火系统安装及功能应符合设计要求和规范规定</td><td>第17.2.9条</td><td>全/12</td><td colspan="2">共12处，全部检查，合格12处</td><td>√</td></tr>
<tr><td>4</td><td colspan="2">自动喷水灭火系统安装及功能应符合设计要求和规范规定</td><td>第17.2.9条</td><td>全/51</td><td colspan="2">共51处，全部检查，合51处</td><td>√</td></tr>
<tr><td colspan="2">施工单位检查结果</td><td colspan="7">符合要求
专业工长：×××
项目专业质量检查员：×××
××年×月×日</td></tr>
<tr><td colspan="2">监理单位验收结论</td><td colspan="7">合格
专业监理工程师：×××
××年×月×日</td></tr>
</table>

机房室内装饰装修检验批质量验收记录

08180801 001

单位(子单位)工程名称		××大厦	分部(子分部)工程名称	智能建筑/机房	分项工程名称	室内装饰装修
施工单位		××建筑有限公司	项目负责人	×××	检验批容量	1间
分包单位		××建筑工程有限公司	分包单位项目负责人	×××	检验批部位	首层1～8/A～C轴
施工依据		《智能建筑工程施工规范》(GB 50606—2010)		验收依据	《智能建筑工程施工规范》(GB 50606—2010)	
验收项目			设计要求及规范规定	最小/实际抽样数量	检查记录	检查结果
主控项目	1	材料、器具、设备进场质量检测	第3.5.1条	/	质量证明文件齐全,通过进场验收	√
	2	在防雷接地等电位排安装完毕并引入机柜线槽和管线的安装完毕后方可进行装饰工程	第17.2.1条第1款	全/5	共5处,全部检查,合格5处	√
	3	吊顶吊杆、饰面板和龙骨的材质、规格符合设计要求	第17.2.1条	/	质量证明文件齐全,通过进场验收	√
	4	吊杆、龙骨安装间距和连接方式应符合设计要求	第17.2.1条	全/55	共55处,全部检查,合格55处	√
	5	吊顶板上铺设的防火、保温、吸音材料应包封严密,板块间应无缝隙,并应固定牢固	第17.2.1条	全/3	共3处,全部检查,合格3处	√
	6	吊顶与墙面、柱面、窗帘盒的交接应符合设计要求,装饰面质量符合规定	第17.2.1条	全/3	共3处,全部检查,合格3处	√
	7	隔断墙材料质量符合设计要求和规范规定	第17.2.1条	全/3	共3处,全部检查,合格3处	√
	8	隔断墙安装质量符合规范规定	第17.2.1条	全/3	共3处,全部检查,合格3处	√
	9	有耐火极限要求的隔断墙板安装应符合规定	第17.2.1条	全/3	共3处,全部检查,合格3处	√
	10	地面材料质量和安装质量符合规定	第17.2.1条	全/5	共5处,全部检查,合格5处	√
	11	防潮层材料和安装质量符合规定	第17.2.1条	全/5	共5处,全部检查,合格5处	√
	12	活动地板支撑架应安装牢固,并应调平	第17.2.1条第2款	全/5	共5处,全部检查,合格5处	√
	13	活动地板的高度应根据电缆布线和空调送风要求确定,宜为200～500mm	第17.2.1条第3款	全/5	共5处,全部检查,合格5处	√
	14	地板线缆出口应配合计算机实际位置进行定位,出口应有线缆保护措施	第17.2.1条第4款	全/5	共5处,全部检查,合格5处	√
	15	内墙、顶棚及柱面的处理符合规定	第17.2.1条	全/5	共5处,全部检查,合格5处	√
	16	门窗材质符合设计要求,质量符合规定	第17.2.1条	/	质量证明文件齐全,通过进场验收	√
	17	其他材料符合设计要求,安装符合规定	第17.2.1条	全/5	共5处,全部检查,合格5处	√
施工单位检查结果		符合要求 专业工长:××× 项目专业质量检查员:××× ××年×月×日				
监理单位验收结论		合格 专业监理工程师:××× ××年×月×日				

机房电磁屏蔽检验批质量验收记录

08180901　001

<table>
<tr><td>单位(子单位)工程名称</td><td>××大厦</td><td>分部(子分部)工程名称</td><td>智能建筑/机房</td><td>分项工程名称</td><td colspan="2">电磁屏蔽</td></tr>
<tr><td>施工单位</td><td>××建筑有限公司</td><td>项目负责人</td><td>×××</td><td>检验批容量</td><td colspan="2">1套</td></tr>
<tr><td>分包单位</td><td>××建筑工程有限公司</td><td>分包单位项目负责人</td><td>×××</td><td>检验批部位</td><td colspan="2">首层1～8/A～C轴</td></tr>
<tr><td>施工依据</td><td colspan="2">《智能建筑工程施工规范》(GB 50606—2010)</td><td>验收依据</td><td colspan="3">《智能建筑工程施工规范》(GB 50606—2010)</td></tr>
<tr><td colspan="3">验收项目</td><td>设计要求及规范规定</td><td>最小/实际抽样数量</td><td>检查记录</td><td>检查结果</td></tr>
<tr><td rowspan="16">主控项目</td><td>1</td><td>材料、器具、设备进场质量检测</td><td>第3.5.1条</td><td>/</td><td>质量证明文件齐全,通过进场验收</td><td>√</td></tr>
<tr><td>2</td><td>焊接应牢固可靠,焊缝应光滑致密,不得有熔渣、裂纹、气泡、气孔和虚焊。焊接后应对全部焊缝进行除锈处理</td><td>第17.2.8条</td><td>全/5</td><td>共5处,全部检查,合格5处</td><td>√</td></tr>
<tr><td>3</td><td>可拆卸式电磁屏蔽室壳体安装应符合规定</td><td>第17.2.8条</td><td>全/5</td><td>共5处,全部检查,合格5处</td><td>√</td></tr>
<tr><td>4</td><td>自撑式电磁屏蔽室壳体安装应符合规定</td><td>第17.2.8条</td><td>全/5</td><td>共5处,全部检查,合格5处</td><td>√</td></tr>
<tr><td>5</td><td>直贴式电磁屏蔽室壳体安装应符合规定</td><td>第17.2.8条</td><td>全/5</td><td>共5处,全部检查,合格5处</td><td>√</td></tr>
<tr><td>6</td><td>铰链屏蔽门安装应符合规定</td><td>第17.2.8条</td><td>全/5</td><td>共5处,全部检查,合格5处</td><td>√</td></tr>
<tr><td>7</td><td>平移屏蔽门安装应符合规定</td><td>第17.2.8条</td><td>全/5</td><td>共5处,全部检查,合格5处</td><td>√</td></tr>
<tr><td>8</td><td>滤波器安装应符合规定</td><td>第17.2.8条</td><td>全/5</td><td>共5处,全部检查,合格5处</td><td>√</td></tr>
<tr><td>9</td><td>截止波导通风窗安装应符合规定</td><td>第17.2.8条</td><td>全/5</td><td>共5处,全部检查,合格5处</td><td>√</td></tr>
<tr><td>10</td><td>屏蔽玻璃安装应符合规定</td><td>第17.2.8条</td><td>全/5</td><td>共5处,全部检查,合格5处</td><td>√</td></tr>
<tr><td>11</td><td>所布屏蔽接口件应用电磁屏蔽检漏仪连续检漏,不得漏检,不合格处应修补</td><td>第17.2.8条</td><td>全/5</td><td>共5处,全部检查,合格5处</td><td>√</td></tr>
<tr><td>12</td><td>电磁屏蔽室的全频段检测应符合规定</td><td>第17.2.8条</td><td>全/5</td><td>共5处,全部检查,合格5处</td><td>√</td></tr>
<tr><td>13</td><td>其他施工不得破坏屏蔽层</td><td>第17.2.8条</td><td>全/5</td><td>共5处,全部检查,合格5处</td><td>√</td></tr>
<tr><td>14</td><td>所有出入屏蔽室的信号线缆必须进行屏蔽滤波处理</td><td>第17.2.8条</td><td>全/5</td><td>共5处,全部检查,合格5处</td><td>√</td></tr>
<tr><td>15</td><td>所有出入屏蔽室的气管和液管必须通过屏蔽波导</td><td>第17.2.8条</td><td>全/5</td><td>共5处,全部检查,合格5处</td><td>√</td></tr>
<tr><td>16</td><td>屏蔽壳体接地符合设计要求,接地电阻符合设计要求</td><td>第17.2.8条</td><td>/</td><td>试验合格,报告编号×××</td><td>√</td></tr>
<tr><td colspan="2">施工单位检查结果</td><td colspan="5">符合要求

专业工长:×××
项目专业质量检查员:×××
××年×月×日</td></tr>
<tr><td colspan="2">监理单位验收结论</td><td colspan="5">合格

专业监理工程师:×××
××年×月×日</td></tr>
</table>

机房设备安装检验批质量验收记录

08180102 001

单位(子单位)工程名称	××大厦	分部(子分部)工程名称	智能建筑/机房	分项工程名称	供配电系统
施工单位	××建筑有限公司	项目负责人	×××	检验批容量	1台
分包单位	××建筑工程有限公司	分包单位项目负责人	×××	检验批部位	首层1～8/A～C轴
施工依据	《智能建筑工程施工规范》(GB 50606—2010)		验收依据	《智能建筑工程施工规范》(GB 50606—2010)	

验收项目			设计要求及规范规定	最小/实际抽样数量	检查记录	检查结果
主控项目	1	电气装置应安装牢固、整齐、标识明确、内外清洁	第17.3.1条第1款	全/15	共15处，全部检查，合格15处	√
	2	机房内的地面、活动地板的防静电施工应符合规定	第17.3.1条第2款	全/22	共22处，全部检查，合格22处	√
	3	电源线、信号线入口处的浪涌保护器安装位置正确、牢固	第17.3.1条第3款	全/2	共2处，全部检查，合格2处	√
	4	接地线和等电位连接带连接正确，安装牢固。接地电阻应符合本规范第16.4.1的规定	第17.3.1条第4款	全/12	共12处，全部检查，合格12处	√
一般项目	1	吊顶内电气装置应安装在便于维修处	第17.3.2条第1款	全/5	共5处，全部检查，合格5处	100%
	2	配电装置应有明显标志，并应注明容量、电压、频率等	第17.3.2条第2款	全/5	共5处，全部检查，合格5处	100%
	3	落地式电气装置的底座与楼地面应安装牢固	第17.3.2条第3款	全/1	共1处，全部检查，合格1处	100%
	4	电源线、信号线应分别铺设，并应排列整齐，捆扎固定，长度应留有余量	第17.3.2条第4款	全/3	共3处，全部检查，合格3处	100%
	5	成排安装的灯具应平直、整齐	第17.3.2条第5款	全/5	共5处，全部检查，合格5处	100%

施工单位检查结果	符合要求 专业工长：××× 项目专业质量检查员：××× ××年×月×日
监理单位验收结论	合格 专业监理工程师：××× ××年×月×日

接地装置检验批质量验收记录

08190101 001

<table>
<tr><td colspan="2">单位(子单位)工程名称</td><td>××大厦</td><td>分部(子分部)工程名称</td><td>智能建筑/防雷与接地</td><td>分项工程名称</td><td>接地装置</td></tr>
<tr><td colspan="2">施工单位</td><td>××建筑有限公司</td><td>项目负责人</td><td>×××</td><td>检验批容量</td><td>1组</td></tr>
<tr><td colspan="2">分包单位</td><td>××建筑工程有限公司</td><td>分包单位项目负责人</td><td>×××</td><td>检验批部位</td><td>首层1~8/A~C轴</td></tr>
<tr><td colspan="2">施工依据</td><td colspan="2">《智能建筑工程施工规范》(GB 50606—2010)</td><td>验收依据</td><td colspan="2">《智能建筑工程质量验收规范》(GB 50339—2013)</td></tr>
<tr><td colspan="3">验收项目</td><td>设计要求及规范规定</td><td>最小/实际抽样数量</td><td>检查记录</td><td>检查结果</td></tr>
<tr><td rowspan="8">主控项目</td><td>1</td><td>材料、器具、设备进场质量检测</td><td>第3.5.1条</td><td>/</td><td>质量证明文件齐全,通过进场验收</td><td>√</td></tr>
<tr><td>2</td><td>采用建筑物共用接地装置时,接地电阻不应大于1Ω</td><td>第16.2.1条第1款</td><td>/</td><td>检验合格,报告编号××××</td><td>√</td></tr>
<tr><td>3</td><td>采用单独接地装置时,接地电阻不应大于4Ω</td><td>第16.2.1条第2款</td><td>/</td><td>检验合格,报告编号××××</td><td>√</td></tr>
<tr><td>4</td><td>接地装置的焊接应符合规定</td><td>第16.2.1条第3款</td><td>全/35</td><td>共35处,全部检查,合格35处</td><td>√</td></tr>
<tr><td>5</td><td>接地装置测试点的设置</td><td>第16.1.1条</td><td>全/5</td><td>共5处,全部检查,合格5处</td><td>√</td></tr>
<tr><td>6</td><td>防雷接地的人工接地装置的接地干线埋设</td><td>第16.1.1条</td><td>全/5</td><td>共5处,全部检查,合格5处</td><td>√</td></tr>
<tr><td>7</td><td>接地模块的埋设深度、间距和基坑尺寸</td><td>第16.1.1条</td><td>全/5</td><td>共5处,全部检查,合格5处</td><td>√</td></tr>
<tr><td>8</td><td>接地模块设置应垂直或水平就位</td><td>第16.1.1条</td><td>全/5</td><td>共5处,全部检查,合格5处</td><td>√</td></tr>
<tr><td rowspan="6">一般项目</td><td>1</td><td>接地装置埋设深度、间距和搭接长度和防腐措施</td><td>第16.1.1条</td><td>全/5</td><td>共5处,全部检查,合格5处</td><td>100%</td></tr>
<tr><td>2</td><td>接地装置的材质和最小允许规格尺寸</td><td>第16.1.1条</td><td>全/5</td><td>共5处,全部检查,合格5处</td><td>100%</td></tr>
<tr><td>3</td><td>接地模块与干线的连接和干线材质选用</td><td>第16.1.1条</td><td>全/5</td><td>共5处,全部检查,合格5处</td><td>100%</td></tr>
<tr><td>4</td><td>接地体垂直长度不应小于2.5m,间距不宜小于5m</td><td>第16.1.1条第1款</td><td>全/5</td><td>共5处,全部检查,合格5处</td><td>100%</td></tr>
<tr><td>5</td><td>接地体埋深不宜小于0.6m</td><td>第16.1.1条第2款</td><td>全/5</td><td>共5处,全部检查,合格5处</td><td>100%</td></tr>
<tr><td>6</td><td>接地体距建筑物距离不应小于1.5m</td><td>第16.1.1条第3款</td><td>全/5</td><td>共5处,全部检查,合格5处</td><td>100%</td></tr>
<tr><td colspan="2">施工单位检查结果</td><td colspan="5">符合要求
专业工长:×××
项目专业质量检查员:×××
××年×月×日</td></tr>
<tr><td colspan="2">监理单位验收结论</td><td colspan="5">合格
专业监理工程师:×××
××年×月×日</td></tr>
</table>

接地线检验批质量验收记录

08190201 001

单位(子单位)工程名称	××大厦	分部(子分部)工程名称	智能建筑/防雷与接地	分项工程名称	接地线	
施工单位	××建筑有限公司	项目负责人	×××	检验批容量	1组	
分包单位	××建筑工程有限公司	分包单位项目负责人	×××	检验批部位	首层1～8/A～C轴	
施工依据	《智能建筑工程施工规范》(GB 50606—2010)		验收依据	《智能建筑工程质量验收规范》(GB 50339—2013)		
验收项目			设计要求及规范规定	最小/实际抽样数量	检查记录	检查结果
主控项目	1	材料、器具、设备进场质量检测	第3.5.1条	/	质量证明文件齐全,通过进场验收	√
	2	利用金属构件、金属管道作接地线时与接地干线的连接	第16.1.2条	全/9	共9处,全部检查,合格9处	√
一般项目	1	钢制接地线的连接和材料规格、尺寸	第16.1.2条	全/5	共5处,全部检查,合格5处	100%
	2	电缆穿过零序电流互感器时,电缆头的接地线检查	第16.1.2条	全/5	共5处,全部检查,合格5处	100%
	3	钢制接地线的焊接连接应焊缝饱满,并应采取防腐措施	第16.2.2条第1款	全/22	共22处,全部检查,合格22处	100%
	4	接地线在穿越墙壁和楼板处应加金属套管,金属套管应与接地线连接	第16.2.2条第2款	全/9	共9处,全部检查,合格9处	100%
施工单位检查结果	符合要求 专业工长:××× 项目专业质量检查员:××× ××年×月×日					
监理单位验收结论	合格 专业监理工程师:××× ××年×月×日					

等电位联接检验批质量验收记录

08190301 001

<table>
<tr><td>单位(子单位)工程名称</td><td colspan="2">××大厦</td><td>分部(子分部)工程名称</td><td>智能建筑/防雷与接地</td><td>分项工程名称</td><td colspan="2">接地装置</td></tr>
<tr><td>施工单位</td><td colspan="2">××建筑有限公司</td><td>项目负责人</td><td>×××</td><td>检验批容量</td><td colspan="2">1组</td></tr>
<tr><td>分包单位</td><td colspan="2">××建筑工程有限公司</td><td>分包单位项目负责人</td><td>×××</td><td>检验批部位</td><td colspan="2">首层1～8/A～C轴</td></tr>
<tr><td>施工依据</td><td colspan="3">《智能建筑工程施工规范》(GB 50606—2010)</td><td>验收依据</td><td colspan="3">《智能建筑工程质量验收规范》(GB 50339—2013)</td></tr>
<tr><td colspan="4">验收项目</td><td>设计要求及规范规定</td><td>最小/实际抽样数量</td><td>检查记录</td><td>检查结果</td></tr>
<tr><td rowspan="7">主控项目</td><td>1</td><td colspan="2">材料、器具、设备进场质量检测</td><td>第3.5.1条</td><td>/</td><td>质量证明文件齐全，通过进场验收</td><td>√</td></tr>
<tr><td>2</td><td colspan="2">建筑物总等电位联结端子板接地线应从接地装置直接引入，各区域的总等电位联结装置应相互连通</td><td>第16.1.3条第1款</td><td>全/5</td><td>共5处，全部检查，合格5处</td><td>√</td></tr>
<tr><td>3</td><td colspan="2">应在接地装置两处引连接导体与室内总等电位接地端子板相连接</td><td>第16.1.3条第2款</td><td>全/5</td><td>共5处，全部检查，合格5处</td><td>√</td></tr>
<tr><td>4</td><td colspan="2">接地装置与室内总等电位连接带的连接导体截面积，铜质接地线不应小于50mm²钢质接地线不应小于80mm²</td><td>第16.1.3条第2款</td><td>全/5</td><td>共5处，全部检查，合格5处</td><td>√</td></tr>
<tr><td>5</td><td colspan="2">等电位接地端子板之间应采用螺栓连接，铜质接地线的连接应焊接或压接，钢质地线连接应采用焊接</td><td>第16.1.3条第3款</td><td>全/5</td><td>共5处，全部检查，合格5处</td><td>√</td></tr>
<tr><td>6</td><td colspan="2">每个电气设备的接地应用单独的接地线与接地干线相连</td><td>第16.1.3条第4款</td><td>全/5</td><td>共5处，全部检查，合格5处</td><td>√</td></tr>
<tr><td>7</td><td colspan="2">不得利用蛇皮管、管道保温层的金属外皮或金属网及电缆金属护层作接地线；不得将桥架、金属线管作接地线</td><td>第16.1.3条第5款</td><td>全/5</td><td>共5处，全部检查，合格5处</td><td>√</td></tr>
<tr><td rowspan="2">一般项目</td><td>1</td><td colspan="2">等电位联结的可接近裸露导体或其他金属部件、构件与支线的连接可靠，导通正常</td><td>第16.1.3条</td><td>全/5</td><td>共5处，全部检查，合格5处</td><td>100%</td></tr>
<tr><td>2</td><td colspan="2">需等电位联结的高级装修金属部件或零件等电位联结的连接</td><td>第16.1.3条</td><td>全/5</td><td>共5处，全部检查，合格5处</td><td>100%</td></tr>
<tr><td colspan="2">施工单位检查结果</td><td colspan="6">符合要求
专业工长：×××
项目专业质量检查员：×××
××年×月×日</td></tr>
<tr><td colspan="2">监理单位验收结论</td><td colspan="6">合格
专业监理工程师：×××
××年×月×日</td></tr>
</table>

屏蔽设施检验批质量验收记录

08190401 001

<table>
<tr><td>单位(子单位)工程名称</td><td colspan="2">××大厦</td><td>分部(子分部)工程名称</td><td>智能建筑/防雷与接地</td><td>分项工程名称</td><td colspan="2">屏蔽设施</td></tr>
<tr><td>施工单位</td><td colspan="2">××建筑有限公司</td><td>项目负责人</td><td>×××</td><td>检验批容量</td><td colspan="2">1组</td></tr>
<tr><td>分包单位</td><td colspan="2">××建筑工程有限公司</td><td>分包单位项目负责人</td><td>×××</td><td>检验批部位</td><td colspan="2">首层1～8/A～C轴</td></tr>
<tr><td>施工依据</td><td colspan="3">《智能建筑工程施工规范》(GB 50606—2010)</td><td>验收依据</td><td colspan="3">《智能建筑工程质量验收规范》(GB 50339—2013)</td></tr>
<tr><td colspan="3">验 收 项 目</td><td>设计要求及规范规定</td><td>最小/实际抽样数量</td><td colspan="2">检查记录</td><td>检查结果</td></tr>
<tr><td rowspan="2">主控项目</td><td>1</td><td>屏蔽设施接地安装应符合设计要求</td><td>第22.0.3条</td><td>全/3</td><td colspan="2">共3处，全部检查，合格3处</td><td>√</td></tr>
<tr><td>2</td><td>接地电阻值应符合设计要求</td><td>第22.0.3条</td><td>/</td><td colspan="2">检验合格，报告编号××××</td><td>√</td></tr>
<tr><td>施工单位检查结果</td><td colspan="7">符合要求
专业工长：×××
项目专业质量检查员：×××
××年×月×日</td></tr>
<tr><td>监理单位验收结论</td><td colspan="7">合格
专业监理工程师：×××
××年×月×日</td></tr>
</table>

电涌保护器检验批质量验收记录

08190501 001

<table>
<tr><td colspan="3">单位(子单位)工程名称</td><td colspan="2">××大厦</td><td>分部(子分部)工程名称</td><td>智能建筑/防雷与接地</td><td>分项工程名称</td><td colspan="2">电涌保护器</td></tr>
<tr><td colspan="3">施工单位</td><td colspan="2">××建筑有限公司</td><td>项目负责人</td><td>×××</td><td>检验批容量</td><td colspan="2">1组</td></tr>
<tr><td colspan="3">分包单位</td><td colspan="2">××建筑工程有限公司</td><td>分包单位项目负责人</td><td>×××</td><td>检验批部位</td><td colspan="2">首层1～8/A～C轴</td></tr>
<tr><td colspan="3">施工依据</td><td colspan="3">《智能建筑工程施工规范》(GB 50606—2010)</td><td>验收依据</td><td colspan="3">《智能建筑工程质量验收规范》(GB 50339—2013)</td></tr>
<tr><td colspan="5">验收项目</td><td>设计要求及规范规定</td><td>最小/实际抽样数量</td><td colspan="2">检查记录</td><td>检查结果</td></tr>
<tr><td rowspan="10">主控项目</td><td>1</td><td colspan="3">材料、器具、设备进场质量检测</td><td>第3.5.1条</td><td>/</td><td colspan="2">质量证明文件齐全，通过进场验收</td><td>√</td></tr>
<tr><td rowspan="3">2</td><td rowspan="3">电源线路浪涌保护器</td><td colspan="2">安装位置和连接设备</td><td>第16.1.4条</td><td>全/2</td><td colspan="2">共2处，全部检查，合格2处</td><td>√</td></tr>
<tr><td colspan="2">连接方式</td><td>第16.1.4条</td><td>全/2</td><td colspan="2">共2处，全部检查，合格2处</td><td>√</td></tr>
<tr><td colspan="2">连接导线最小截面积</td><td>第16.1.4条</td><td>全/2</td><td colspan="2">共2处，全部检查，合格2处</td><td>√</td></tr>
<tr><td rowspan="2">3</td><td rowspan="2">天馈线路浪涌保护器</td><td colspan="2">安装位置和连接设备</td><td>第16.1.4条</td><td>全/5</td><td colspan="2">共5处，全部检查，合格5处</td><td>√</td></tr>
<tr><td colspan="2">接地线路</td><td>第16.1.4条</td><td>全/5</td><td colspan="2">共5处，全部检查，合格5处</td><td>√</td></tr>
<tr><td rowspan="2">4</td><td rowspan="2">信息线路浪涌保护器</td><td colspan="2">安装位置和连接设备</td><td>第16.1.4条</td><td>全/5</td><td colspan="2">共5处，全部检查，合格5处</td><td>√</td></tr>
<tr><td colspan="2">导线和接地线路</td><td>第16.1.4条</td><td>全/5</td><td colspan="2">共5处，全部检查，合格5处</td><td>√</td></tr>
<tr><td>5</td><td colspan="3">浪涌保护器应安装牢固</td><td>第16.1.4条</td><td>全/5</td><td colspan="2">共5处，全部检查，合格5处</td><td>√</td></tr>
<tr><td rowspan="2">一般项目</td><td>1</td><td colspan="3">室外安装时应有防水措施</td><td>第16.1.4条第1款</td><td>全/5</td><td colspan="2">共5处，全部检查，合格5处</td><td>100%</td></tr>
<tr><td>2</td><td colspan="3">浪涌保护器安装位置应靠近被保护设备</td><td>第16.1.4条第2款</td><td>全/5</td><td colspan="2">共5处，全部检查，合格5处</td><td>100%</td></tr>
<tr><td colspan="3">施工单位检查结果</td><td colspan="7">符合要求
专业工长：×××
项目专业质量检查员：×××
××年×月×日</td></tr>
<tr><td colspan="3">监理单位验收结论</td><td colspan="7">合格
专业监理工程师：×××
××年×月×日</td></tr>
</table>

6.2.2 《分项工程质量验收记录》填写范例

表 F 梯架、托盘、槽盒和导管安装 分项工程质量验收记录

编号：×××

<table>
<tr><td>单位(子单位)工程名称</td><td colspan="2">××大厦</td><td>分部(子分部)工程名称</td><td colspan="3">火灾自动报警系统</td></tr>
<tr><td>分项工程数量</td><td colspan="2">2</td><td>检验批数量</td><td colspan="3">30</td></tr>
<tr><td>施工单位</td><td colspan="2">××建筑有限公司</td><td>项目负责人</td><td>×××</td><td>项目技术负责人</td><td>×××</td></tr>
<tr><td>分包单位</td><td colspan="2">××建筑工程有限公司</td><td>分包单位项目负责人</td><td>×××</td><td>分包内容</td><td>火灾报警系统</td></tr>
<tr><td>序号</td><td colspan="2">检验批名称</td><td>检验批容量</td><td>部位/区段</td><td>施工单位检查结果</td><td>监理单位验收结论</td></tr>
<tr><td>1</td><td colspan="2">梯架、托盘、槽盒和导管安装</td><td>××</td><td>首层
1～7/A～B</td><td>符合要求</td><td>合格</td></tr>
<tr><td>2</td><td colspan="2">梯架、托盘、槽盒和导管安装</td><td>××</td><td>首层
7～13/A～B</td><td>符合要求</td><td>合格</td></tr>
<tr><td>3</td><td colspan="2">梯架、托盘、槽盒和导管安装</td><td>××</td><td>首层
1～7/B～H</td><td>符合要求</td><td>合格</td></tr>
<tr><td>4</td><td colspan="2">梯架、托盘、槽盒和导管安装</td><td>××</td><td>首层
7～13/B～H</td><td>符合要求</td><td>合格</td></tr>
<tr><td colspan="7">说明：
检验批质量验收记录资料齐全完整</td></tr>
<tr><td colspan="2">施工单位检查结果</td><td colspan="5">符合要求
项目专业技术负责人：×××
××年××月××日</td></tr>
<tr><td colspan="2">监理单位验收结论</td><td colspan="5">合格
专业监理工程师：×××
××年××月××日</td></tr>
</table>

6.2.3 《分部工程质量验收记录》填写范例

表G 智能建筑 分部工程质量验收记录

编号： 008

单位(子单位)工程名称	××大厦	子分部工程数量	8	分项工程数量	43
施工单位	××建筑有限公司	项目负责人	×××	技术(质量)负责人	×××
分包单位	××建筑工程有限公司	分包单位负责人		分包内容	智能建筑工程
序号	子分部工程名称	分项工程名称	检验批数量	施工单位检查结果	监理单位验收结论
1	智能化集成系统	设备安装	1	符合要求	合格
2		软件安装	1	符合要求	合格
3		接口及系统调试	1	符合要求	合格
4		试运行	1	符合要求	合格
5	信息接入系统	安装场地检查	1	符合要求	合格
6	用户电话交换系统	线缆敷设	1	符合要求	合格
7		设备安装	1	符合要求	合格
8		软件安装	1	符合要求	合格
质量控制资料				检查38项，齐全有效	合格
安全和功能检验结果				检查5项，符合要求	合格
观感质量检验结果				好	
综合验收结论	智能建筑分部工程验收合格				
施工单位 项目负责人：××× ××年×月×日	勘察单位 项目负责人：××× ××年×月×日	设计单位 项目负责人：××× ××年×月×日	监理单位 总监理工程师：××× ××年×月×日		

注：① 地基与基础分部工程的验收应由施工、勘察、设计单位项目负责人和总监理工程师参加并签字；

② 主体结构、节能分部工程的验收应由施工、设计单位项目负责人和总监理工程师参加并签字。

表G 智能建筑 分部工程质量验收记录

编号： 008

<table>
<tr><td>单位(子单位)工程名称</td><td>××大厦</td><td>子分部工程数量</td><td>8</td><td>分项工程数量</td><td colspan="2">43</td></tr>
<tr><td>施工单位</td><td>××建筑有限公司</td><td>项目负责人</td><td>×××</td><td>技术(质量)负责人</td><td colspan="2">×××</td></tr>
<tr><td>分包单位</td><td>××建筑工程有限公司</td><td>分包单位负责人</td><td></td><td>分包内容</td><td colspan="2">智能建筑工程</td></tr>
<tr><td>序号</td><td>子分部工程名称</td><td colspan="2">分项工程名称</td><td>检验批数量</td><td>施工单位检查结果</td><td>监理单位验收结论</td></tr>
<tr><td>9</td><td>用户电话交换系统</td><td colspan="2">接口及系统调试</td><td>1</td><td>符合要求</td><td>合格</td></tr>
<tr><td>10</td><td></td><td colspan="2">试运行</td><td>1</td><td>符合要求</td><td>合格</td></tr>
<tr><td>11</td><td>信息网络系统</td><td colspan="2">计算机网络系设备安装</td><td>1</td><td>符合要求</td><td>合格</td></tr>
<tr><td>12</td><td></td><td colspan="2">计算机网络软件安装</td><td>1</td><td>符合要求</td><td>合格</td></tr>
<tr><td>13</td><td></td><td colspan="2">网络安全设备安装</td><td>1</td><td>符合要求</td><td>合格</td></tr>
<tr><td>14</td><td></td><td colspan="2">网络安全软件安装</td><td>1</td><td>符合要求</td><td>合格</td></tr>
<tr><td>15</td><td></td><td colspan="2">系统调试</td><td>1</td><td>符合要求</td><td>合格</td></tr>
<tr><td>16</td><td>综合布线系统</td><td colspan="2">梯架、托盘、槽盒和导管安装</td><td>5</td><td>符合要求</td><td>合格</td></tr>
<tr><td colspan="4">质量控制资料</td><td colspan="2">检查38项，齐全有效</td><td>合格</td></tr>
<tr><td colspan="4">安全和功能检验结果</td><td colspan="2">检查5项，符合要求</td><td>合格</td></tr>
<tr><td colspan="4">观感质量检验结果</td><td colspan="3">好</td></tr>
<tr><td>综合验收结论</td><td colspan="6">智能建筑分部工程验收合格</td></tr>
<tr><td>施工单位
项目负责人：×××
××年×月×日</td><td colspan="2">勘察单位
项目负责人：×××
××年×月×日</td><td colspan="2">设计单位
项目负责人：×××
××年×月×日</td><td colspan="2">监理单位
总监理工程师：×××
××年×月×日</td></tr>
</table>

注：① 地基与基础分部工程的验收应由施工、勘察、设计单位项目负责人和总监理工程师参加并签字；
② 主体结构、节能分部工程的验收应由施工、设计单位项目负责人和总监理工程师参加并签字。

表G 智能建筑 分部工程质量验收记录

编号： 008

<table>
<tr><td>单位(子单位)工程名称</td><td colspan="2">××大厦</td><td colspan="2">子分部工程数量</td><td>8</td><td>分项工程数量</td><td colspan="2">43</td></tr>
<tr><td>施工单位</td><td colspan="2">××建筑有限公司</td><td colspan="2">项目负责人</td><td>×××</td><td>技术(质量)负责人</td><td colspan="2">×××</td></tr>
<tr><td>分包单位</td><td colspan="2">××建筑工程有限公司</td><td colspan="2">分包单位负责人</td><td>/</td><td>分包内容</td><td colspan="2">智能建筑工程</td></tr>
<tr><td>序号</td><td colspan="2">子分部工程名称</td><td colspan="3">分项工程名称</td><td>检验批数量</td><td>施工单位检查结果</td><td>监理单位验收结论</td></tr>
<tr><td>17</td><td colspan="2">综合布线系统</td><td colspan="3">线缆敷设</td><td>5</td><td>符合要求</td><td>合格</td></tr>
<tr><td>18</td><td colspan="2"></td><td colspan="3">机柜、机架、配线架安装</td><td>5</td><td>符合要求</td><td>合格</td></tr>
<tr><td>19</td><td colspan="2"></td><td colspan="3">信息插座安装</td><td>5</td><td>符合要求</td><td>合格</td></tr>
<tr><td>20</td><td colspan="2"></td><td colspan="3">链路或信道测试</td><td>5</td><td>符合要求</td><td>合格</td></tr>
<tr><td>21</td><td colspan="2"></td><td colspan="3">软件安装</td><td>1</td><td>符合要求</td><td>合格</td></tr>
<tr><td>22</td><td colspan="2"></td><td colspan="3">系统调试，试运行</td><td>1</td><td>符合要求</td><td>合格</td></tr>
<tr><td>23</td><td colspan="2">火灾自动报警系统</td><td colspan="3">探测器类设备安装</td><td>10</td><td>符合要求</td><td>合格</td></tr>
<tr><td>24</td><td colspan="2"></td><td colspan="3">控制器类设备安装</td><td>2</td><td>符合要求</td><td>合格</td></tr>
<tr><td colspan="6">质量控制资料</td><td colspan="2">检查38项，齐全有效</td><td>合格</td></tr>
<tr><td colspan="6">安全和功能检验结果</td><td colspan="2">检查5项，符合要求</td><td>合格</td></tr>
<tr><td colspan="6">观感质量检验结果</td><td colspan="3">好</td></tr>
<tr><td colspan="2">综合验收结论</td><td colspan="7">智能建筑分部工程验收合格</td></tr>
<tr><td colspan="2">施工单位
项目负责人：×××
××年×月×日</td><td colspan="2">勘察单位
项目负责人：×××
××年×月×日</td><td colspan="3">设计单位
项目负责人：×××
××年×月×日</td><td colspan="2">监理单位
总监理工程师：×××
××年×月×日</td></tr>
</table>

注：① 地基与基础分部工程的验收应由施工、勘察、设计单位项目负责人和总监理工程师参加并签字；
② 主体结构、节能分部工程的验收应由施工、设计单位项目负责人和总监理工程师参加并签字。

表G 智能建筑 分部工程质量验收记录

编号： 008

单位(子单位)工程名称	××大厦	子分部工程数量	8	分项工程数量	43
施工单位	××建筑有限公司	项目负责人	×××	技术(质量)负责人	×××
分包单位	××建筑工程有限公司	分包单位负责人		分包内容	智能建筑工程
序号	子分部工程名称	分项工程名称	检验批数量	施工单位检查结果	监理单位验收结论
25	火灾自动报警系统	软件安装	2	符合要求	合格
26		系统调试	2	符合要求	合格
27		试运行	2	符合要求	合格
28	机房	供配电系统	1	符合要求	合格
29		防雷与接地系统	1	符合要求	合格
30		空气调节系统	1	符合要求	合格
31		给排水系统	1	符合要求	合格
32		综合布线系统	1	符合要求	合格
质量控制资料				检查38项,齐全有效	合格
安全和功能检验结果				检查5项,符合要求	合格
观感质量检验结果				好	
综合验收结论	智能建筑分部工程验收合格				
施工单位 项目负责人:××× ××年×月×日	勘察单位 项目负责人:××× ××年×月×日	设计单位 项目负责人:××× ××年×月×日	监理单位 总监理工程师:××× ××年×月×日		

注：① 地基与基础分部工程的验收应由施工、勘察、设计单位项目负责人和总监理工程师参加并签字；

② 主体结构、节能分部工程的验收应由施工、设计单位项目负责人和总监理工程师参加并签字。